"茶艺培训教材"编委会

顾　问

　　周国富　中国国际茶文化研究会会长

　　陈宗懋　中国工程院院士，中国农业科学院茶叶研究所研究员、博士生导师，中国茶叶学会
　　　　　　名誉理事长

　　刘仲华　中国工程院院士，湖南农业大学教授、博士生导师

主　编

　　周智修　中国农业科学院茶叶研究所研究员，国家级周智修技能大师工作室领办人，中华人
　　　　　　民共和国第一届职业技能大赛茶艺项目裁判长

　　江用文　中国农业科学院茶叶研究所党委书记、副所长、研究员，中国茶叶学会理事长

　　阮浩耕　点茶非物质文化遗产传承人，《浙江通志·茶叶专志》主编，中国国际茶文化研究
　　　　　　会顾问

副主编

　　王岳飞　浙江大学茶叶研究所所长、教授、博士生导师

　　于良子　中国茶叶学会茶艺专业委员会秘书长、高级实验师，西泠印社社员

　　沈冬梅　中国社会科学院古代史研究所首席研究员，中国国学研究与交流中心茶文化专业委
　　　　　　员会主任

　　关剑平　浙江农林大学茶学与茶文化学院教授

　　段文华　中国农业科学院茶叶研究所副研究员

　　刘　栩　中国农业科学院茶叶研究所副研究员，中国茶叶学会茶叶感官审评与检验专业委员
　　　　　　会副主任兼秘书长

编　委（按姓氏笔画排序）

　　于良子　中国茶叶学会茶艺专业委员会秘书长、高级实验师，西泠印社社员

　　王岳飞　浙江大学茶叶研究所所长、教授、博士生导师

　　方坚铭　浙江工业大学人文学院教授

　　尹军峰　中国农业科学院茶叶研究所茶深加工与多元化利用创新团队首席科学家、研究员、
　　　　　　博士生导师

　　邓禾颖　西湖博物馆总馆研究馆员

　　朱家骥　中国茶叶博物馆原副馆长、编审

　　刘　栩　中国农业科学院茶叶研究所副研究员，中国茶叶学会茶叶感官审评与检验专业委员
　　　　　　会副主任兼秘书长

刘伟华　湖北三峡职业技术学院旅游与教育学院教授

刘馨秋　南京农业大学人文学院副教授

关剑平　浙江农林大学茶学与茶文化学院教授

江用文　中国农业科学院茶叶研究所党委书记、副所长、研究员，中国茶叶学会理事长

江和源　中国农业科学院茶叶研究所研究员、博士生导师

许勇泉　中国农业科学院茶叶研究所研究员、博士生导师

阮浩耕　点茶非物质文化遗产传承人，《浙江通志·茶叶专志》主编，中国国际茶文化研究会顾问

邹亚君　杭州市人民职业学校高级讲师

应小青　浙江旅游职业学院副教授

沈冬梅　中国社会科学院古代史研究所首席研究员，中国国学研究与交流中心茶文化专业委员会主任

陈　亮　中国农业科学院茶叶研究所茶树种质资源创新团队首席科学家、研究员、博士生导师

陈云飞　杭州西湖风景名胜区管委会人力资源和社会保障局副局长，副研究员

李　方　浙江大学农业与生物技术学院研究员、花艺教授，浙江省花协插花分会副会长

周智修　中国农业科学院茶叶研究所研究员，国家级周智修技能大师工作室领办人，中华人民共和国第一届职业技能大赛茶艺项目裁判长

段文华　中国农业科学院茶叶研究所副研究员

徐南眉　中国农业科学院茶叶研究所副研究员

郭丹英　中国茶叶博物馆研究馆员

廖宝秀　故宫博物院古陶瓷研究中心客座研究员，台北故宫博物院研究员

《茶艺培训教材　V》编撰及审校

撰　　稿　于良子　王岳飞　尹军峰　尹智君　邓林华　石元值　朱家骥　刘伟华　刘　畅（女）
　　　　　刘　栩　关剑平　阮浩耕　李文杰　沈冬梅　陈　亮　陈富桥　林梦星　金寿珍
　　　　　周智修　翁　蔚　康保苓　潘　蓉

摄　　影　陈　钰　俞亚民

审　　稿　朱家骥　关剑平　江用文　阮浩耕　李　溪　陈富桥　周智修　姜爱芹　鲁成银

统　　校　俞永明

Preface

序一

中国是茶的故乡，是世界茶文化的发源地。茶不仅是物质的，也是精神的。在五千多年的历史文明发展进程中，中国茶和茶文化作为中国优秀传统文化的重要载体，穿越历史，跨越国界，融入生活，和谐社会，增添情趣，促进健康，传承弘扬，创新发展，演化蝶变出万紫千红的茶天地，成为人类仅次于水的健康饮品。茶，不仅丰富了中国人民的物质精神生活，更成为中国联通世界的桥梁纽带，为满足中国人民日益增长的美好生活需要和促进世界茶文化的文明进步贡献着智慧力量，更为涉茶业者致富达小康、饮茶人的身心大健康和国民幸福安康做出重大贡献。

倡导"茶为国饮，健康饮茶""国际茶日，茶和世界"，就是要致力推进茶和茶文化进机关、进学校、进企业、进社区、进家庭"五进"活动，营造起"爱茶、懂茶、会泡茶、喝好一杯健康茶"的良好氛围，使茶饮文化成为寻常百姓的日常生活方式、成为人民日益增长的美好生活需要。茶业培训和茶文化宣传推广是"茶为国饮""茶和世界"的重要支撑，意义重大。

中国茶叶学会和中国农业科学院茶叶研究所作为国家级科技社团和国家级科研院所，联合开展茶和茶文化专业人才培养20年，立足国内，面向世界，质量为本，创新进取，汇聚国内外顶级专家资源，着力培养高素质、精业务、通技能的茶业专门人才，探索集成了以茶文化传播精英人才培养为"尖"、知识更新研修和专业技能培养为"身"、茶文化爱好者普及提高为"基"的金字塔培训体系，培养了一大批茶业专门人才和茶文化爱好者，并引领带动着全国乃至世界茶业人才培养事业的高质量发展，为传承、弘扬、创新中华茶文化做出了积极贡献！

　　奋战新冠肺炎疫情，人们得到一个普遍启示：世界万物，生命诚可贵，健康更重要。现实告诉我们，国民经济和国民健康都是一个社会、民族、国家发展的基础，健康不仅对个人和家庭具有重要意义，也对社会、民族、国家具有同样重要的意义。预防是最基本、最智慧的健康策略。寄情于物的中华茶文化是最具世界共情效应的文化。用心普及茶知识、弘扬茶文化，倡导喝好一杯茶相适、水相合、器相宜、泡相和、境相融、人相通"六元和合"的身心健康茶，喝好一杯有亲情和爱、情趣浓郁的家庭幸福茶，喝好一杯邻里和睦、情谊相融的社会和谐茶，把中华茶文化深深融进国人身心大健康的快乐生活之中，让茶真正成为国饮，成为人人热爱的日常生活必需品和人民日益增长的美好生活需要，使命光荣，责任重大。

　　培训教材是高质量茶业人才培养的重要基础。由中国茶叶学会组织编撰的《茶艺师培训教材》《茶艺技师培训教材》《评茶员培训教材》，在过去的十年间，为茶业人才培训发挥了很好的作用，备受涉茶岗位从业人员和茶饮爱好者的青睐。这次，新版"茶艺培训教材"顺应时代、紧贴生活、内容丰富、图文并茂，更彰显出权威性、科学性、系统性、精准性和实用性。尤为可喜的是，新版教材在传统清饮的基础上，与"六茶共舞"新发展时势下的调饮、药饮（功能饮）、衍生品食用饮和情感体验共情饮等新内容有机融合，创新拓展，丰富了茶饮文化的形式和内涵，丰满了美好茶生活的多元需求，展现了茶为国饮、茶和世界的精彩纷呈的生动局面，使培训内容更好地满足多元需求，让更多的人添知识、长本事，是一套广大涉茶院校、茶业培训机构开展茶业人才培训的好教材，也是一部茶艺工作者和茶艺爱好者研习中国茶艺和中华茶文化不可多得的好"伴侣"。

　　哲人云：茶如人生，人生如茶。其含蓄内敛的独特品性、品茶品味品人生的丰富内涵和"清、敬、和、美、乐"的当代核心价值理念，赋予了中国茶和茶文化陶冶性情、愉悦精神、健康身心、和合共融的宝贵价值。当今，我们更应顺应大势、厚植优势，致力普及茶知识、弘扬茶文化，让更多的人走进茶天地，品味这杯历史文化茶、时尚科技茶、健康幸福茶，让启智增慧、立德树人的茶文化培训事业繁花似锦，为新时代人民的健康幸福生活作出更大贡献！

中国国际茶文化研究会会长　周国富

2021年2月 于杭州

Preface

序二

中国茶叶学会于1964年在杭州成立，至今已近六十载，曾两次获"全国科协系统先进集体"，多次获中国科协"优秀科技社团""科普工作优秀单位"等荣誉，并被民政部评为4A级社会组织。学会凝心聚力、开拓创新，举办海峡两岸暨港澳茶业学术研讨会、国际茶叶学术研讨会、中国茶业科技年会、国际茶日暨全民饮茶日活动等；开展茶业人才培养；打造了一系列行业"品牌活动"和"培训品牌"，为推动我国茶学学科及茶产业发展做出了积极的贡献。

中国农业科学院茶叶研究所是中国茶叶学会的支撑单位。中国农业科学院茶叶研究所于1958年成立，作为我国唯一的国家级茶叶综合性科研机构，深耕茶树育种、栽培、植保及茶叶加工、生化等各领域的科学研究，取得了丰硕的科技成果，获得了国家发明奖、国家科技进步奖和省、部级的各项奖项，并将各种科研成果在茶叶生产区进行示范推广，为促进我国茶产业的健康发展做出了重要贡献。

自2002年起，中国茶叶学会和中国农业科学院茶叶研究所开展茶业职业技能人才和专业技术人才等培训工作，以行业内"质量第一，服务第一"为目标，立足专业，服务产业，组建了涉及多领域的专业化师资团队，近20年时间为产业输送了5万多名优秀专业人才，其中既有行业领军人才，亦有高技能人才。中国茶叶学会和中国农业科学院茶叶研究所凭借丰富的经验与长久的积淀，引领茶业培训高质量发展。

"工欲善其事，必先利其器"。作为传授知识和技能的主要载体，培训教材的重要性毋庸置疑。一部科学、严谨、系统、有据的培训教材，能清晰地体现培训思路、重点、难点。本教材以中国茶叶学会发布的团体标准《茶艺与茶道水平评价规程》和中华人民共和国人力资源和社会保障部发布的《茶艺师国家职业技能标准》为依据，由中国茶叶学会、中国农业科学院茶叶研究所两家国字号单位牵头，众多权威专家参与，强强联合，在2008年出版的《茶艺师培训教材》《茶艺技师培训教材》的基础上重新组织编写，历时四年完成了这套"茶艺培训教材"。

中国茶叶学会、中国农业科学院茶叶研究所秉承科学严谨的态度和专业务实的精神，创作了许多的著作精品，此次组编的"茶艺培训教材"便是其一。愿"茶艺培训教材"的问世，能助推整个茶艺事业的有序健康发展，并为中华茶文化的传播做出贡献。

中国工程院院士、中国农业科学院茶叶研究所研究员、中国茶叶学会名誉理事长

陈宗懋

2021年6月

Preface

序三

中国现有20个省、市、自治区生产茶叶，拥有世界上最大的茶园面积、最高的茶叶产量和最大消费量，是世界上第一产茶大国和消费大国。茶，一片小小树叶，曾经影响了世界。现有资料表明，中国是世界上最早发现、种植和利用茶的国家，是茶的发源地；茶，从中国传播到世界上160多个国家和地区，现全球约有30多亿人口有饮茶习惯；茶，一头连着千万茶农，一头连着亿万消费者。发展茶产业，能为全球欠发达地区的茶农谋福利，为追求美好生活的人们造幸福。

人才是实现民族振兴、赢得国际竞争力的重要战略资源。面对当今世界百年未有之变局，茶业人才是茶产业长足发展的重要支撑力量。培养一大批茶业人才，在加速茶叶企业技术革新与提高核心竞争力、推动茶产业高质量发展与乡村人才振兴等方面有举足轻重的作用。

中国茶叶学会作为国家一级学术团体，利用自身学术优势、专家优势，长期致力于茶产业人才培养。多年来，以专业的视角制定行业团体标准，发布《茶艺与茶道水平评价规程》《茶叶感官审评水平评价规程》《少儿茶艺等级评价规程》等；编写教材、大纲及题库，出版《茶艺师培训教材》《茶艺技师培训教材》及《评茶员培训教材》，组编创新型专业技术人才研修班培训讲义50余本。

作为综合型国家级茶叶科研单位，中国农业科学院茶叶研究所荟萃了茶树育种、栽培、加工、生化、植保、检测、经济等各方面的专业人才，研究领域覆盖产前、产中、产后的各个环节，在科技创新、产业开发、服务"三农"等方面取得了一系列显著成绩，为促进我国茶产业的健康可持续发展做出了重要的贡献。

自2002年开始，中国茶叶学会和中国农业科学院茶叶研究所联合开展茶业人才培训，现已培养专业人才5万多人次，成为茶业创新型专业技术人才和高技能人才培养的摇篮。中国茶叶学会和中国农业科学院茶叶研究所联合，重新组织编写出版"茶艺培训教材"，耗时四年，汇聚了六十余位不同领域专家的智慧，内容包括自然科学知识、人文社会科学知识和操作技能等，丰富翔实，科学严谨。教材分为五个等级共五册，理论结合实际，层次分明，深入浅出，既可作为针对性的茶艺培训教材，亦可作为普及性的大众读物，供茶文化爱好者阅读自学。

"千淘万漉虽辛苦，吹尽狂沙始到金。"我相信，新版"茶艺培训教材"将会引领我国茶艺培训事业高质量发展，促进茶艺专业人才素质和技能全面提升，同时也为弘扬中华优秀传统文化、扩大茶文化传播起到积极的作用。

中国工程院院士 湖南农业大学教授

刘仲华

2021年6月

Foreword

前言

中华茶文化历史悠久，底蕴深厚，是中华优秀传统文化的重要组成部分，蕴含了"清""敬""和""美""真"等精神与思想。随着人们对美好生活的需求日益提升，中国茶和茶文化也受到了越来越多人的关注。2019年12月，联合国大会宣布将每年5月21日确定为"国际茶日"，以赞美茶叶的经济、社会和文化价值，促进全球农业的可持续发展。这是国际社会对茶叶价值的认可与重视。学习茶艺与茶文化，可以丰富人们的精神文化生活，坚定文化自信，增强民族凝聚力。

2008年，中国茶叶学会组编出版了《茶艺师培训教材》《茶艺技师培训教材》，由江用文研究员和童启庆教授担任主编，周智修研究员、阮浩耕副编审担任副主编，俞永明研究员等21位专家参与编写。作为同类教材中用量最大、影响最广的茶艺培训参考书籍，该教材在过去的10余年间有效推动了茶文化的传播和茶艺事业的发展。

随着研究的不断深入，对茶艺与茶文化的认知逐步拓宽。同时，中华人民共和国人力资源和社会保障部2018年修订的《茶艺师国家职业技能标准》和中国茶叶学会2020年发布的团体标准《茶艺与茶道水平评价规程》均对茶艺的相关知识和技能水平提出了更高的要求。为此，中国茶叶学会联合中国农业科学院茶叶研究所组织专家，重新组编这套"茶艺培训教材"，在吸收旧版教材精华的基础上，将最新的研究成果融入其中。

高质量的教材是实现高质量人才培养的关键保障。新版教材以《茶艺师国家职业技能标准》《茶艺与茶道水平评价规程》为依据，既紧扣标准，又高于标准，具有以下几个方面特点：

一、在内容上，坚持科学性

中国茶叶学会和中国农业科学院茶叶研究所组建了一支权威的团队进行策划、撰稿、审稿和统稿。教材内容得到周国富先生、陈宗懋院士、刘仲华院士的指导，为本套教材把握方向，并为教材作序。编委会组织中国农业科学院茶叶研究所、中国社会科学院古代史研究所、北京大学、浙江大学、南京农业大学、云南农业大学、浙江农林大学、台北故宫博物院、中国茶叶博物馆、西湖博物馆总馆等全国30余家单位的60余位权威专家、学者等参与教材撰写，80%以上作者具有高级职称或为一级茶艺技师，涉及的学科和领域包括历史、文学、艺术、美学、礼仪、管理等，保证了内容的科学性。同时，编委会邀请俞永明研究员、鲁成银研究员、陈亮研究员、关剑平教授、梁国彪研究员、朱永兴研究员、周星娣副编审等多位专家对教材进行审稿和统稿，严格把关质量，以保证内容的科学性。

二、在结构上，注重系统性

本套教材依难度差异分为五册，分别为茶艺Ⅰ、茶艺Ⅱ、茶艺Ⅲ、茶艺Ⅳ、茶艺Ⅴ，逐级提升，分别对应《茶艺师国家职业技能标准》要求的五级至一级，以及《茶艺与茶道水平评价规程》要求的一级至五级。为了帮助读者更快速地建立一个较为完善的知识框架体系，每一册又按照领域和学科特点分成科学篇、文化篇、艺术篇、技能篇、礼仪篇、服务篇、管理篇、休闲产业篇等若干板块。这些板块相对独立又相互关联，同一板块的知识要点在各个等级中层层递进，而目录中的三级提纲恰似一张逻辑严谨清晰的思维导图，将知识点巧妙地串联在一起，便于读者阅读和学习，更有利于知识的梳理与记忆。此外，与旧版教材相比，本套教材延展了茶学专业知识和茶文化知识的深度和广度，增加了茶事艺文、传统礼仪、美学等方面的内容，使内容更为丰富。

茶艺培训教材与茶艺师等级、茶艺与茶道水平评价等级对应表

教材名称	茶艺师等级	茶艺与茶道水平等级
茶艺培训教材Ⅰ	五级/初级	一级
茶艺培训教材Ⅱ	四级/中级	二级
茶艺培训教材Ⅲ	三级/高级	三级
茶艺培训教材Ⅳ	二级/技师	四级
茶艺培训教材Ⅴ	一级/高级技师	五级

三、在形式上，增强可读性

参与教材编写的作者多是各学科领域研究的带头人和骨干青年，更擅长论文的撰写，他们在文字的表达上做了很多尝试，尽可能平实地书写，令晦涩难懂的科学知识通俗易懂。教材内容虽信息量大且以文字为主，但行文间穿插了图、表，形象而又生动地展现了知识体系。根据文字内容，作者精心收集整理，并组织相关人员专题拍摄，从海量图库中精挑细选了图片3000余幅，图文并茂地展示了知识和技能要点。特别是技能篇，对器具、茶艺演示过程等均精选了大量唯美的图片，在知识体系严谨科学的基础上，增强了可读性和视觉美感，不仅让读者更快地掌握技能要领，也让阅读和学习变得轻松有趣。茶叶从业人员和茶文化爱好者们在阅读本书时，可得启发、收获和愉悦。

历时四年，经过专家反复的讨论、修改，新版"茶艺培训教材"（Ⅰ～Ⅴ）最终成书。本套教材共计200余万字。全书内容丰富、科学严谨、图文并茂，是60余位作者集体智慧的结晶，具有很强的时代性、先进性、科学性和实用性。本教材不仅适用于国家五个级别茶艺师的等级认定培训，为茶艺师等级认定的培训课程和题库建设提供参考，还适用于茶艺与茶道水平培训，为各院校、培训机构茶艺教师高效开展茶艺教学，并为茶艺爱好者、茶艺考级者等学习中国茶和茶文化提供重要的参考。

由于本套教材的体量庞大，书中难免挂一漏万，不足之处请各界专家和广大读者批评指正！最后，在本套教材的编写过程中，承蒙许多专家和学者给予高度关心和支持。在此出版之际，编委会全体同仁向各位致以最衷心的感谢！

茶艺培训教材编委会
2021年6月

Contents
目录

科学篇

文化篇

技能篇

管理篇

休闲产业篇

科学篇

第一章
茶树品种与
茶叶品质

优良茶树品种是茶叶品质的基础。大家熟悉的铁观音、肉桂、西湖龙井、安吉白茶和缙云黄茶等名优茶，无一不是以特定茶树品种为基础制成的。茶树品种与茶叶品质的关系，可以用茶树的"适制性"和"兼制性"来描述。NY/T 1312—2007《农作物种质资源鉴定技术规程 茶树》指出，"适制茶类"是"最适合制作的某种茶类"。而"兼制茶类"是指除了适制茶类以外，还适宜制作别的茶类。有的茶树品种适制性比较单一，而有些茶树品种则相反，适制和兼制多个茶类。

本章主要介绍茶树品种选育概况，并比较系统论述茶树品种的生物学特性和主要品质生化成分与茶叶品质的关系。

第一节　茶树品种选育概况

唐代陆羽《茶经·一之源》就有"紫者上，绿者次；笋者上，芽者次；叶卷上，叶舒次"之说，这是历史文献对茶树品种特性最早的记载之一。近代茶树育种可以追溯到18世纪后期至19世纪，福建茶农发明了茶树无性扦插繁殖技术，分别于1780年和1857年育成了'铁观音'（图1-1）和'福鼎大白茶'（图1-2）两个优良品种。中华人民共和国成立以后，尤其是改革开放四十年来，我国广大茶叶科技工作者和茶农培育了一大批优良茶树品种，为茶产业的可持续发展提供了基础。

图1-1　铁观音（蔡银笔提供）

图1-2 福鼎大白茶

一、优良品种的作用

回顾自20世纪80年代开始的名优茶恢复和发展过程可以看出，茶树良种和名优茶之间存在着明显的良性关系，即发展名优茶需要以良种为基础，推广良种需要以名优茶为先导。

茶树优良品种的作用可以概括为：① 促使产品早上市；② 提高茶叶品质；③ 增加优质茶比例和产量；④ 适宜机采，提高采摘工效，降低生产成本；⑤ 选育抗病虫性强、高肥效的品种可减少农药和化肥使用量，有利于生态环境保护。

二、新品种选育基本程序

由于茶树兼具有性繁殖和无性繁育的特点，加上茶树为异花授粉作物，长期的自然杂交和人工选择，使茶树地方品种资源中存在极为丰富的变异，蕴含了很多可以直接利用的有利性状。所以，茶树育种的基本程序是：从现有自然变异中，系统选择或采用人工杂交、诱变等手段，创造优质、高产或高抗的性状，这些材料经鉴定后无性扩繁（以短穗扦插为主）形成一定数量的群体，在有对照品种和重复设置的条件下，经多年重复观察其农艺性状、产量、品质、抗性和适应性后，按现行2016版《中华人民共和国种子法》（以下简称《种子法》）的要求，可以申请非主要农作物品种登记。

2016版《种子法》和《非主要农作物品种登记办法》（以下简称《办法》）实施前，我国有国家认（审）定茶树品种95个，其中有性系品种17个、无性系品种78个；国家鉴定无性系品种39个。

茶树新品种还可以申请植物新品种权保护。

三、品种登记

2016年1月1日开始实施的《种子法》规定，"国家对部分非主要农作物实行品种登记制度"。2017年3月30日，农业部第1号令《非主要农作物品种登记办法》发布，其中包括29个作物品种登记指南。茶树被列入第一批29种非主要农作物品种登记目录。

1. 品种登记需要提供的材料及要求

《办法》第十三条规定，对新培育的品种，申请者应当按照品种登记指南的要求提交以下材料：① 申请表；② 品种特性、育种过程等的说明材料；③ 特异性、一致性、稳定性测试报告；④ 种子、植株及果实等实物彩色照片；⑤ 品种权人的书面同意材料；⑥ 品种和申请材料合法性、真实性承诺书。

《非主要农作物品种登记指南 茶树》中要求："申请茶树品种登记，申请者向省级农业主管部门提出品种登记申请，填写《非主要农作物品种登记申请表 茶树》，提交相关申请文件；省级部门书面审查符合要求的，再通知申请者提交苗木样品。"《办法》第十八条规定："农业部自收到省级人民政府农业主管部门的审查意见之日起二十个工作日内进行复核。对符合规定并按规定提交种子样品的，予以登记，颁发登记证书；不予登记的，书面通知申请者并说明理由。"

2.《种子法》中对未登记农作物的限制和惩罚条款

《种子法》第二十三条规定："应当登记的农作物品种未经登记的，不得发布广告、推广，不得以登记品种的名义销售。"第七十八条规定："违反本法第二十一条、第二十二条、第二十三条规定，有下列行为之一的，由县级以上人民政府农业、林业主管部门责令停止违法行为，没收违法所得和种子，并处二万元以上二十万元以下罚款：对应当登记未经登记的农作物品种进行推广，或者以登记品种的名义进行销售的；对已撤销登记的农作物品种进行推广，或者以登记品种的名义进行销售的。""违反本法第二十三条、第四十二条规定，对应当审定未经审定或者应当登记未经登记的农作物品种发布广告，或者广告中有关品种的主要性状描述的内容与审定、登记公告不一致的，依照《中华人民共和国广告法》的有关规定追究法律责任。"

3. 茶树已登记品种及登记编号

到2021年12月，农业农村部发布的非主要农作物品种登记公告中，一共有122个茶树品种完成了非主要农作物品种登记工作。2018年登记品种9个：毛蟹、本山、黄旦、铁观音、梅占、大叶乌龙；川茶6号、紫嫣、陕茶1号。2019年登记品种39个：蒙山5号、茶农98、锡茶24号、鸿雁1号、皖茶8号、皖茶9号、黔茶1号、黔茶8号、黔辐4号、苔选0310、白牡丹；青农3号、寒梅、青农38号、鄂茶1号、鄂茶5号；槠叶齐、湘波绿2号、西莲1号、白毫早、黄金茶2号、保靖黄金茶1号、玉笋、碧香早、茗丰、尖波黄13号、潇湘1号、湘红3号、湘茶研4号、湘茶研2号、湘茶研8号、庐云3号、中黄1号、中黄2号、北茶36、庐云1号、庐云2号、北茶1号、中茶111（陈亮和马建强，2020）。2020年登记品种42个：东方紫婵、渝茶3号、渝茶4号、云抗10号、云茶1号、皖茶10号、景白2号、景白1号、鄂茶6号、鄂茶11号、鄂茶12号、湘茶研1号、湘茶研3号、黄金茶168、中白1号、金茗1号、桂1号、桂茶2号、中茶502、中茶601、中茶602、中茶603、浙农12、浙农113、浙农117、浙农121、浙农21、浙农25、浙农139、浙农301、浙农302、浙农701、浙农702、浙农901、浙农902、谷雨春、舒茶早、鸿雁7号、中茶112、中茶125、中茶147、东茗1号。2021年12月27日止共登记品种32个：川茶10号、川沐318、天府5号、天府6号、中茗66号、凹富后单丛、漕溪1号、浮梁槠叶1号、赣茶4号、婺绿1号、春闺、瑞香、九龙袍、中茶102、中茶302、中茶108、中茶604、中茶605、中茶606、春雨二号、栗峰、杭茶21号、杭茶22号、春雨一号、鄂茶201、彝黄1号、湘茶研6号、玉绿、西山茶1号、西山茶8号、中茶501、中茗7号。

农作物品种登记编号格式为：GPD +作物种类+（年号）+ 2位数字的省份代号+ 4位数字顺序号，如'毛蟹'是第一个完成非主要农作物品种登记的茶树品种，其编号是"GPD茶树（2018）350001"，而

'中茶111'登记编号为"GPD茶树（2019）330039"，川茶10号登记编号为"GDP茶树（2021）510001"。数字中的35是福建省的代号；33是浙江省的代号；51是四川省的代号。

四、植物新品种权

植物新品种权是授予植物新品种培育者利用其品种排他的独占权利（经济权利和精神权利的总称），它是知识产权的一种形式，与专利、商标、著作权等一样，是知识产权保护的重要组成部分。品种权具有无形性、专有性、地域性和时间性等特点。植物新品种保护在中国有20多年的历史，1999年4月23日，中国正式加入国际植物新品种保护联盟（下文简称UPOV），成为其第34个成员国。

1. 植物新品种授权的条件

一个植物品种能否授权，取决于三个条件：① 形式条件：在保护名录范围内、具备新颖性和适当命名。农业部在2012年专门制定了《农业植物品种命名规定》。② 实质性条件：具备特异性（Distinctness）、一致性（Uniformity）和稳定性（Stability），简称DUS。③ 其他条件：包括申请人必须履行相应的申请程序。

2. DUS测试及茶树获得植物新品种授权情况

2008年，农业部植物新品种保护办公室发布的第七批农业植物保护名录包含了"山茶属茶组 *Camellia L.* section *Thea*（L.）Dyer"。中国为UPOV制定的第一个国际DUS测试指南标准——TG/238/1茶树DUS测试指南（Guidelines for the Conduct of Tests for Distinctness, Uniformity and Stability—Tea [*Camellia sinensis* (L.) O. Kuntze], TG/238/1）和农业行业标准NY/T 2422—2013《植物新品种特异性、一致性和稳定性测试指南 茶树》先后发布实施，农业部从2008年开始受理茶树新品种保护的申请，农业农村部植物新品种（杭州茶树）测试站（中国农业科学院茶叶研究所）2009年开始承担茶树DUS测试任务。

据不完全统计，到2021年12月，共有中茶211、中茶125、中黄3号和紫娟等102个品种获得植物新品种权，其中农业农村部授权80个，国家林业与草原局授权23个（有1个品种农业和林业均授权，只计算一次）；目前还有170多个品种在DUS测试中。

第二节　茶树品种生物学特性、农艺性状与茶叶品质

茶树树型、叶片大小、芽叶性状、芽叶茸毛等生物学特性，它们更多的是影响茶叶品质中的外形，当然一定程度上也影响茶叶的色、香、味等内质。

一、生物学特性与茶叶品质

1. 树型与适制茶类

树型呈小乔木型，叶片大，叶质厚软，叶面隆起，芽叶茶多酚含量高的，一般适制红茶；树型呈灌木型，叶片中或偏小，叶片角质层较厚，芽叶氨基酸含量高的，一般适制绿茶；而灌木型，叶片中等大小，叶面较平，叶身多内折，芽叶咖啡因含量高的，多适制乌龙茶。

图1-3　白叶1号

图1-4　紫娟

2. 芽叶性状与茶叶品质优劣

芽叶性状直接关系到茶叶品质的优劣。

① 芽叶颜色。茶的芽叶有淡绿、绿、深绿、黄绿、紫绿、白、黄等多种色泽。多数红茶对芽叶色泽没有很强的要求；乌龙茶多偏于浅黄绿或绿紫色；白色和黄色芽叶多制作特种茶，如浙江安吉白茶就是采摘'白叶1号'（图1-3）春季玉白色芽叶制作的。'紫娟'（图1-4）和'紫嫣'等紫芽品种，因为富含花青素，被认为具有良好的抗氧化作用。

② 芽叶茸毛。绿茶（除了龙井茶等扁形绿茶和针形绿茶外）、白茶和红茶等几乎都很重视茸毛的多少，茸毛在茶树品种间差异巨大，有些来自大理茶的品种芽叶完全无茸毛，有些品种茸毛特多，如'福鼎大毫茶'；同一品种中比较嫩的芽叶茸毛多。含有更多茸毛的芽叶被认为可以做出更高质量的茶叶，但最新的研究表明没有证据支持这一观点。Li等（2020）通过对茶叶茸毛的形态和代谢分析，发现茶叶茸毛是单细胞的、简单的，富含多种水溶性代谢物，包括游离儿茶素、咖啡因、氨基酸等。此外，对新鲜茶叶和茶叶制品中已知质量相关和非靶向代谢物的分析表明，茸毛的存在并没有改变新鲜茶叶、白茶和红茶的整体代谢物谱，但可能影响绿茶中的非靶向代谢物。总的来说，更多的茸毛可能只表明鲜叶的嫩度更高，而茶叶中的代谢物可能是影响品质的关键因素。

二、主要农艺性状与茶叶品质

茶树春季物候期、芽叶生长状态（嫩度）等主要农艺性状与茶叶品质有一定的关系。

图1-5　嘉茗1号　　　　　　　　　　　　　　　　　　　　　图1-6　中茶108

1. 春季物候期与茶叶品质

春季休眠芽萌发早晚主要是由品种特性所决定的，品种资源间差异很大，如在杭州茶区，相同的栽培管理条件下，一芽一叶期最早与最晚可相差50多天。① 特早生品种。常见的特早生品种有'嘉茗1号'（原名乌牛早）（图1-5）、'平阳特早茶'、'霞浦春波绿'和'中茶108'（图1-6）等。春季早期气温相对比较低，特早生和早生品种芽叶生长比较慢，因此高档茶比例高。当然，在有些地区的有些年份，特早生品种容易遭受倒春寒的危害。② 晚生品种。晚生品种有'北斗''不知春''江苦2号'等。早生品种在当前市场竞争中具有重要经济价值，生产上既需要早、中、晚生品种各占一定比例合理搭配，更需要协调好早生与优质的关系。

2. 芽叶嫩度与茶叶品质

芽叶嫩度是芽叶各种理化性状综合外观的表现，芽叶嫩度与采摘标准有关。一定程度上，嫩度好的芽叶颜色好，氨基酸含量高，鲜爽度更好。当然，不同的茶类对于嫩度有不同的要求，制作红茶、绿茶一般需要比较嫩的芽叶，而制作乌龙茶需要比较成熟的新梢（小开面、中开面和大开面），黑茶对嫩度要求相对较低。

第三节　茶树品种主要生化成分与茶叶品质

茶叶内质"色、香、味"都有其特定的生化成分基础。品种主要生化成分包括：茶多酚（主要是儿茶素类）、生物碱（主要是咖啡因）、游离氨基酸（主要是茶氨酸）和茶叶色素（主要叶绿素、类胡萝卜素、黄酮类和花青素）、芳香物质等，它们都影响茶叶内质。即使在相同的生长环境下，不同品种间生化成分的差异也较大，这些成分在加工过程中会发生复杂的水解、络合或协调作用，使成品茶形成人们喜爱的色、香、味。

一、主要品种适制性与生化成分的关系

2010—2012年，中国农业科学院茶叶研究所从原产地采集国家级和部分省级共250多个无性系茶树品种春茶的一芽二叶生化分析样，经农业部茶叶质量监督检验测试中心应用国家标准方法进行测定茶多

酚、游离氨基酸、水浸出物和咖啡因含量（杨亚军和梁月荣，2014）。在分析这些优良品种适（兼）制茶类与常规成分之间的关系时发现：① 茶多酚平均含量以适制绿茶（17.9%）和兼制白茶（15.6%）品种为低，红、绿兼制品种（18.4%）和适制乌龙茶（18.7%）品种次之，适制红茶品种为高（19.1%）；② 氨基酸含量则正好相反，适制绿茶（4.2%）和兼制白茶（4.5%）品种为高，红绿兼制（4.1%）和适制红茶（4.0%）品种次之，适制乌龙茶品种为低（3.8%）；③ 水浸出物在适制不同茶类品种间差异比较大，适制乌龙茶最高（49.9%），兼制白茶（48.9%）、红茶（48.4%）、红绿兼制（48.1%）品种次之，适制绿茶（47.5%）品种最低；④ 适制不同茶类的品种间咖啡因平均含量则比较稳定，为3.3%~3.6%。国家和省级茶树品种的适制性与四项常规成分含量之间的关系如图1-7。

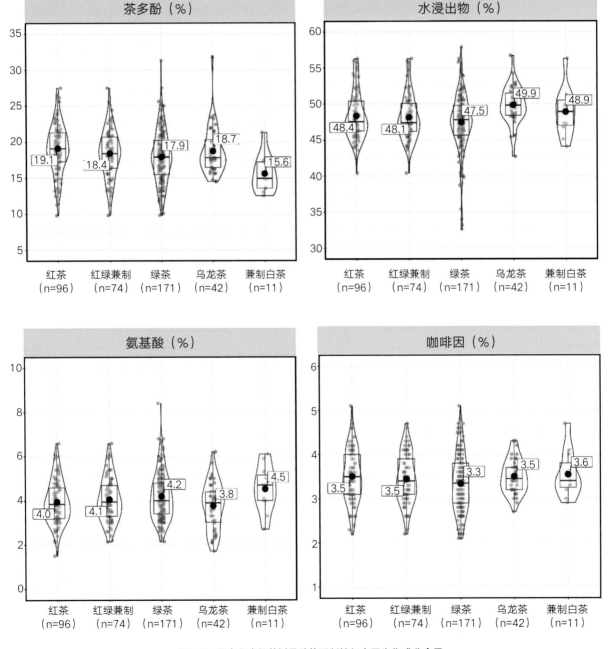

图1-7　国家和省级茶树品种的适制性与主要生化成分含量
（n代表品种数量，圆点的数值代表n个品种该成分的平均值）

二、茶多酚与茶叶品质

茶多酚是多个酚性化合物的总称，包括儿茶素（占50%~70%）、黄酮、黄酮醇类、花色素和酚酸等，其含量约占鲜叶干重的10%~25%，是决定茶汤滋味、颜色的主要成分。儿茶素是绿茶茶汤苦涩味和厚度的主要成分，儿茶素的氧化产物——茶黄素、茶红素和茶褐素与红茶的汤色、滋味等品质关系密切。Chen & Zhou（2005）对国家种质杭州茶树圃596份品种资源的生化样系统分析表明，茶多酚含量为22.0%±3.6%~31.9%±4.6%，其中浙江和陕西资源中茶多酚含量较低，云南和广西资源含量较高；儿茶素含量为12.5%±2.4%~17.7%±4.8%，其中浙江、广东和云南资源含量较低，湖南资源含量较高。

最近，中国农业科学院茶叶研究所从国家和省级审（认）定的127个优良茶树品种原产地采集春季一芽二叶，由农业部茶叶质量监督检验测试中心应用国家标准方法对生化样主要生化成分测定表明，茶多酚含量为9.8%~25.6%，平均含量为18.3%（周智修，2018）。

Jin等（2014）从国家种质杭州茶树圃中采集同年春季同等嫩度的一芽二叶生化样进行高效液相色谱（简称HPLC）分析，发现茶多酚的主要成分儿茶素总量为5.7%~23.2%，平均15.5%，EGCG为1.3%~13.8%，平均9.4%；ECG为0.32%~7.3%，平均2.9%；EGC为0.2%~3.9%，平均1.6%；其他儿茶素含量较低，如EC 0.8%，GC 0.4%，C 0.2%，GCG 0.2%。其中，简单（非酯型）儿茶素为C、EC、GC、EGC，有甜味，回味较好一些；复杂（酯型）儿茶素为EGCG、ECG、GCG，苦涩味和收敛性更强一些（EGCG等化合物全称见章后附表）。

三、生物碱与茶叶品质

茶叶中的生物碱主要有咖啡因和可可碱，以咖啡因为主，部分特异茶树含比较高的苦茶碱。

咖啡因是茶叶特征性成分之一，也是茶叶重要滋味成分和茶汤苦味的主要来源。在红茶中，咖啡因能与茶黄素形成复合物（冷后浑），具有鲜爽味，因此，咖啡因含量也是影响茶叶品质的一个重要因素。春茶咖啡因含量略低，秋茶略高，总体比较稳定，受季节影响较小。金基强等（2014）对国家种质杭州茶树圃403份核心种质资源一芽二叶生化样测定，咖啡因含量平均为2.5%~4.5%，其中春季含量为0.23%~5.34%；秋季含量为0.11%~6.0%。咖啡因以云南、湖南、广西、湖北和贵州资源较高。Chen & Zhou（2005）对596份品种资源生化样咖啡因含量测定结果为1.2%~5.9%。

茶叶中咖啡因含量一般为咖啡和可可的2倍（Willson 1999）。

表1-1　茶叶、咖啡与可可的嘌呤生物碱（陈亮等2006）

嘌呤碱（干重%）	茶叶	咖啡		可可
		小粒咖啡	大粒咖啡	
咖啡因	2.0~5.0	1.0~1.5	2.0~2.7	1.5
可可碱	0.06~1.0	痕量	痕量	1.8
茶叶碱	0.05	痕量	痕量	痕量

四、氨基酸与茶叶品质

茶叶中的氨基酸有26种，含量占干物质总量的2%～6%，其中茶氨酸含量最高，约占游离氨基酸总量的50%。Yamamoto 等（1997）的《Chemistry and Applications of Green Tea》（绿茶的化学与应用）中说，茶叶的氨基酸中茶氨酸占45.9%，谷氨酸占12.7%，天冬氨酸占10.8%，精氨酸占9.2%，谷氨酰胺占7.5%，其他如丝氨酸、苏氨酸、丙氨酸、天冬酰胺、赖氨酸、苯丙氨酸和缬氨酸等约占10.9%。

游离氨基酸影响茶叶品质的色、味、香。① 色：游离氨基酸含量高的鲜叶，其氮素代谢旺盛，持嫩性强，制成的干茶条索细紧，色泽油润。② 味：游离氨基酸是滋味因子。茶氨酸具有类似味精的鲜爽和焦糖香气，对茶汤滋味和香气具有良好作用；谷氨酸和天冬氨酸具鲜味；精氨酸具有鲜甜滋味。③ 香：在红茶发酵中，氨基酸可以形成香气物质，尤其是其中的茶氨酸是形成茶香气和鲜爽度的重要成分；在绿茶中，氨基酸与滋味等级相关系数R为0.79～0.88，与形成绿茶香气关系极为密切，并可作为绿茶品种的重要评价因子。

茶树品种资源间游离氨基酸含量有明显差异，596份品种资源生化样的氨基酸含量为1.1%～6.5%（Chen & Zhou, 2005）。2014年，中国农业科学院茶叶研究所从国家和省级127个优良茶树品种的原产地采集春季一芽二叶生化样，由农业部茶叶质量监督检验测试中心应用国家标准方法对其主要生化成分测定表明，氨基酸含量为1.5%～7.6%，平均4.1%（周智修，2018）。一般来说，芽叶白色和黄色变异品种的氨基酸含量比较高，如'白叶1号'和'中黄3号'的氨基酸含量是常规绿色品种的1～2倍，绿色品种如湖南'保靖黄金茶'也是氨基酸含量较高的品种。除了品种，氨基酸含量还容易受栽培措施的影响，尤其是氮肥水平。

为了衡量一个品种适制红茶或绿茶，常用茶多酚、氨基酸的比例，即"酚氨比（茶多酚%/氨基酸%）"来表示。一般来讲，酚氨比小更适制绿茶，酚氨比大更适制红茶，但由于茶叶在加工过程中生化变化是很复杂的，故以上结论是相对的。

五、茶叶色素与茶叶品质

茶叶色素是一类存在于茶树鲜叶和成品茶中的有色物质，是构成茶叶外形色泽、汤色和叶底色泽的成分，其含量及变化对茶叶品质起到重要作用。茶叶中色素有脂溶性色素和水溶性色素两个部分。脂溶性色素是叶绿素（a、b）、类胡萝卜素、叶黄素等；水溶性色素有黄酮类、花青素等。

（一）脂溶性色素

1. 叶绿素

叶绿素由叶绿素a和叶绿素b组成，鲜叶中的叶绿素约占茶叶干重的0.2%～0.5%，其中叶绿素a是叶绿素b的2～3倍（测定样品是鲜叶直接干燥，而不是做成干茶以后叶绿素的占比，即占比是"干重"，以下如果无特别说明占比均为干重）。叶绿素a呈绿色，叶绿素b呈黄绿色。相同栽培条件下，品种间有比较大的差别，叶色黄绿的品种叶绿素总含量低，叶色深绿的品种叶绿素总含量高。叶绿素也是形成绿茶干茶色泽和叶底色泽的主要物质。制作蒸青绿茶以'薮北'或者'中茶102'为好。末茶品种对叶绿素含量要求较高，其他茶类对叶绿素含量要求相对较低。

2. 类胡萝卜素

类胡萝卜素主要有胡萝卜素、叶黄素和番茄红素等。胡萝卜素是茶叶中重要的脂溶性色素，包括α-

胡萝卜素、β-胡萝卜素、γ-胡萝卜素等，含量约为0.06%。成熟叶中类胡萝卜素含量比嫩叶高，β-胡萝卜素占80%。茶树品种间差异比较大，119份品种资源生化样的类胡萝卜素含量为17～724毫克/千克，相差42倍（Wang et al. 2010）。在红茶加工过程中，类胡萝卜素氧化降解形成红茶的香气物质α-紫罗酮和β-紫罗酮（紫罗兰香）、二氢海葵内酯（温和淡雅的香气）等，对红茶香气起到重要作用。

3. 叶黄素类

叶黄素类主要有叶黄素、玉米素、隐黄素、新叶黄素和5,6-环隐叶黄素等，其中主要是叶黄素。119份品种资源茶叶中，叶黄素含量为48～418毫克/千克，相差16倍，同样，成熟叶中叶黄素含量高于幼嫩叶（Wang et al. 2000），与红茶香气、外形和叶底的色泽有关。

（二）水溶性色素

1. 黄酮类

黄酮类，主要包括黄酮醇和黄酮两类化合物，茶树体内主要是黄酮醇及黄酮醇苷。茶鲜叶中黄酮类含量占干物质重量的2%左右，是茶叶水溶性色素的主体物质和重要的呈味物质，是绿茶汤色的重要组分。Fang等（2019）以‘福鼎大白茶’一芽三叶鲜叶（黄酮类含量为1.6%）分别加工成绿茶、黄茶、白茶、乌龙茶和红茶，从干茶样品中分离、鉴定出21种黄酮醇苷物质，所制红茶中黄酮醇苷的含量最低，其次是乌龙茶，而绿茶、白茶和黄茶中黄酮醇苷含量较鲜叶变化较小。杀青工艺可以钝化酶，杀青后茶叶中的黄酮醇苷含量稳定；红茶发酵中黄酮醇苷类化合物大量降解，且黄酮醇苷物质的苷元和糖基对其稳定性有明显的影响。

2. 花青素

花青素是重要的水溶性色素成分，一般占干重0.01%～1%，紫芽品种含量要高许多，如‘紫娟’春季一芽二叶花青素含量达2.24%，夏季达3.29%（杨兴荣等，2013）。一般来说，花青素含量高的紫色芽叶做绿茶品质一般，汤色发暗，滋味苦涩，香气比较高。做红茶汤色、叶底比较暗，品质一般。

表1-2　不同品质成分与绿茶感官审评总分的相关分析（王新超等，2011）

不同组分	春茶得分90.2	夏茶得分87.8	秋茶得分88.1	偏相关系数
氨基酸（%）	3.75	1.87	2.29	0.636**
茶氨酸（%）	2.25	0.87	1.20	0.478**
茶多酚（%）	29.8	32.8	30.8	−0.221*
儿茶素总量（%）	11.7	14.0	13.3	−0.252*
酯型儿茶素（%）	8.44	9.55	10.43	−0.252*
非酯型儿茶素（%）	2.77	4.18	2.89	−0.272*
咖啡因（%）	2.92	3.01	3.65	−0.193
水浸出物（%）	40.3	40.9	47.1	−0.191
叶绿素（%）	0.16	0.25	0.28	−0.542**
花青素（%）	0.50	0.94	0.84	−0.621**
果胶（%）	1.77	2.44	2.33	

注：*表示相关性显著，**表示相关性极显著

王新超等（2011）研究了国家种质杭州茶树圃31个品种资源春、夏、秋一芽二叶的主要品质成分与绿茶品质得分的关系，认为氨基酸（茶氨酸）、花青素和叶绿素含量对茶叶品质的影响最大，是导致绿茶品质季节间差异的主要生化因子。其中氨基酸表现为正向影响，在季节间呈现春季高、夏秋季降低的规律；花青素和叶绿素表现为负向影响，在季节间呈现春季低、夏秋季升高的趋势（表1-2）。

六、芳香物质与茶叶品质

芳香物质约占茶叶干物质总量的0.02%，是由众多性质不同、含量不同的挥发性物质组成的混合物。已鉴定的茶叶香气成分约700种以上，主要包括芳樟醇及其氧化物、香叶醇、橙花叔醇等萜烯类衍生物，苯甲醇等芳香族衍生物，顺-3-己烯醇等脂肪类衍生物，吡嗪、吲哚等含氮或含氧杂环类化合物。

不同茶类香气组成不同，香气主要由加工过程决定，但是香气形成的前体物质种类和含量受遗传物质调控，主要由品种决定。茶树品种不同，香气前体组成、含量、比例及香气有关的其他成分如蛋白质、氨基酸、糖类及多酚的含量均有所不同，即使采用了相同的加工方法，所制茶叶香气也会有所不同。

茶树品种是茶叶品质形成的基础，每个品种都有其特征特性，在生产过程中应该根据其特征特性、生态条件和适制茶类来选择合适的品种，根据其树型和树姿等合理安排种植密度和修剪措施，根据土壤肥力水平和需肥性来采取针对性的肥水管理，然后根据品种鲜叶特性按科学的工艺进行加工，以充分发挥品种的优点，弥补品种的不足，做到"良种良法"，充分发挥品种的经济效益。

附表：茶多酚中儿茶素类化合物名称缩写与全称

物质简称	物质全称
EGCG	表没食子儿茶素没食子酸酯
ECG	表儿茶素没食子酸酯
EGC	表没食子儿茶素
EC	表儿茶素
GC	没食子儿茶素
C	儿茶素
GCG	没食子儿茶素没食子酸酯

第二章
栽培技术与
茶叶品质

在茶树栽培技术中，茶叶采摘、茶树修剪、茶树的光照控制及茶树的养分管理等技术措施与茶叶品质关系最为密切。

第一节　采摘与茶叶品质

茶叶采摘是指通过田间栽培技术手段的应用，让茶叶生产者最终通过采摘手段获得产量高且品质优的茶鲜叶原料的过程。茶叶的采摘，季节性很强，培育出长势良好的茶树并不等于一定有好的收获，还必须把握好采摘环节。采摘决定着茶叶产量的高低及品质的好坏。

一、鲜叶采摘对品质的影响

茶叶采摘是保证茶鲜叶原料品质的重要一环，而且关系到茶树的生长发育和经济寿命的长短。当前茶叶生产中，名优茶的生产效益较大宗茶高，而名优茶对茶叶采摘的要求也要比大宗茶高。茶鲜叶的大小、老嫩、匀净度等都直接关系到茶叶的品质优劣及价格的高低，因此，生产实际中需要按照市场需求和产品加工需要，实行科学的分级采摘，可有效提高鲜叶品质并形成优质优价，有利于不同茶叶产品的分级加工和产品提质增效。控制鲜叶分期、分批、分级采收是茶叶采摘的一大重要技术措施，禁止大小老嫩不分、带蒂头采摘等不良采摘方式，从采摘源头上保证茶叶的品质。

二、采摘标准

我国茶叶品类繁多，品质特征各具特色。因此，对茶叶采摘标准的要求、差异很大，归纳起来，以所采摘的芽叶老嫩度为区分依据，大致可分为四种情况。

1. 高档名茶的精细采摘

采用精细采摘的鲜叶主要用来制作高档名茶，如高级西湖龙井、洞庭碧螺春、金骏眉、君山银针、黄山毛峰、庐山云雾等。高档名茶对鲜叶嫩度要求很高，一般是采摘单芽和一芽一叶，以及一芽二叶初展的新梢。精细采摘用工成本高、产量相对较低，大多在春茶前期采摘。所采的茶鲜叶品质优，则所加工的成品茶价格高、效益好。

2. 优质茶的适中采摘

采用适中采摘的茶鲜叶主要用来制作优质茶，如内销和外销的眉茶、珠茶、红碎茶等，要求鲜叶嫩度适中，一般以采一芽二、三叶为主，兼采幼嫩的对夹叶。以这种采摘标准采摘的茶鲜叶制作的成品茶品质较好，产量较高，是目前采用最普遍的采摘标准。

3. 乌龙茶的开面采

由于乌龙茶对滋味和香气有独特的要求，需采摘比较成熟的新梢，俗称"开面采"，即待茶新梢生长到顶芽停止生长形成驻芽，在顶芽下第一叶刚摊开时采下三、四叶新梢，又称"开面梢"或"三叶半采"。开面采的鲜叶成熟而不老，叶质肥壮而不粗，最适合做青工艺的要求，能保证成品茶质量。

开面采的鲜叶中对乌龙茶香气、滋味起决定作用的醚浸出物和非酯型儿茶素含量较高，单糖含量丰富，乌龙茶的品质相应就高。

采摘顶芽开面程度不同，通常可分小开面、中开面和大开面三种（图2-1）。通常来说，小开面是以第二叶为参照标准，顶叶与第二叶的面积比例小于等于1/3；中开面是顶叶与第二叶面积比例约为1/2；大开面是顶叶与第二叶面积比例大于等于2/3（图2-1）。制作乌龙茶的鲜叶如采摘太嫩，制成的乌龙茶往往色泽红褐灰暗，香低味涩；采摘太老，则外形显得粗大，色泽干枯，滋味淡薄。

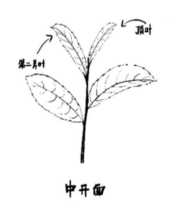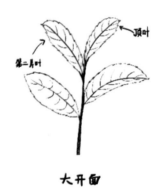

图2-1 小开面、中开面和大开面

4. 边销茶类的成熟采

成熟采通常需要待茶树新梢生长充分成熟、新梢基部完全木质化并呈现棕红色时才可采摘。这类采摘的鲜叶主要用于生产黑茶、砖茶等边销茶。边民饮用黑茶时需要经过煎煮，以将茶叶及梗中所含成分煎煮出来。如四川的南路边茶需将茶汁掺和酥油，要求茶汁滋味醇和、回味甘润。

茶树投产后，前期产量较高，但由于成熟采对茶树生长有较大影响，茶树容易衰老，经济有效年限不是很长。

三、采摘方法

茶叶采摘目前主要有两种方法，即手工采茶和机械采茶。

1. 手工采茶

手工采茶是以质量为导向的采摘方法，多见于中高档名优茶的采摘，是当前茶产业中的主流采摘方法。采茶时，要实行提手采、分朵采，切忌捋采。这种采摘方法的最大优点是所采摘的茶鲜叶标准划一，容易掌握。缺点是费工，成本高。但目前细嫩名优茶的采摘，由于采摘标准要求高，还不能实行机械采茶，仍多采用手工采茶（图2-2）。

图2-2 手工采茶

2. 机械采茶

另一种采摘方法为机械化采摘方法，该采摘方法以低成本为主要导向。随着劳动力的日益紧缺，机械化采茶一直被认为是解决当前茶叶生产瓶颈问题的一个重要手段。

茶叶的机械化采摘，目前多以采用双人抬往返切割式采茶机或背负式单人采茶机采茶为主。但从技术手段看，目前的机械化采摘还仅能解决中低档茶叶原料的采摘。如果操作熟练，肥水管理跟上，机械采茶对茶树生长发育和茶叶产量、质量并无负面影响，而且还能减少采茶劳动力，降低生产成本，提高经济效益。因此，近年来，机械采茶越来越受到茶农的青睐，机采茶园的面积逐年扩大（图2-3）。

图2-3 机械采茶

四、鲜叶的验收与贮运

不论是手工采摘还是机械采摘的茶鲜叶必须及时集中，装入透气性好的竹筐或编织袋，并防止挤压，尽快送入茶厂付制。茶鲜叶进厂后需要根据鲜叶的质量首先进行验收。

1. 茶鲜叶的质量

茶鲜叶质量是一个综合性的茶青指标，主要包括嫩度、匀度和新鲜度三个方面。

（1）嫩度

嫩度是指芽叶的成熟度，是评定鲜叶质量的主要依据，是衡量茶叶品质的重要因素，是评定茶叶等级的主要指标。不同茶叶对鲜叶嫩度的要求也不尽相同。通常，高档的红、绿名优茶对茶鲜叶的嫩度要求较高。一般来说，嫩芽叶多、叶质柔软、叶色浅绿是鲜叶嫩度好的标志。

（2）匀度

匀度是指同一批鲜叶质量的一致性，不仅要求茶鲜叶的品种一致、嫩度一致，还要求鲜叶的长度大小一致、柔软度一致等，是反映鲜叶质量的一个重要指标。对于茶叶加工而言，任一茶类制作都要求鲜叶匀度好。匀度不好，老嫩混杂，会造成杀青生熟不一，揉捻中嫩叶断碎、老叶不成条索等现象。

（3）新鲜度

新鲜度是指鲜叶保持原有理化性质的程度。鲜叶离开茶树，新陈代谢立即发生改变，随着水分的丧失、酶的作用加强，鲜叶内质不断分解、转化而消耗减少。在生产实际中，通常可通过观察茶鲜叶的色度、气味及发热程度来判断其新鲜度。

2. 茶鲜叶的贮运保鲜

从茶鲜叶采下至送入茶厂的过程中，茶鲜叶的贮运保鲜十分重要，直接关系到鲜叶的新鲜度及质量，进而会影响到成品茶叶的品质。因此茶鲜叶的贮运过程中首先需要保持其新鲜度，防止劣变。

一般要求贮运鲜叶的工具要干净、通风透气、轻便牢固、清洁卫生。① 一般用竹篾编制有孔的竹箩、竹篮、竹筐等盛装鲜叶，不能用不透气的布袋、塑料袋。② 鲜叶采摘时，要及时运送至工厂，不能堆渥和在烈日下暴晒。③ 在茶鲜叶的运输过程中需要减少芽叶机械损伤，在装鲜叶时要轻装轻放，不能压得过紧，以免损伤叶片。④ 应做到机采叶和手采叶分开、不同茶树品种的原料分开、晴天叶和雨天叶分开、正常叶和劣变叶分开、壮年茶树叶和衰老茶树叶分开、上午采的叶和下午采的叶分开。这样做，有利于茶叶制作，有利于提高茶叶品质。

总之，采摘技术不仅与茶树的生长发育有关系，而且与茶叶的品质也有着密切的关系。所以说，若要茶叶制得好，鲜叶采摘质量关必须要把好。

第二节　树冠类型与茶叶品质

茶树的树冠结构直接影响其通风与通透性、茶树的光合效率及茶叶生长枝的发芽能力等，从而影响茶叶品质；树冠的类型则会影响茶树新梢的粗壮度、密度及持嫩性等。

一、树冠结构对茶叶品质的影响

良好的茶树树冠结构是形成优质、高产、高效茶园的基础。而良好的树冠结构的培育需要通过修剪来实现。茶树修剪已成为当前茶叶生产中一项重要的技术措施。

通常来说，较为理想的树冠结构，其最初的一、二级分枝应该比较粗壮且分枝少、空间分布均匀，以起到支撑茶树整个树体的作用，由此也保证了进一步形成健壮的新一级分枝，从而构建了茶树优良的枝干骨架和健壮的生产枝层的基础。

通过修剪，可以人为调控茶树的分枝结构。调查表明，经修剪的茶树，到8～9龄时可有10～12级分枝，比自然生长的茶树多3～4级。同时，国内外有关研究资料表明，每年轻修剪的茶树芽叶壮嫩，含水量比不修剪的高2%～3%，茶多酚总量增加，表明修剪会影响茶鲜叶品质。但由于茶树枝条的阶段发育年龄是从下向上增加的，因此随着枝梢级数的增多，茶树枝条抽发新枝的能力反而会表现出减弱的趋势，所以也并不是分枝级数越多、蓬面枝条越密茶叶产量就越高。因此，适宜的树冠分枝层次要求采摘面上保持一定数量的生产枝，生产枝有较强的发芽能力，发出的新梢具有较强的生长能力。通常而言，枝条越长越粗，其寿命越长，生命力旺盛。因此，当茶树树冠面小枝出现较多结节且又短又细时，茶树的生育能力下降，需要用修剪的方式剪除树冠面级数较高的衰老枝条，人为地降低茶树的分枝级数，提高分枝的粗度，以使茶树的生长枝得到更新。当然，使茶树高产、优质，修剪并非唯一的因素，而是栽培管理多方面的因子综合影响的结果。

二、不同类型树冠

茶树树冠结构形成后，根据不同的留养方式，当前主流的有立体蓄梢树冠及平面树冠两类。

1. 立体蓄梢树冠

立体蓄梢树冠是指在春茶采摘后对茶树进行重修剪或台刈后任其自然生长而形成的树冠，这种立体树冠的芽梢呈自上而下分布，通常有5～10个有效芽位，一般于春季依发芽顺序按标准采摘，但通常不采摘夏秋茶。这种立体蓄梢树冠多见于以纯手工采摘、生产名优茶为主的生产模式（图2-4）。

图2-4 立体蓄梢树冠

图2-5　平面树冠

2. 平面树冠

平面树冠是指树冠结构形成后用修剪机将茶树树冠面剪成弧形或水平形，新长的芽梢全都长在树冠面上，达到采摘标准后可用弧形或水平形的采茶机沿树冠面进行芽梢采摘的树冠。平面树冠多见于全程生产中低档茶叶的机采模式或前期手采一部分高档茶、后期进行机采生产中低档茶的生产模式（图2-5）。

3. 两种树冠的特点

立体蓄梢树冠的枝条粗壮，单位面积内的枝条要少于平面树冠，但枝条上的叶片要大于平面树冠，芽梢的百芽重往往高于平面树冠，而且生长势强、萌芽点多。张颖彬等研究结果表明，立体蓄梢树冠较平面树冠早发芽，其春茶早期的茶芽萌发量可比平面留养的增加约60%，这可显著增加春茶早期高档茶的产量，对于"早采三天是宝，迟采三天是草"这种季节性要求很强的茶叶产品而言，对其生产效益的影响是显著的。而平面树冠往往生产枝密度大，枝条较细，早春的茶芽较小，百芽重显著低于立体蓄梢树冠。

三、树冠培育的修剪技术

在不同生长阶段，茶树的树冠培育过程中所采用的修剪技术侧重点不同。幼龄阶段的茶树重在培育良好的树冠骨架基础，壮年期的茶树树冠培育重在提升茶叶产量与品质，衰老期的茶树树冠培育则是重在复壮茶树长势。

1. 新植茶园的茶树修剪

新植茶园的茶树需要根据三次定型修剪的要求修剪：① "茶苗达到2足龄，或达到离地表5厘米处的茎粗≥0.3厘米（生长在北纬20°以南茶区茶苗粗度应超过0.4厘米），苗高≥30厘米，有1～2个分枝"时第一次定型修剪；② "在第一次定型剪的一整年后，即3足龄时，树高40厘米以上"时第二次定型修剪；③ "在第二次定型剪的一整年后，即4足龄时，树高60厘米以上"时第三次定型修剪。按标准进行三次定型修剪，以保证茶树投产时能形成基本的树冠架构，为后续的采摘树冠打好基础。通常对于正常出圃的无性系良种茶苗，在移栽时第一次定型修剪即可用整枝剪，在离地面15厘米左右处剪去主枝（指灌木型茶树），侧枝不剪。之后的两次定型修剪均需在上一次的剪口上，根据茶树的长势情况提高10～15cm修剪，即可形成基础树冠架构。

2. 茶树成园后的修剪

茶树成园后，可根据生产要求通过修剪来形成相应的树冠。① 如以手采方式采摘生产名优茶的模式，则在每年春茶后进行重修剪，然后进行留养，'嘉茗1号'品种可不再进行树冠控制，如是'龙井43'，可在七月中旬左右增加一次深修剪，以控制茶树秋梢密度及质量，但这次修剪需要避开干旱时段，并在十月底进行一次轻剪。这种修剪方式有助于调匀立体蓄梢树冠上下不同叶位芽梢的芽叶大小，也有利于提高茶叶品质。② 机采模式的树冠修剪则以轻修剪、深修剪为主，主要是为了保持平整而又长势旺盛的树冠面。轻修剪主要是将生长年度内的部分枝叶剪去，其修剪深度一般掌握在上一次剪口上提高3～5厘米，或剪去树冠面上的突出枝条和树冠层3～10厘米枝叶，逐步将茶树高度控制在60～90厘米。深修剪通常适用于茶树经过多次采摘和轻修剪后，树高增加，树冠面上发生许多浓密而细小的分枝，形成鸡爪枝，并导致枯枝率上升，需要采用深修剪的方法重新形成新的枝叶层，恢复并提高产量。

第三节　遮阴与茶叶品质

茶树体中90%～95%的干物质是靠光合作用合成的，光照对于茶树的生长及品质有着显著的影响。但茶树又是一种喜光耐阴、忌强光直射的经济作物，光照过强或长期光照不良时，茶树的生长及品质均会受到显著影响。适度遮阴是提升茶叶品质的一种有效方法。

一、遮阴对茶叶品质的影响

光照是影响茶叶品质的最重要因子之一，是茶树物质代谢中完成能量代谢的重要环节，而茶树的叶片是完成这个复杂代谢任务的重要器官。如何调控光照强度以获取最佳的茶叶品质及产量为茶叶生产者所关注。

1. 茶园覆盖遮阴

茶树覆盖遮阴的目的主要是为了提高茶叶品质，并适当改变茶叶采摘期等。目前，蒸青绿茶茶园覆盖的面积最大。蒸青绿茶除绿茶的一般要求外，十分强调"三绿"，即"色绿""汤绿""叶底绿"，以及香气清鲜、味甘醇和等品质特点。因此，蒸青绿茶原料不仅要求叶绿素含量高，而且要求全氮含量高、氨基酸丰富、茶多酚适中、酚氨比低等。

2. 适当遮阴利于提高茶叶品质

茶树体内多酚类的主体组分是儿茶素类，儿茶素积极参与了茶树的碳代谢。茶树生长最活跃、物质代谢最旺盛的幼嫩芽梢有种类最齐全、数量最丰富的儿茶素。同理，碳代谢最有利的环境条件，儿茶素特别是酯型儿茶素有最大量的积累。光照对儿茶素（尤其是酯型儿茶素）的消长有明显的影响。根据国内外的研究报道，光照直接影响儿茶素的总量或多酚类复合体的组成比例。若光照强和日照量大，茶叶中儿茶素含量会明显增加，其中，酯型儿茶素增加尤为显著。在较弱的光照条件下，茶多酚的含量有所下降。总的来说，这样的光照对绿茶品质有利。

遮光条件下还可减少粗纤维的形成，有利于提高茶叶品质。据试验，适当遮阴（当遮蔽度达30%~40%时），不但有利于茶叶干物质的积累、提高茶叶产量，而且还对茶树本身物质代谢产生影响。遮光后，碳代谢明显减弱，糖类、多酚类物质的含量有所下降；而氮代谢明显增强，全氮、咖啡因、氨基酸的含量增加。

3. 茶园遮阴的方法

当前茶园中遮阴主要分为两类，一类是利用遮阳网等覆盖材料进行人工遮阴，以调控茶园中的光照强度；另一类则采用种植遮阴树、经济林等生态树等方式来调控茶园中的光照强度。

为了增加遮阴效果，科学家们利用不同颜色覆盖物比较茶树遮阴的效果，试验表明，用黄色遮阳网覆盖，去除自然光中的蓝紫光后，茶芽生长旺盛，持嫩性增强，茶叶中叶绿素、氨基酸和水分含量明显提高，而茶多酚反而有所下降。这对改进绿茶的色泽和滋味都有利。在夏茶高温季节，采用覆盖黄色遮阳网可明显提高绿茶品质。同样在云雾多的山区，也由于云雾对光的折射，减少了蓝紫光的照射，使绿茶的品质提高。因此，遮光处理后有利于绿茶品质的提高。茶园适度遮光能改善茶叶品质，其实质是人为地调节碳氮代谢的动态平衡，也是产茶国家常用的农艺措施，对叶用作物的茶树有经济意义。

二、人工遮阴的类型及技术要点

人工遮阴目前多在碾茶、高档末茶的生产中应用，用以提高茶树新梢的绿度及持嫩性等品质指标。不同的人工遮阴技术对茶叶的品质提升效果有差异，投入的成本也差异较大。茶叶生产企业应根据自己的条件选择适宜的遮阴技术。

1. 人工遮阴的类型及遮阴材料

根据遮阴的目的和要求，茶园遮阴篷主要有矮篷、高篷、篷面直接覆盖3种。

茶园覆盖材料的种类很多，传统上经常使用的主要有稻草帘、茅草帘、竹帘和芦苇帘及其他作物秸秆等，这些材料能就地获取，但比较笨重，不易铺卷和贮运，一次性投入虽然较低，但使用寿命短，折旧成本较高。目前使用较多的是遮阳网，又称寒冷纱，是以聚乙烯、聚丙烯和聚酰胺为原料，经加工制作拉成扁丝，再编织而成的网状材料。这种材料重量轻，强度高，耐老化，柔软，便于铺卷，同时可以通过控制网眼的大小和疏密程度，使其具有不同的遮光、通风特性，在生产中可根据需要随意地选择。遮阳网的种类因遮光率、幅度和颜色不同可分成多种。遮阳网的遮光率由20%~90%不等；幅宽有90厘米、150厘米、220厘米和250厘米；网眼有均匀排列的，也有疏、密相间的；网面有单层的，也有双层的；颜色有黑、银灰、白、果绿、黄和黑相间等。生产上使用较多的是遮光率40%~50%和80%~90%两种，宽度为160~220厘米，颜色以黑和银灰色为主，单位面积重量50克/平方米左右。

2. 茶树覆盖技术要点

茶树覆盖后，茶园微域小气候和茶树体内的生理代谢均发生了变化，有的对茶叶产量和品质的形成有利，有的则会产生不利影响。为此，在实施茶园覆盖栽培时，应采取必要的技术措施，以充分提高茶园的经济效益。

（1）覆盖茶园选择

原则上讲，任何茶园均能进行覆盖。但为了充分提高茶叶的产量和品质，一般要求选择土壤深厚、肥沃，茶树健壮且树冠面较平整的高产优质茶园，以平地和缓坡为宜。覆盖茶园应加强肥培管理和适当留叶，如采摘玉露茶的茶园，由于覆盖时间长，遮阳度高，一般采摘春茶（玉露茶）后，夏、秋茶季节均应进行留养。

（2）覆盖技术

茶园覆盖的材料可就地选择，作物秸秆和遮阳网均可，但遮阳网轻便，容易操作。覆盖的方式有高篷覆盖（图2-6）和茶树篷面直接覆盖（图2-7）两种，高篷覆盖成本较高，但不受季节的限制，夏天也可实施。高篷覆盖时，由于受风，以及篷四周光的散射等的影响，即使同样材料的遮阳网，茶树遮阳度也比直接覆盖低。因此，高篷覆盖时，为达到同样程度的遮阳度，选择的透光率应略低，篷四周也应挂上遮阳网。茶园覆盖时间一般在采摘前1星期至半个月，当茶芽长到一芽二三叶时开始覆盖。茶叶采摘时，应一边收网一边采茶，以免阳光直射时间过长、叶绿素含量减少，而影响茶叶的品质。

（3）覆盖茶园的管理

在覆盖蒸青茶园的管理过程中，首先要十分强调茶园的肥培管理，特别是要重视有机肥、氮肥和镁肥的使用，一般要求有机肥的使用量（如按菜饼计）应在3000千克/公顷以上，氮肥按茶叶产量计，每采100千克干茶，年施纯氮15千克左右，镁肥以钙镁磷肥的形式施入，如土壤有效镁的含量在40毫克/千克以下，年施钙镁磷肥在50千克以上。其次，应适当修剪和留养，茶叶采摘时要适当留养，特别是机采茶园更应如此，春茶后期最好能留1叶采，或秋茶适当提前结束，以保持树冠面有一定的绿叶层。如有条件，采取覆盖的茶园能轮换进行，以充分恢复覆盖茶树的树势。

图2-6 高篷黑网覆盖

图2-7 茶树篷面直接覆盖

（4）遮阴树的种植要点及对茶叶品质的影响

茶园中种植的遮阴树宜在茶园建设规划设计时就计划好，在遮阴树种的选择上，所选用树种应满足以下四个要求：一，树体高大，分枝部位较高，枝叶分布适中，秋冬季落叶；二，根系分布在土层50厘米以下，根系分泌物呈酸性，其适生条件应与茶树基本一致，尤其是适生气候和土壤条件的一致，有利于提高土壤肥力或不至过多掠夺土壤养分和水分，以避免竞争和相克；三，与茶树无共同病虫害，在生物学上与茶树互生互利；四，具有一定经济价值。

在生产实际中，茶园遮阴树的树种可归纳为林木、果树及绿肥三大类。林木类树种常见的有合欢、相思树、泡桐、油桐、湿地松、火炬松、短叶松、马尾松、黑松、杉树、白杨、乌桕、麻栎、皂角、刺槐、梓树、桤树、油茶、樟树、楝树、黄檀、柏、女贞等；果树类树种常见的有李、枇杷、柿、梨、杏、杨梅、板栗等；作为绿肥用的树种有紫穗槐、山毛豆、胡枝子、牡荆等。

遮阴度应控制在30%左右，并随茶园海拔高度升高，遮阴幅度应适当减小。茶园种植遮阴树可以保持水土，改善小区气候，冬季减轻大风和严寒的侵袭，夏季增加空气湿度，减少茶地水分的蒸发，有利于茶树生长，提高鲜叶产量和品质。

由于茶树花芽形成通常在6~8月，这时正值阳光强烈的时节，没有种植遮阴树的茶园中茶树每天受直射光的照射达10小时以上，十分有利于花芽形成。而茶园种植遮阴树后，由于林茶间作形成了复合生态系统，使茶园小气候与土壤条件有所改善，自然灾害减轻，直射光减少，花芽形成也少，光质向有利方向转化，农药与化肥施用量减少，从而有利于茶叶产量与品质的提高。

第四节　养分管理与茶叶品质

了解茶园养分元素的生理功能，合理施用基肥和追肥，确保养分供给，促进品质提升。

一、养分管理对品质的影响

茶树是一种叶用植物，茶园的养分管理是否合理会直接影响茶叶的产量与品质。根据茶树的不同年龄、树势及茶园土壤肥力情况，对茶树进行氮、磷、钾及微量元素均衡营养、平衡配施是提升茶园土壤地力及提高茶叶品质的主要技术措施。

二、茶园养分元素的生理功能

茶树在整个生命周期的各个生育阶段，都在有规律地从土壤中吸收矿质营养，以保持其正常的生长发育。由于土壤中各种营养元素含量及比例也不平衡，因此不能随时满足茶树在不同生育时期对营养元素的要求。为此，需要通过合理施肥以最大限度地发挥施肥效应，以改良土壤、提高土壤肥力，满足茶树生育需要，提高茶叶中养分元素含量。

构成茶树有机体的营养元素约有40多种，其中能从环境中获取的必需营养元素有碳（C）、氢（H）、氧（O）、氮（N）、磷（P）、钾（K）、钙（Ca）、镁（Mg）、硫（S）、铁（Fe）、硼（B）、锰（Mn）、铜（Cu）、锌（Zn）、钼（Mo）、氯（Cl）等，铝（Al）与氟（F）元素虽然不是茶树生长的必需元素，但在茶树体内含量较高。上述元素在茶树体内的含量差异悬殊，相差可达数倍、数百倍乃至几十万倍。尽管含量有多有少，但它们各自都有其特殊作用，都同等重要，彼此不能互相代替。其中碳、氢、氧主要来自空气和水，其他元素主要来自土壤。现将作物生长发育所必需的营养元素主要生理作用介绍如下。

1. 碳、氢、氧

茶树在光能的参与下进行光合作用时，用碳、氢、氧制造碳水化合物——糖类。糖进一步形成淀粉、纤维以及转化为蛋白质、脂肪等重要化合物。因此，为了保证充分的光合作用，要求茶树留养足够的叶层厚度。氧和氢在茶树体内的氧化还原过程中也起着重要的作用。

2. 氮

氮是茶树中含量最高的矿质元素，在茶树全株中的含量约占干重的1.5%～2.5%，以叶片中含量最高，特别是在分生组织的芽端、根尖和形成层较多。氮是构成蛋白质的主要元素，而蛋白质又是构成细胞原生质的基本物质。氮也是叶绿素、酶（生物催化剂）以及核酸、维生素、生物碱等的主要成分。氮供应充足时，蛋白质形成多，叶绿素含量增加，光合作用增强，营养生长变旺盛，生殖生长受到了抑制，从而增进了茶芽的萌发数量和新梢的伸长，提高了茶芽梢的嫩度，也增加了新梢的轮次，从而有效地提高了茶叶的产量。氮也是茶叶品质成分游离氨基酸、咖啡因等含氮化合物的重要组成部分，对茶叶的品质形成具有重要作用。增加氮肥供应量可提高茶叶的游离氨基酸含量，对改进绿茶的鲜爽度有良好的作用。但施用氮肥会降低茶叶中的多酚类物质含量，如过量施用，则容易对制成的红茶品质产生不利的影响。

3. 磷

磷在茶树全株中的含量约占干重的0.3%～0.5%。茶树各器官中磷的含量通常表现为：芽＞嫩叶＞根＞茎。磷在茶树体内主要以有机态磷形态存在，是核酸、核苷酸、核蛋白、磷脂及各种酶的重要成分。核苷酸及其衍生物是作物体内有机物质转变与能量转变的参与者。茶树体内很多磷脂类化合物（磷的一种贮藏形态）和许多酶分子中都含有磷，磷对茶树体的代谢过程有重要的影响。因此，磷对细胞间的物质交流、细胞内的物质积累、能量的贮存和传递、芽叶的形成等都有重要的作用。磷能促进茶树生殖器官的生长与发育，主要是促进花芽分化，增加开花结实的数量。因此，为避免茶树生殖生长占主导，在茶园中施用磷肥时宜与氮肥同时施用。磷与茶树的碳、氮代谢密切相关，施磷肥可提高所制成绿茶的氨基酸和水浸出物含量，改善茶汤的浓度与滋味，同时磷可增加茶叶中的茶多酚含量，特别是没食子儿茶素（复杂儿茶素）的含量，对所制成红茶的色、香、味有良好的影响。缺磷时，茶树叶片中的花青素含量增加，颜色变紫，制成的茶叶颜色变暗，滋味苦涩，品质低劣。

4. 钾

钾在茶树全株中的含量约占干重的0.5%～1.0%，芽叶中一般含量为2%～2.5%，老叶中含钾量约为1.5%～2.0%，根系含钾约为1.7%～2.0%，茎部含钾约为0.3%～0.8%。钾以K^+的状态被茶树根系吸收，在茶树体内大多呈现离子态，部分在原生质中呈吸附态，有较强的移动性和被再利用能力。钾在茶树体内主要起着维持细胞膨压、保证各种代谢过程的顺利进行的作用。同时钾还是一些酶的活化剂，能促进核酸合成及蛋白质的形成，促进糖的聚合及运输，有利于碳水化合物、脂肪和蛋白质的合成，有利于维管束机械组织的发育；同时，钾可增强茶树的抗病能力；钾还被称为茶叶的品质元素，试验表明，茶叶的茶多酚、儿茶素的含量会随着施钾量的增加而变化，施钾可促使夏茶和秋茶的儿茶素总量的增加，特别是L-EGC和L-EGCG显著增加，从而利于提高红茶的品质；钾对茶树体内的氮代谢也有良好的影响，茶氨酸的合成中，需要K^+做酶的活化剂，增施钾肥可增加氨基酸总量，从而有利于茶叶品质的提高。

5. 钙

钙对作物体内碳水化合物和含氮物质代谢作用有一定的影响，能消除一些离子（如铵、氢、铝、钠）对作物的毒害作用。钙主要呈果胶酸钙的形态存在于细胞壁的中层，能增强作物对病虫害的抵抗力。

6. 镁

镁是叶绿素和植酸盐（磷酸的贮藏形态）的成分，能促进磷酸酶和葡萄糖转化酶的活化，有利于单糖的转化，因而在碳水化合物代谢过程中起着很重要的作用。

7. 铁

铁是叶绿素形成不可缺少的条件，直接或间接地参与叶绿体蛋白质的形成。作物体内许多呼吸酶都含有铁，铁能促进作物呼吸和生理生化反应中的氧化还原反应。

8. 硫

硫是组成氨基酸、蛋白质、维生素和酶的成分。硫还参与叶绿素形成和体内的氧化还原作用。

9. 硼、锰、铜、锌、钼、氯

① 硼。硼参与促进分生组织的分化、开花器官的发育和种子形成。

② 锰。锰是酶的活化剂，与作物的光合、呼吸及硝酸还原作用都有密切的关系。

③ 铜。铜是作物体内各种氧化酶活化基的核心元素，在催化作物体内氧化还原反应方面起着重要作用。铜能增加叶绿体的稳定性。含铜酶与蛋白质的合成有关。

④ 锌。锌是作物体内碳酸酐酶的成分，能促进碳酸分解过程，与作物光合、呼吸以及碳水化合物的合成、转运等过程有关。作物体内生长素的形成也与锌有关。

⑤ 钼。钼是作物体内碳酸酐酶的成分，参与硝态氮的还原过程。钼还能提高根瘤菌的固氮能力。

⑥ 氯。氯参与光合作用，调节细胞的渗透压，并能增强作物对某些病害的抗性等。

三、茶园的养分管理

合理的氮、磷、钾养分平衡施肥策略是生产高品质茶鲜叶的保证，生产中需要根据茶园的实际情况制订相应的养分管理策略来保证茶鲜叶的高品质。

（一）以树龄及采摘鲜叶量为基准的施肥量

氮素营养是茶树的最重要的养分因子，通常可通过茶树树龄及茶鲜叶的采收量来决定施氮量，不同树龄茶园的氮肥供应参考用量详见表2-1。

表2-1　不同树龄茶园氮肥参考用量

茶园类型		氮肥用量／（千克／公顷）
幼龄茶园	树龄1～2年	37.5～75.0
	树龄3～4年	75.0～112.5
成龄茶园	干茶产量<750 千克/公顷	90～120
	干茶产量750～1500 千克/公顷	100～250
	干茶产量1500～2250 千克/公顷	200～350
	干茶产量2250～3000 千克/公顷	300～450
	干茶产量>3000 千克/公顷	400～600

在氮肥供应充足的前提下，氮、磷、钾养分平衡配施是茶鲜叶品质的保证。幼龄期茶园可根据N：P_2O_5：K_2O=1.0：(1.0～1.5)：(1.0～1.5)的比例来配施磷钾肥；成龄生产茶园可根据鲜叶采收量及土壤中氮素营养综合情况先确定氮素营养的施用量，再根据N：P_2O_5：K_2O=4：(1～2)：(2～3)的比例进行配施。

（二）肥料组成及配比

成龄采摘茶园的施肥，宜将有机肥与无机化肥配合并分次施用。全年肥料施用可分为基肥与追肥两种类型，一般基肥全年施用一次，追肥施用次数可根据机械采摘的次数来决定，以保证茶树生长的养分均衡供应。

1. 基肥施用

基肥通常在茶季结束、茶树地上部停止生长后，于每年的秋冬季施用，主要用于补充当年采摘茶叶而带走的养分，并供茶树在秋、冬季吸收和利用，促进茶树光合作用，增加茶树的养分储备，是翌年春茶萌发的物质基础。基肥一般以有机肥为主，可根据茶园土壤养分诊断结果配施一些磷钾肥等无机化肥来均衡茶园土壤养分。如基肥中的有机肥以菜籽饼为主，建议每公顷施用3.0～4.5吨；如以发酵完全的猪粪或鸡粪等有机肥为主，建议每公顷施用22.5～30.0吨。

基肥中的氮施用量宜占全年用量的40%左右，对于仅采春茶的茶园而言，基肥中的氮施用量宜占全年用量的50%左右；其中有机肥与添加的磷肥一般宜全部作为基肥一次性施入；钾镁肥及微量元素肥料如果量少也宜作基肥一次性施入，如果用量大，则可一部分作基肥，一部分作追肥施用。

2. 追肥施用

追肥主要在茶树地上部生长期间施用，通常在每次成龄采摘茶树茶芽萌发前需要通过追肥来补充土壤养分，进一步促进茶树的生长，补充茶树对养分的需求，促进茶树芽梢萌发整齐及保持芽叶粗壮，以达到持续高产优质的目的。追肥以速效氮肥为主，全年可分2～3次施用。对于全年采摘的名优绿茶生产茶园，一般可分为春、夏、秋茶追肥，这3次追肥的施肥量一般占全年氮肥总量的60%，春、夏、秋三季的追肥分配比率，以5：2：3或4：3：3为宜。对于仅采摘春茶的茶园，则可仅施用春茶前及春茶后两次追肥，追肥的施用量占全年氮肥总量的50%左右，两次追肥的分配比例以6：4或5：5为宜。

第三章
茶叶消费行为与
营销策略

通过市场调查，深入了解茶叶消费行为，掌握基本的营销策略，也是茶产业从业人员的基本技能。本章先介绍茶叶消费的概念，分析影响茶叶消费行为的主要因素；再从产品策略、渠道策略、品牌策略分别阐述茶叶营销的基本概念以及品牌推广策略。

第一节　茶叶消费行为及其影响因素

本节重点介绍茶叶消费及茶叶消费行为的基本概念，阐述茶叶消费者行为的主要特点，分析影响茶叶消费行为的外部与宏观因素；又从消费者年龄和人生阶段、个人资源与职业、生活方式、个性特征与自我概念等方面分析影响茶叶消费行为的微观与个人因素，并简述茶叶消费行为信息收集方法。

一、消费与消费行为概述

茶叶消费行为是一个完整系统的过程，除了具有一般性消费行为的特征外，还具有自身特有的规律性特征。从消费方式看，茶叶需求包括直接消费需求和中间消费需求；从消费特点来看，茶叶消费具有层次性、文化性、嗜好性、季节性、示范性、区域性的特征。掌握这些消费特征对促进茶叶消费具有重要意义。

1. 消费需求

从消费方式来看，茶叶需求包括直接消费需求和中间消费需求。直接消费需求是指消费者的生活消费需求，指为满足个人或群体对茶叶的物质生活需要与精神生活需要而使用、消耗茶叶产品的过程，即消费者由于直接品饮产生的对茶叶的消费需求。中间消费需求是指深加工企业或茶叶企业为了转售、进一步加工而产生的消费需求，是从对深加工茶叶产品的直接需求中派生出来的。通常所说的茶叶消费是指直接消费需求。

2. 消费者及消费者行为

消费者是指为满足消费目的而购买茶叶的个体，其中包括个人、家庭、团体等，是茶产品的最终使用者。消费者行为是指消费者为获得、使用和处置茶产品及相关服务所做的一系列活动的总称，包括认知、购买、品饮、评价等环节。消费者行为是一个整体过程，获取或购买只是这一过程的一个阶段。

3. 消费者行为的特点

消费者的行为体现出层次性、文化性、嗜好性、季节性、示范性等特点。

（1）层次性

一般来说，茶叶消费分为三个层次：一是生存性消费，指为满足生理需要，保证人的生命存在或延续所进行的消费，如边销茶；二是享受性消费，把喝茶当一种生活休闲方式；三是发展性消费，即喝茶是为了丰富精神生活，提高自身的素质和修养。

（2）文化性

茶叶消费不仅是一种单纯的实物商品的消费，而是人们思想文化的载体之一，成为人们之间表达情感的媒介，饮茶在一定程度上体现了人们的文化观念。饮茶可达到陶冶情操、以茶养性、交朋结友和以茶养廉等目的。

（3）嗜好性

茶叶属于嗜好性饮品。饮茶者受多种因素的影响形成了对某茶类、某花色、某地域茶的偏好。嗜好性不是先天的，而是后天培育的结果，它亦会随时间和产品替代等市场环境变化而改变。例如19世纪70年代以前，世界茶叶消费以绿茶为主，而其后发生了很大变化，现在国际茶叶贸易中红茶已占80%以上。

（4）季节性

茶叶消费带有季节性。一般夏季与春季绿茶消费量较大，秋、冬季红茶、黑茶等茶类消费量大。与生产的季节性相对应，大多数茶叶生产季节的消费量会多于非生产季节，如绿茶消费以清明前的明前茶备受青睐。但随着茶叶贮藏保鲜技术的进步，茶叶消费的季节性特征可能会日趋淡化。

（5）示范性

任何人的消费都不是孤立的个人行为，而是与其他人、与各个方面建立一定联系，发生一定关系的社会行为。茶叶消费者之间的消费习惯也会相互影响，周围人们的消费观念、消费行为、消费习俗对某个消费者具有重要的影响，所以周围人群的消费具有明显的示范效应。

二、影响消费行为的外部因素

茶叶消费行为会深受消费者所处的外部环境影响。通常这些因素包括物质环境、社会文化、相关群体、区域消费偏好等。

1. 物质环境

物质环境指自然界中对消费行为产生影响的各类物质的总称。根据空间关系可概况为以下三类：一是有形的占据空间的因素，如地理资源、茶店及其装修、产品陈列等；二是无形的不占据空间的因素，如气候、噪音和时间等；三是空间关系，即消费者与茶产品、茶产品销售场所的空间位置关系，以及各物质因素相互之间的空间位置关系，如消费者距离茶店的远近，茶店在商业区中的位置、茶产品在商场或茶店中的相对位置等。

2. 社会文化

文化是人类创造的一切物质文明和精神文明的总和，主要包括教育程度、生活方式及共同遵守的信仰、价值观、风俗习惯等。社会文化不同，人们的审美观、价值观等就存在差异，进而影响其消费行为。

3. 相关群体

消费者的相关群体是指能够直接或间接影响消费行为的个人或集体。相关群体可分为三类：一是主要群体，如家庭成员、亲朋好友、同窗同事及业内权威人士；二是次要群体，如各级茶叶团体、工会等组织；三是期望群体，如名人、明星等公众人物。

4. 区域消费偏好

茶叶消费需求的差异性与消费者所处的地理环境有关，地理环境的背后实质上体现了当地的经济发达程度和传统的茶叶消费习惯。我国西北、西藏茶叶人均消费量较大与当地的饮食习惯和生活习俗有关；大中城市茶叶消费量大，与当地居民收入水平和消费偏好有关。如北方有很多人喜欢花茶，京、津、沪、杭等大城市的人们尤其喜欢品饮龙井茶、碧螺春等高档名优绿茶，福建、广东一带最喜欢品饮铁观音、水仙等乌龙茶。

三、影响消费者行为的个人因素

除了上述外部因素外，茶叶消费行为还与消费者个人因素密切相关，某种程度上，这些消费者个人因素会起到决定性作用。这些个人或微观因素主要为：个人的年龄与人生阶段、个人职业及资源状况、生活方式、个性特征与自我概念、所处的社会阶层等。

1. 年龄和人生阶段

年龄及所处的人生阶段不同，消费者对茶叶的选择也存在差异。调查表明，随着教育水平、收入和年龄的增加，茶叶的消费倾向也增加。在中国，传统茶叶消费群体里中老年人占有很大比重，一个人处于中老年或已婚阶段，会对健康颇为关注，更多地倾向于纯茶产品或茶保健品；青少年或单身阶段，较多关注时尚与潮流元素，则更喜欢时尚、健康的快速消费品，如茶饮料等。

2. 个人职业与资源状况

个人资源通常包括经济收入和时间，时间与金钱对于消费者而言同等重要。当消费者有足够的可支配收入才会考虑购买比较高档的茶叶。职业会影响消费者对茶叶的选择，如蓝领多喜欢量多价廉的大包装或散装茶，白领则对产品品质、包装要求较高，同时对消费便捷性要求也较高。

3. 生活方式

生活方式指一个人在生活中表现出来的活动、兴趣和看法的模式。生活方式勾勒了一个人在社会上的行为及相互影响的全部形式，可以帮助营销者理解消费者不断变化的价值观及其对购买行为的影响。茶叶营销者应设法从多种角度区分不同生活方式的群体，明确针对某一生活方式群体设计产品。

4. 个性特征与自我概念

个性是一个人的行为中表现出的实质的、经常的、稳定的、带有倾向性的心理特征，是影响消费者消费行为的一个重要因素。不同个性的消费者在购买过程中展现出不同的表现，外向型消费者容易表现出对产品的态度，而内向型消费者不易受他人影响。个体的自我概念是指个体对自我的评价，自我概念影响消费者的购买行为与购买决策，茶叶营销者应该设法使自己的产品、品牌、代言人形象与目标消费群体的自我概念相符。

5. 社会阶层

社会学把由于经济、政治、社会等多种原因而形成的，在社会的层次结构中处于不同地位的社会群体称为社会阶层。同一社会阶层的人在生活方式、消费方式和价值观等方面具有相似性，不同社会阶层中的人，差异性很大。比如，同为买茶这一消费行为，下层消费者通过有限的信息来源，如亲戚、朋友，或是冲动性地选购量多价低的低档茶，高收入者则可通过较多媒体或主动搜集获取信息，购买优质的高档茶。

四、茶叶消费行为信息的收集方法

借鉴一般性的市场调查方法，茶叶消费行为信息收集方法包括：文案调研法、访问调研法、观察调研法、实验调研法和非全面调研法。① 文案调研法是主要通过查阅现有的与本调研相关的各种信息和情报，并进行统计分析，获得调研成果的一种调研方法。② 访问调研法是将所要调查的事项以面对面、书面、信件或电话的方式，向被调查者提出询问，从而获得所需资料的一种调研方法，是一手资料收集中最常用、最基本的一种方法。③ 观察调研法是用自己的感官和辅助工具直接观察被研究对象，从而获得资料的一种方法，其最大的优势在于结果的真实性。④ 实验调研法是指调研员有目的、有意识地改变或控制影响调研目的一个或几个因素，来观察某些因素影响下的消费者变动情况。⑤ 非全面调研法主要包括重点调查、典型调查、抽样调查三种。

第二节　茶叶营销策略

本节结合茶叶产品的特点，重点介绍茶叶产品策略、渠道策略与品牌策略。

一、产品策略

产品策略是茶叶营销策略的基础。茶叶产品策略重点包括整体产品策略、定价策略和产品创新策略。整体产品策略是把茶叶产品看作一个系统性整体，而不仅仅包括物质产品部分。茶叶定价是茶叶企业依据自身产品情况针对不同的目标市场给出产品的各种销售价格。产品设计和创新是保持消费持续增长的动力之一，特别是茶叶企业要结合市场趋势开展茶叶产品设计与创新。

1. 整体产品概念

满足消费者的茶叶并不仅仅包括有形物体部分，还包括从有形部分得到的某些利益和欲望的满足。根据现有的营销理论，整体产品包括5个层次：

① 核心产品。这是指产品能提供给消费者的基本效用和利益，这是最基本的和实质性的，是顾客需求的中心内容。即顾客真正需要的基本服务或利益。

② 形式产品。是指产品的具体形态，是产品的实体性，一般是以产品的外观、质量、特色、包装、品牌等表现出来。核心产品必须通过形式产品才能实现。

③ 延伸产品。是指顾客购买产品所得到利益的总和，也就是形式产品所产生的利益及随同提供的各项服务所产生利益之和。这体现了产品的延伸性或附加性，如保证、咨询、培训、售后服务等，是提供给顾客的个性化产品和额外产品。

④ 期望产品。指购买者在购买该产品时期望得到的与产品密切相关的一整套属性和条件，如希望从名优茶消费中感受到优美独特的外形、明快愉悦的汤色、清新隽永的香气、醇爽愉快的滋味、幼嫩匀整的叶底等。

⑤ 潜在产品。指现有产品包括所有附加产品在内的，可能发展成为未来最终产品的潜在状态的产品，即该产品在将来最终可能会实现的全部附加部分和转换部分。如名优茶配套式产品组合，既适宜商务家用品饮，又适宜旅游出差的便携。

2. 茶叶产品定价

茶叶定价时，茶叶企业既要考虑企业成本，又要考虑消费者对价格的接受能力。茶叶常用定价方法如下。

（1）成本导向定价法

以茶叶的投入成本作为定价基础，其中最常用的是成本加成定价法，基本方法是：首先估计单位茶叶产品的可变成本；然后再估计固定成本，并按照预期销售量把固定费用分摊到单位产品上去，加上单位变动成本，求出单位总成本；最后在单位总成本的基础上加上按目标利润率计算的利润额，即可得到茶叶的价格。这一定价方法的优点是茶叶价格能保证企业的生产成本得到补偿后还有一定的利润，产品价格水平在一定时期内较为稳定，定价方法简单易行。但是，该定价方法忽视了市场供求和竞争因素的影响，缺乏适应市场变化的灵活性，不利于企业参与竞争和提高经济效益。另外，在技术上目标利润率的确定缺乏一定的科学依据。

（2）差别定价法

是指根据不同的市场、不同的顾客，对茶叶的需求程度不同而制定有差别的价格，这些价格之间的差异是以对茶叶的需求差异为基础的。采用差异定价能较好地反映茶叶市场需求的变化，在竞争程度不同的市场上采用需求差异定价能分别达到击败竞争对手或获取较高利润的目的。在实际运用中，差别定价方法有顾客差异定价、数量差异定价、用途差别定价、时间差别定价、区域差别定价等多种具体形式。

（3）心理定价法

茶叶的市场总需求是由若干千差万别的个别需求构成的，消费者之间有不同的消费心理。同样是购买茶叶，但不同的消费者会有不同的需求动机和需求偏好，有的追求高性价比、有的追求品牌与包装、有的追求安全、有的追求茶叶档次。这种心理差别必然会在消费者购买行为和茶叶价格上反映出来。因此，企业应掌握消费者的心理特点，灵活制定价格，以满足消费者的多方面需求。常用的心理定价方法主要有尾数定价、整数定价、分级定价、声望定价等形式。

（4）撇脂定价法

撇脂定价是指在新茶上市之初，把价格定得很高，以便在短期内获取丰厚利润。由于茶叶的生产有一定的季节性，且在茶叶采摘季节，不同的时间采制的茶叶质量和口感也有一定差异。一般来说，春茶的价格要比其他时令采摘的茶叶价格高很多。例如对于品质优异、独家生产的名牌茶叶，可将价格定得高些，尽可能在新茶的上市期内获取最大的利润。当过了最佳茶叶采摘期，大量普通茶叶上市，茶叶价格就要逐步降下来。采用撇脂定价法在新茶上市时候制定高价可以创造一种优质、名牌的印象，客观上形成了一种广告效应。同时较高的价格也给茶叶企业带来高额的利润。但是新茶过高的价格也给茶叶市场带来一种消极信号，令消费者对高价茶望而生畏，并认为茶叶利润过高，结果反而影响市场销售。

（5）随行就市定价法

随行就市定价法指茶叶企业按照行业的平均现行价格水平来制定茶叶价格，当市场竞争价格发生变化时，则本企业茶叶价格也应加以调整。这种方法非常适合品质差异较小的同类茶叶的定价。该定价法的优点是可以集中本行业智慧，可以与同行企业和平相处，减少竞争风险。

（6）渗透定价法

渗透定价法指开始制定较优惠的茶叶价格，从而使本企业的茶叶最大限度地渗入市场，造成占领市场的局面。这种做法的要点是：开始采取低价，薄利多销，甚至亏损，当销售数量超过盈亏点，茶叶企业才开始盈利。这种定价方法对竞争对手不利，由于茶叶商品利润率极低，从而使其他茶叶竞争者不愿跨入这一市场，从而保持住一定的市场占有率。

（7）招徕定价法

招徕定价就是茶叶企业利用消费者追求廉价的心理故意降低几种茶叶的价格以吸引消费者，引导消费者在购买廉价茶的同时购买价格比较正常的其他茶叶。实行招徕定价应注意以下问题：第一，经营的茶叶品种应该比较多，使消费者有较大的选择余地；第二，降价的茶叶需求弹性应该较大，价格下跌既可以适应消费者的心理又能促使销量增加；第三，降价幅度应该适当；第四，降价必须是实实在在的降价，不能有欺骗行为，只有这样，才能取信于顾客。

3. 茶叶产品设计与创新

我国是世界上唯一能生产六大茶类的国家，形成了以绿茶为主导、六大茶类协调发展的格局。同时为了满足市场的多元化消费趋势，我国茶产业不断以市场为导向进行产品创新与开发。名优茶的生产与消费是我国茶产业发展的一大特色，也是提高产业经济效益的重要途径。改革开放以来，我国恢复与新创制了一批名茶，名优茶产量占比从1990年的5.3%提高到了近50%。同时，为了延长茶产业链，提高茶叶资源利用率，进而提高产业经济效益，我国也开发出了速溶茶、茶饮料、茶多酚、茶氨酸、茶食品、茶日化用品、茶保健品等深加工新产品。同时，随着饮茶便利化、时尚化诉求加强，新式茶饮开始占据一席之地。

二、渠道策略

我国茶叶流通主体呈现多元化特征，目前的茶叶终端流通渠道以品牌连锁专卖店、小茶店与茶行、超市、电子商务为主，部分批发市场也兼营零售业务。除了传统的实体流通外，网络市场逐渐成为茶叶流通的新兴市场，越来越多的茶叶企业和个人或入驻各大电商平台，或自建网络商城，茶叶电子商务发展势头迅猛。

1. 茶叶流通渠道的基本类型与特征

（1）小茶店与茶行

小茶店、茶行是我国数量最多的茶叶零售业态，这些茶店、茶行的经营者多数是茶农或从茶农分化而来。小茶店、茶行经营的茶叶品类齐全，价格相对低廉，提高了消费者购买茶叶的便利性，填补了品牌连锁企业的市场空白。

（2）品牌茶叶专卖店与商场专柜

当前品牌专卖店是我国茶叶零售市场的主力军，已经成为消费者购买中高档茶叶和生产者推销茶叶的理想场所。首先，专卖店经营的茶叶的种类、等级丰富，给消费者提供多样化的选择。其次，专卖店半开放式的销售方式及多数与茶叶产地相联系，从事专业化经营，产品质量相对有保证，特别是茶叶专卖（业）店基本以店为品牌的情况下，更重视质量、服务。再次，从茶叶生产经营者来看，通过茶叶专卖店不仅有利于树立品牌，而且还可以直接与消费者沟通，及时掌握市场信息，满足消费者不断变化的消费需求，提高产品竞争力。近年来我国主要茶叶品牌企业加快了连锁销售终端的扩张步伐。

（3）超市与便利店

近年来，随着大型超市、便利店等新型零售形式的迅速发展，超市与便利店也成为茶叶的主要销售渠道之一。超市由于销售的产品多，且价格、品质都有一定保障，也满足了消费者购买的便利性。

（4）网店

茶叶网上交易是茶叶零售的一种新兴方式。近几年，茶叶经营主体纷纷转向电子商务，茶业电商高速增长，茶叶电商销售已初具规模，销售额从2011年的20亿元增长到2020年的310亿元。同时随着移动互联网的发展，基于手机等终端的移动电商飞速发展，中国农业科学院茶叶研究所、国家茶叶产业技术体系调研数据显示，2020年，在疫情影响下，有超过50%的消费者开始使用手机购买茶叶，这表明从传统电商向移动电商转变已经成为茶叶电商发展的一个重要趋势。

（5）茶馆、茶艺馆、茶楼等

茶馆等茶叶消费场所在拉动茶叶消费方面的作用也不容小视。据有关行业团体调查，全国各类茶艺馆、茶楼、茶坊等公共饮茶场所达5万家以上，这些消费场所不仅能够消费、零售部分茶叶，而且通过对茶文化的宣传、推广，对茶叶消费市场的扩大起到了推动作用。随着新茶饮的兴起，新茶饮空间在全国快速崛起，成为满足年轻消费群体的新兴渠道。

2. 消费者的购买渠道偏好

根据国家茶叶产业技术体系经济研究室调查数据分析，从消费者的购买渠道来看，约24%的消费者选择在超市购买茶叶，约20%的消费者是在街边的小茶店和茶行买茶，约21%的人会到知名专卖店买茶，约17%的消费者是到商场的专柜买茶，约8%的消费者是在批发市场买茶叶，约7%的消费者去产地直接购买茶叶，约3%是在网上购买。可见，当前传统实体渠道依然是茶叶市场销售的主流渠道，电子商务尚未占据茶叶流通的主导地位，但从长期发展趋势来看，电子商务渠道有成为未来消费者购茶的主流渠道之一。

3. 消费者购买目的

通常，消费者购茶渠道选择与购买目的有直接关系。结合消费者购茶用途分析，买来自己喝的消费者中28.52%的消费者在超市购买茶叶，23.15%的消费者在小店购买茶叶。买茶馈赠朋友做礼品的消费者中，30.11%的消费者在专卖店购买茶叶，19.04%的消费者选择在商场专柜购买茶叶。这说明购买目的对消费者的购买渠道有重要的影响。随着购买渠道愈加多元化，茶企应该根据自身特点、根据消费者购买渠道决策影响因素进行市场细分，根据目标消费者进行更加精准化的营销渠道构建。消费者购买渠道分布的百分比见表3-1。

表3-1 消费者购买渠道分布

购买渠道	自己喝（%）	办公招待（%）	馈赠（%）	总样本购茶渠道分布（%）
产地直购	6.02	3.21	8.03	6.57
专卖店	15.02	21.75	30.11	20.88
批发市场	9.32	8.38	6.40	8.09
超市	28.52	23.53	17.46	24.14
网上购买	2.89	4.81	1.84	2.59
小茶店或茶行	23.15	21.03	15.61	20.28
商场专柜	15.08	17.29	20.55	17.45

4.茶叶零售渠道设计

从零售终端渠道来看，我国茶叶零售渠道必须要优化渠道功能与定位。随着互联网技术的发展，线上线下整合型渠道是大势所趋，应洞悉消费者的体验和需求，构建与消费者生活方式相符的合理触点。以我国茶叶最重要的流通渠道之一——茶叶专卖店为例，调研显示，在大中城市，近35%的消费者从专卖店购买茶叶，鉴于茶叶消费具有强场景体验性的特点，以专卖店为代表的实体渠道在未来不会消失，关键是要重新定位专卖店这种业态。茶叶专卖店需要转型成综合性多功能实体服务店：一是基本业务功能的拓展，基本功能从单纯的卖茶拓展为展销、体验、服务、推广一体化，并且直接卖茶的功能要弱化，更多地强调推广与体验。二是压缩数量、提高质量。以往比较看重店面的数量，未来更要关注的是店内的服务质量，做到少而精。三是强化用户联结黏性。专卖店更多的要成为企业大客户差旅的城市会客厅，线上粉丝群的线下聚集地。

三、品牌策略

品牌建设首先要明确品牌的基本概念内涵，特别是要充分理解茶叶品牌的本质。品牌培育的核心，就是要找到并提炼品牌的个性与价值主张，这是品牌的灵魂。品牌推广也是品牌策略中十分重要的一环，要精准选择茶叶品牌推广的策略。

1.品牌的基本概念与本质

（1）品牌

根据美国市场营销协会委员会的定义，所谓品牌，是指用来识别一个（或一群）卖主货物或劳务的名称、名词、符号、象征、设计，或其组合，其用途在于和其他竞争者相区别。管理学家菲利普·科特勒认为，品牌是销售者向购买者长期提供的一组具有特定特点的利益和服务，品牌传达了质量的保证。品牌由品牌名称和品牌标志两部分构成。品牌名称指品牌中可以用语言表示的部分，品牌标志是指品牌中可以被认识，但不能用语言称呼的部分，如符号、设计，独特的颜色或印字、刻字等。

（2）品牌的本质

品牌的本质不能单从供给侧角度来理解，更应该从消费侧，特别是消费者角度来理解。从供求角度来看，品牌就是生产者与消费者的一种无形契约，二者是一种契约关系。对茶叶企业来说，品牌就是对消费者的一种承诺，企业对消费者提供的服务与产品价值，都包含在这一品牌契约之中；对消费者来说，品牌就是消费者对企业的信任，通过长期的品牌忠诚度和持续的购买来体现。可见，品牌不是单纯的商标、图标、知名度，品牌必须有一定的忠诚消费者，才能体现出品牌的价值。进一步从品牌所有权角度来看，表面上，品牌在法律上是属于企业等生产者，但是，从契约关系来看，品牌更多的是属于消费者，消费者信任并愿意长期"签约"（购买），才能形成品牌力，否则，你提供的价值，不符合契约精神，消费者就会忽视它或抛弃它，因此，品牌生死的主动权在消费者手里。

2. 茶叶品牌个性与价值观提炼

品牌个性是特定品牌拥有的一系列人性特色，即品牌所呈现出的人格品质。它是品牌识别的重要组成部分，可以使没有生命的产品或服务人性化。品牌个性能带来强大而独特的品牌联想，丰富品牌的内涵。品牌的核心价值是品牌的灵魂，是企业向消费者传递的重要生活态度。多数茶叶企业品牌核心价值诉求或文化高度雷同，市场识别度低，不能精准匹配消费者对茶叶品牌价值的诉求。因此，品牌的打造必须以消费者为中心，深刻洞察消费者对茶叶品牌的价值需求，结合企业的资源禀赋，最大限度地与消费者诉求进行匹配。根据国家茶叶产业技术体系产业经济研究室的研究结果，茶叶企业或品牌主管部门可以从以下五个方面提炼茶叶品牌的核心价值。

（1）绿色、生态、环保的自然情怀价值

调研显示，78.6%的消费者对茶叶品牌价值期望中提到了这一价值观。随着生态环境的恶化，绿色的生态、生活环境成了最稀缺的资源，消费者逐渐注意到消费行为对生态环境也有重要的反向影响。对茶叶消费者来说，他希望自己购买与消费的茶叶，是用绿色环保的生产方式生产的，是对自然环境破坏最小的，甚至是对环境没有负面影响的。可见，绿色、生态、环保可以是茶叶品牌核心价值提炼的一个永恒主题。

（2）健康的人文关怀价值

随着生活节奏的加快和工作压力的加大，很多人的身体处于亚健康的状态。对健康的渴求和关注，也反映到了消费者的方方面面。61.4%的消费者提到茶叶品牌价值要体现健康元素。茶叶，作为一种健康饮品，其健康保健功能逐渐被现代科学揭示，也被近千年的饮用实践证实。近年来我们进行的消费者跟踪调查数据，都揭示了一个重要的结论，即健康是促进茶叶消费的第一驱动力。在茶叶品牌核心价值观塑造的过程中，也必须要引入健康这一重要价值理念，突出茶叶的健康及保健功能。

（3）中国传统文化价值

我们正处在中华民族伟大复兴的新时代，这一过程，需要传统文化符号载体，能够承载悠久灿烂、博大精深的中国优秀传统文化。茶文化无疑集中体现了中国优秀的传统文化。53.46%的消费者表示，茶品牌要体现中国传统文化，突出中国风与民族风。我们常说，民族的即世界的，传统的也是现代的。茶叶品牌要深入挖掘中国传统文化的精华，传承创新，让优秀传统文化与当代时尚有机结合，为茶叶品牌注入中国传统文化的基因。

（4）讲信誉、敢承诺的诚信价值

诚信，不仅仅是为人处世的基本法则，更是重要的商业法则。信，也是重要的茶文化内涵之一。49.06%的消费者觉得讲信誉应该是茶叶品牌价值应有之义。茶叶品牌，本身就是对消费者的一种承诺。消费者对这一品牌价值诉求意味着茶叶企业在开展茶叶营销的过程中，要实事求是地进行茶叶产品宣传，不夸张、不欺瞒，追求合理的利润空间，让消费者以最高的性价比喝到自己心仪的茶叶。

（5）彰显品质的美好生活价值

党的十九大报告提出，我国社会主要矛盾已经转化为人民日益增长的美好生活需要和不平衡不充分的发展之间的矛盾。与其他产业一样，茶产业也正经历着消费升级进程。特别是随着我国整体经济社会的快速发展，对收入相对较高的人群来说，茶叶已经超越了作为普通饮品的范畴，饮茶，成为一种重要的生活方式。调研也显示，43.36%的消费者希望茶叶品牌能够体现这一价值观，还有34.71%的消费者提出，茶叶品牌要体现个人品位。品牌茶叶，要顺应这一趋势，提供与消费者品质生活标准相匹配的茶产品。

3. 茶叶品牌推广

无传播不品牌，品牌只有通过有效的推广才能真正被消费者接受，也才能真正成为品牌。当前，品牌推广方式与手段非常丰富。就现有研究来看，不同的产品知识传播渠道对居民茶叶消费行为的影响有明显差异，但没有明显的性别差别，其中书籍和报刊杂志、网络、朋友介绍三种渠道对茶叶消费有显著正向影响，广播电视整体上也对消费者有较大影响，现场推销活动则对茶叶消费没有显著影响。在品牌推广中要注意如下几点：① 在传播内容上，要加大茶叶产品知识的普及力度，增加人们对茶叶的了解程度，特别是要加大生产过程知识、质量甄别知识、冲泡知识、健康保健知识的普及推广，引导居民健康科学饮茶；② 在目标人群上，针对不同性别的目标人群制定不同的宣传重点，进一步提高茶叶产品知识普及的针对性和效果；③ 在传播渠道选择上，要重点选择公共信息和口碑好的传播渠道，提高宣传的公益性、休闲性、权威性，尽可能地降低信息传播的商业氛围。具体措施就是要以书籍和报纸杂志、网络营销为主要突破口，特别是网络营销，具有成本低、范围广、速度快的特点，值得企业考虑。同时，还要注意培育忠诚的消费者，通过提高消费者忠诚度来扩大口碑传播效应。

第四章
茶叶的保健功效

茶作为一种富含功能性成分的保健饮品，一直以来广受世界各国人民喜爱。目前，茶已成为全球超过160个国家人民日常生活中不可缺少的元素，人们选择饮茶不仅是为了解渴，更多地则是因为茶叶有保健的功效。

　　茶，之所以能够被称作"万病之药"，与其丰富的功效成分密不可分。目前，茶叶中已鉴定分离出700多种化合物，包含多酚类、生物碱、氨基酸、多糖、维生素、矿质元素和色素等，它们各有各的功效，共同存于一片茶叶中，起到协同增效的作用，对人体发挥着多重保健功效，因此也有人把茶树称作"合成珍稀化合物的天然工厂"。

　　茶多酚、咖啡因和茶氨酸是茶叶中最重要的三种成分。这三种物质被称作茶叶中的特征性成分，能够对机体产生明显的保健作用，成为科学研究中的热点物质。本章将对以上三种物质——茶多酚、咖啡因和茶氨酸的功能逐一进行成分功效的科学解析。茶多酚主要聚焦于抗氧化、抗衰老、抗肿瘤、保护心脑血管、抗菌、抗病毒和抗辐射功效；咖啡因主要聚焦于对神经系统、内分泌、心血管系统的影响；茶氨酸主要聚焦于其镇静作用及抗焦虑、抗抑郁、增强记忆力、增进智力以及改善女性经前综合征的作用。

第一节　茶多酚的保健功效

　　茶多酚（图4-1）是一类存在于茶树中的多元酚混合物，是茶叶内多酚类物质的总称。在茶鲜叶中，多酚含量一般占茶叶干重的15%～30%，主要包括黄烷醇类（即儿茶素类）、黄酮和黄酮醇类，花青素和花白素类，酚酸和缩酚酸等物质。其中，儿茶素类含量最高，占多酚总量的70%～80%。茶多酚是茶树体内最重要的活性成分之一。

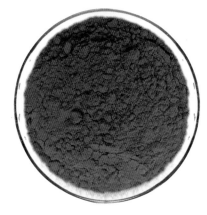

图4-1　茶多酚

茶多酚在茶叶中含量高且具有多种生理活性,如抗氧化、抗衰老、抗肿瘤、保护心脑血管、抗菌、抗病毒以及抗辐射等,是茶叶发挥保健功能的关键成分。

一、抗氧化

茶多酚及其氧化产物是一类含有多个酚性羟基的化合物,具有很强的还原性,能够通过向自由基提供质子起到清除自由基、抗氧化的作用。多酚类物质的抗氧化作用主要是通过清除自由基、螯合金属离子、调控酶活性及相关信号通路基因的表达实现的。

自由基,化学上也称为"游离基",其性质非常活泼。自由基的产生来源于化学反应中的共价键断裂,包括均裂和异裂。它是生物体正常代谢的产物。

当机体内氧自由基生成过量,而自由基清除系统难以发挥作用时,自由基在体内大量积累,损伤DNA、脂质和蛋白质,破坏细胞结构,并对各器官造成损害,是许多疾病发生的主要致病机制。自由基同时也会导致线粒体膜的去极化、氧化磷酸化解偶联,并伴随细胞呼吸作用的改变,诱发各类疾病。

1. 清除自由基

茶多酚对作为"万病之源"的自由基有良好的清除能力。研究表明,茶多酚可通过直接与自由基发生反应来保护机体免受氧化损伤。通过贡献自己的酚性羟基中的质子与自由基结合,起到"牺牲小我,顾全大局"的作用。此外,茶多酚可通过增强生物体内抗氧化酶的活性起到间接清除自由基的作用,进而保护机体免受自由基损伤。同时茶多酚的邻位酚羟基可与金属离子螯合,减少金属离子对氧化反应的催化作用,进而减少氧化胁迫对机体的损伤。浙江大学杨贤强教授等证明了不同种儿茶素对超氧自由基的清除作用及其协同增效。

2. 抑制肝脏损伤

科学家以安吉白茶茶多酚为研究材料,分析其对肝脏损伤的影响。通过使用四氯化碳构建小鼠肝脏损伤模型,发现饲喂安吉白茶茶多酚组的小鼠,其天冬氨酸转氨酶、丙氨酸转氨酶、甘油三酯、总胆固醇水平均有所降低,且肝脏及血清内的抗氧化酶超氧化物歧化酶、谷胱甘肽过氧化物酶活性增加,脂质过氧化产物丙二醛水平降低。同时抗氧化酶相关基因表达量上调,而氧化损伤相关基因表达量下调,进一步证实了茶多酚能够通过抗氧化作用来修复肝脏损伤。六堡茶茶多酚对肝脏损伤的抑制作用也得出类似的结果,而且其茶多酚可通过提高各种还原酶等的表达水平来发挥作用。

3. 较强的抗氧化功效

科学家将绿茶、红茶与大蒜、洋葱、玉米、甘蓝和菠菜对比,发现绿茶和红茶的抗氧化活性远高于其他食品。国外有报道不同抗氧化活性的食物每天需要吃多少才能够起到日常保健的作用。研究发现,每天吃5个洋葱,或4个苹果,或饮1瓶半红葡萄酒,或12瓶白葡萄酒,或12瓶啤酒,或1公斤多橙汁,能够起到日常抗氧化、抑制自由基的作用,而每天喝2杯茶(300毫升)能够达到同样的抗氧化效果。因此,也从另一角度说明茶所具有的抗氧化效果是其他食物难以匹敌的。

总之,茶多酚作为茶叶的主要特征性成分之一,其卓越的抗氧化活性对延缓衰老以及多种疾病的预防具有非常重要的作用。

二、抗衰老

自由基损伤与衰老密切相关，茶多酚的抗氧化性使得其在机体内可以形成一道天然对抗自由基的屏障，保护各个器官。茶多酚可以通过直接清除自由基以及增强抗氧化酶的活性，同时降低如过氧化产物丙二醛的含量，发挥抗衰老的作用。预计到2050年，我国老年人口将达到4.39亿，约占总人口的1/4，与衰老相关的疾病将对社会产生越来越广泛的影响。李哲明等人通过建立衰老小鼠模型，发现安吉白茶茶多酚能够提高小鼠体内的抗氧化能力，延缓衰老。也有研究报道指出，恩施硒茶茶多酚可通过增强机体免疫力及直接清除体内自由基等方式延缓衰老。除此之外，端粒长度也是影响衰老的重要因素，随着年龄的增长，细胞分裂能力逐渐下降，端粒长度慢慢缩短。研究者发现，习惯饮茶人群的端粒长度要长于不饮茶的人，茶多酚可以通过抑制端粒缩短起到延缓衰老的作用。很多疾病如阿尔茨海默病（老年痴呆）、帕金森、癌症、心脑血管疾病等多发于中老年，与机体功能退化、衰老密切相关。研究表明茶多酚能够通过抑制大脑中有毒蛋白积累，减少炎症反应，同时改善氧化应激，防治老年痴呆。有研究表明，与西方国家相比，日本老年人患老年痴呆的比率相对较低，这可能与其常饮茶，尤其是富含茶多酚的绿茶有关。相关研究发现如若70岁以上老人每天饮茶2～3杯，能够降低患老年痴呆症的概率，并能提高记忆力及增强注意力。

三、抗肿瘤

肿瘤是指机体在各种致瘤因子作用下，局部组织细胞增生与分化异常所形成的新生物，分为良性肿瘤和恶性肿瘤两种。良性肿瘤具有生长缓慢、与正常组织边界清晰、切除后不复发等特点。恶性肿瘤则生长异常迅速、侵袭性强、与正常组织边界不清晰，具有易转移、易复发、常导致患者死亡等特点。目前，临床上对肿瘤的治疗仍然局限于放疗、化疗及外科手术等传统方法，然而由于放、化疗带来的副作用明显，患者耐受性差，而外科手术仅能切除目之所及的肿瘤部分，通常无法根除肿瘤，容易导致复发。因此，亟须发现具有良好抗癌活性，同时安全性高的天然物质应用于临床治疗中。茶多酚可通过增进癌细胞凋亡，抑制癌细胞增殖及血管生成起到防癌、抗肿瘤的作用。从1987年日本富田勋研究员首次报道了关于茶叶提取物可以抑制人体癌细胞生长开始，目前全球已有超过5000篇关于茶多酚抗肿瘤的相关科技论文发表。茶多酚可以通过多种方式起到对肿瘤生长的抑制作用。

1. 抑制癌细胞生长

据统计显示，2018年全球恶性肿瘤新增确诊例1700万起，死亡人数高达950万，肿瘤已成为导致人类死亡的重要因素之一。其中，发病前五位的恶性肿瘤分别为肺癌、乳腺癌、前列腺癌、结肠癌、胃癌。据中国国家癌症中心披露的数据显示，我国恶性肿瘤估计新发病例数为380.4万例，其中211.4万例为男性，169万例为女性，平均每天超过1万人被确诊为恶性肿瘤。由于恶性肿瘤居高不下的死亡率，目前癌症仍是一大世界性难题，通过调整日常生活、饮食习惯预防肿瘤的发生，也成为科学家的关注热点，茶多酚作为一种天然抗肿瘤的物质而备受关注。

肺癌是全球发病率最高的癌症，研究表明茶多酚可通过抑制融合基因及生长因子驱动的肺癌细胞在体外及体内的生长，对多种肺癌细胞均有明显的生长抑制作用。在对163个人类癌症基因分析后发现，茶多酚处理能够下调12个基因的表达，同时上调4个基因的表达。这12个下调的基因中，分别与抑制细胞凋亡、推动细胞周期及细胞相互作用相关。而4个上调的基因则与对抗肺癌、提高机体对肺癌的抵抗力相关。

乳腺癌是女性群体中癌症发生的主要类型之一，对女性的生活工作带来极大影响。科学家以人乳腺癌细胞作为体外模型，观察乳腺癌细胞在茶多酚的影响下的存活、生长和增殖状况，结果发现茶多酚能够通过阻滞细胞周期，有效抑制乳腺癌细胞的增殖，提高癌细胞死亡率；通过降低线粒体跨膜电位，促使氧自由基的生成，对DNA产生不可逆的氧化损伤，阻碍癌细胞遗传信息的转录、翻译；同时茶多酚能够促进使细胞凋亡的caspase-3 和caspase-9等蛋白的活化，在抑制细胞生长的同时，不断促进细胞凋亡，有效抑制乳腺癌的生长。

前列腺癌是男性癌症发病的主要类型之一。科学家曾将60名高级别前列腺上皮内瘤变患者分为两组，一组服用茶多酚胶囊，另一组仅接受安慰剂治疗。1年后，茶多酚组患者的发病率仅为3%，而安慰剂组患者发病率为30%，表明茶多酚可起到预防前列腺癌病变的作用。两年后的后续随访结果显示，茶多酚组的前列腺癌患病率比安慰剂组减少了近80%。另外日本的一项长期对比研究发现，坚持长期饮用绿茶能够有效降低前列腺癌的发病概率。2004年，中国的一项基于医院数据的病例对照研究同样发现，绿茶对前列腺癌具有良好的预防作用。

结肠癌是人体消化系统癌症的主要类型，受环境、饮食及遗传等多种因素影响。科学家对34651名绝经后无癌症的女性进行研究，发现她们患直肠癌的概率与食用茶多酚呈负相关。2008年的一项前瞻性队列研究表明，茶多酚组分EGCG和芹菜素的混合物可有效降低结肠肿瘤的复发率。还有研究人员用儿茶素喂食结肠癌小鼠，发现其肠内肿瘤数减少了71%～75%。除了茶多酚，其氧化产物茶黄素及茶红素也具有良好的抑制结肠癌生长的能力。科学家发现，用茶黄素和茶红素处理结肠癌细胞72小时，基本抑制了结肠癌细胞的生长。通过流式细胞仪对其细胞周期研究，发现茶黄素和茶红素对结肠癌细胞的G1期和S期影响不大，而G2期及M期受到明显阻滞，同时，二者也可以有效促进结肠癌细胞发生凋亡。

胃癌是我国发病率最高的癌症，多发于50岁以上的男性。科学家通过制作包含儿茶素的纳米颗粒，将其喂食给患有胃癌的试验小鼠，发现儿茶素除了可以显著抑制胃癌细胞生长外，还可以明显降低肿瘤组织内部的炎症反应。也有研究发现茶多酚可以有效诱导胃癌肿瘤细胞凋亡，阻滞细胞分裂并通过抑制肿瘤细胞的转移实现对胃癌的预防及治疗。

除了死亡人数最多的五种恶性肿瘤外，肝癌也是一种恶性癌症。研究发现，绿茶茶多酚喂食患有肝癌的大鼠后，大鼠肝结节的大小、数量及发生率显著降低，肝腺瘤及肝细胞癌的发生得到了有效抑制。同时血清中相关细胞因子的水平降低，大鼠体内的抗氧化能力提高，代谢异常的酶类恢复正常。通过分析喂食茶多酚的大鼠肝细胞转录组，发现茶多酚也能够通过调控细胞内信号通路来减少炎症反应、抑制细胞增殖、加速细胞凋亡。

2. 提高免疫力

除了直接抑制癌细胞生长外，茶多酚可以通过增强抗肿瘤药物的药效，以及提高机体免疫力等方式实现对肿瘤细胞的生长及转移的抑制。如顺铂作为一种常见化疗药物，通过直接抑制癌细胞DNA复制、阻滞细胞分裂，对卵巢癌、前列腺癌、肺癌、鼻咽癌等均具有良好的疗效。但是临床使用过程中，顺铂常会引发不良胃肠道反应且对肾脏有毒副作用，研究发现茶多酚可以通过增强肿瘤细胞对顺铂的敏感性，由此减少顺铂使用量，提高药效，同时减轻副作用。

四、保护心脑血管

随着人类生活水平的提高，人们在享受美食的基础上，不注重平衡饮食和合理营养的摄取，以及平时运动较少，就会导致营养过剩、体重超重，血脂升高，心脑血管受到损伤。据世界卫生组织统计，心脑血管疾病是导致死亡的主要原因之一，全球每年至少有1000多万人死于此类疾病。流行病学调查、实验研究及临床观察均表明：经常饮茶有助于防治心脑血管疾病。

血脂升高将会引起许多疾病，包括动脉粥样硬化、冠心病等。茶多酚能够有效降低包括甘油三酯、胆固醇、磷脂和游离脂肪酸等在内的血液脂质。我国古时候中医就有以绿茶为主要配方治疗心脑血管疾病的尝试，包括绿茶柿叶汤、绿茶山楂汤、绿茶番茄汤、绿茶大黄汤等。茶多酚可以通过同时降低低密度脂蛋白水平，提高高密度脂蛋白水平，增强血液流动性。

动脉粥样硬化是心脑血管疾病的主要表征，当动脉硬化的斑块脱离血管，进入血液，就会堵塞血管，引发血栓，在短时间内就可造成死亡。动脉硬化与血管脂质过氧化密切相关，因此茶多酚清除自由基、抑制脂质过氧化的活性，使其在抗动脉硬化方面同样具有良好的功能。目前，已有相关实验表明茶多酚能够明显改善动脉硬化。张姝萍等研究发现茶多酚能够作用于动脉粥样硬化形成和进展过程的各个环节，包括抗炎、调节脂质代谢、改善内皮功能等降低动脉粥样硬化危险。研究人员发现，向患有动脉粥样硬化的大鼠投喂以茶多酚为主的饲料，大鼠血清及肝脏中脂质过氧化产物丙二醛水平显著降低，同时肝脏超氧化物歧化酶活力增强，表明茶多酚可通过抑制脂类氧化和提升抗氧化酶活力对动脉粥样硬化进行有效的防治。

波士顿健康研究协会调查发现，每日饮茶超过200毫升与不饮茶的人比较，前者患心脏病的风险能够降低一半。同时，相较其他地区，亚洲人由于历来有饮茶的习惯，因此，也较少患高血压、高血脂、冠心病等心脑血管疾病。除了茶多酚，茶叶当中的其他成分，如维生素B_3，也可以起到舒张血管、降低血压的作用；芦丁可以增强血管韧性和弹性。

五、抗菌、抗病毒

早在神农时期，茶叶的解毒功能就被人们所熟知。唐宋年间，我国医书上就有关于茶叶能够止痢杀菌的记载。茶叶对多种有害细菌及病毒均具有良好的抑制作用，其抗菌、抗病毒活性具有广谱性。

1. 抗菌

在我们的日常生活当中，经常会面临存储不当导致食品变质的问题。目前就已有将茶多酚作为食品保鲜剂加入易腐易变质食品中的尝试。例如，将绿茶提取物应用于冷冻白虾的保鲜贮藏，能显著抑制微生物的滋生。还有将茶多酚直接加入腊肠中，可以起到保持腊肠色泽、防止腐败变质的作用。

我们的身体中，也存在着大量的微生物，这些微生物有些是有益的，有些是有害的。变形链球菌是人类龋齿的主要致病菌。有研究表明，茶多酚能够明显抑制变形链球菌的产酸能力，同时可以增强牙龈对乳酸的耐受能力，起到防龋齿的作用。双歧杆菌是人体内非常重要的一类有益细菌，与人类的健康和长寿密切相关。有科学家曾预言，当人体内双歧杆菌总量保持在1000亿个，人类的平均寿命将会延长至140岁。茶多酚能够促进双歧杆菌的生长，调节肠道菌群，增强机体免疫力，维护肠道健康。用含绿茶提取物的饲料喂养小牛，发现小牛肠道中乳酸杆菌和双歧杆菌等有益菌的含量显著增多，而梭菌等有害菌数量显著降低，小牛腹泻减少，死亡率明显下降。军团杆菌可通过呼吸道引起肺部感染，同时损害其他器官，并可经由医院的中央空调传播，引发间接感染。茶多酚组分之一表没食子儿茶素没食子酸酯（EGCG）可以抑制军团杆菌的活性，国外就有将儿茶素安装在医院空调内防止细菌传播的尝试。

2. 抗病毒

在抗病毒方面，茶多酚同样具有卓越的活性。1993年，张国营等报道了红茶、青茶和黑茶对人轮状病毒株的抑制作用。人轮状病毒是引起病毒性腹泻的主要原因，茶多酚可有效抑制人轮状病毒的活性，同时茶多酚对该病毒的抑制能力与茶多酚浓度呈正相关，其机理可能与茶多酚能够沉淀病毒蛋白的作用有关。茶多酚中的表没食子儿茶素没食子酸酯（EGCG）和表儿茶素没食子酸酯（ECG）对流感病毒的复制有抑制作用，EGCG可能与病毒黏合，以此防止病毒入侵细胞。茶多酚对包括流感病毒、非典SARS病毒、艾滋病HIV等病毒均具有较好的抑制能力。由于茶多酚抗病毒活性强，来源安全，具备发展为抗病毒制剂的潜力。目前，市场上已有比较成功的以茶叶提取物为主剂的抗病毒药物销售。鉴于绿茶多酚对尖锐湿疣具有较好的疗效，2006年美国食品药品监督管理局批准了以绿茶多酚为主要成分，用于治疗由人乳头瘤病毒导致的尖锐湿疣的天然植物药物上市，命名为"Veregen"，这也是美国食品药品监督管理局首次批准的化学成分还未完全清楚的复合物作为药物主要成分上市。

六、抗辐射

茶叶具有卓越的抵抗电离辐射的作用。第二次世界大战爆发期间，日本广岛由于受到原子弹的轰炸，居民均受到了严重的辐射，相继发病并陆续死亡。科学家经过常年调查发现，与普通居民相比，具有较长饮茶史的饮茶爱好者其寿命相对较长，并推测这与其日常通过饮茶摄入较多茶多酚相关。因此，日本百姓也将茶视为"原子时代的饮料"。

随着科技的进步，现代人们日常生活几乎与电脑、手机形影不离。虽然小型电子产品辐射微弱，但长时间接触也会在体内诱导积累辐射损伤，导致一系列疾病产生。轻者会感觉头晕目眩，胸闷气滞，全身乏力，重者则胃肠功能紊乱，免疫力下降，各种慢性疾病接踵而至。而通过饮茶摄入茶多酚可以有效改善以上症状，起到防辐射、增强免疫力的作用。

茶多酚可以起到抗辐射的作用主要归因于以下三点。① 由于茶多酚具备多个羟基，外源补充茶多酚能够有效清除由辐射引发的机体内自由基的过量生成，在体内形成一道隐形的防护自由基的屏障。② 辐射会给机体免疫系统带来严重损伤，导致免疫力下降。有研究表明，茶多酚可以修复受损免疫器官，调节和增强免疫功能。③ 由于经历辐射后，机体造血干细胞及骨髓有核细胞的分裂都会受到损伤，茶多酚能够提高机体的造血功能，增强白细胞活力，对血象损伤有明显的防护效应。

第二节　咖啡因的保健功效

咖啡因与可可碱、茶碱是茶叶中生物碱的主要组分，约占茶叶干物质的2%～5%，易溶于热水。茶树内咖啡因的含量会随着茶树生长条件及品种来源的不同有所变化。例如，遮阴的茶树咖啡因含量比不遮阴的要高，细嫩茶叶中的含量比粗老茶叶高，夏茶含量比春茶高。

　　咖啡因（图4-2）具有十分丰富的生理活性，如可以通过影响神经系统令人兴奋，提神醒脑，同时也对如帕金森综合征等相关神经退行性疾病具有一定的预防、治疗作用。咖啡因可以调节机体内分泌，如能够刺激胃液分泌，健胃消食，提高食欲。另外，咖啡因能增强血管韧性，舒张血管，对心脑血管也具有一定的保健作用。

图4-2　咖啡因

一、影响神经系统

1. 兴奋中枢神经

　　咖啡因是被广泛认同的中枢神经系统激活剂。目前，关于咖啡因对神经系统的兴奋作用已有广泛的研究。咖啡因的最主要摄入源为茶和咖啡，且咖啡因在茶中的含量要高于咖啡。小剂量咖啡因能够兴奋大脑皮质，振奋精神，活跃思维，提高注意力和自信心，同时增强对外界的敏感性，提高瞬时记忆力以及工作效率和积极性。而大剂量咖啡因的摄入可以兴奋中枢神经，呼吸的频率提高、深度增强。咖啡因可以增强神经元活性，因此对包括阿尔茨海默病、帕金森综合征等神经退行性疾病具有一定的改善作用。帕金森综合征是一种以震颤、肌肉僵直、运动障碍等为特征的综合征，对中老年人危害很大。流行病学调查研究结果表明，适量摄入咖啡因能有效预防和治疗帕金森综合征，其摄入量与帕金森综合征的发生呈负性相关。每天饮用4～5杯含咖啡因的茶叶比不饮用者患帕金森综合征的概率减少了4/5，其原因可能是由于咖啡因可起到保护脑基底核的缘故。虽然咖啡因具有卓越的兴奋醒脑的功效，通过刺激大脑皮层和中枢神经起到兴奋作用，可以明显提高记忆力，使得思维清晰，但是过量摄入咖啡因会影响睡眠，引人兴奋，严重影响次日精神状态。因此失眠及神经衰弱者晚上应避免摄入过量咖啡因，应选用脱咖啡因或低咖啡因茶。

2. 调节情绪

　　咖啡因也具有调节情绪、预防焦虑的作用。有研究报告表明，精神病住院患者和大学生的咖啡因摄入量与自我评定的焦虑和抑郁记分均呈一定的负相关。适量喝咖啡可使自杀率下降，这可能是由于咖啡因的摄入有助于人保持较好的精神状态、提神及缓解疲劳。

3. 止痛

　　咖啡因同时具有止痛效应，有研究人员研究了咖啡因对于神经病理痛的针刺镇痛效应，研究发现，电针治疗期间摄入咖啡因，可明显缓解电针诱发的疼痛，起到镇痛作用。因此市场上很多止疼药将咖啡因作为其主要活性成分，通过调节神经对疼痛的敏感性，起到止痛作用。

二、影响内分泌

1. 改善糖代谢

糖尿病是现代社会一类常见的慢性代谢性疾病，目前比较公认的糖尿病发病的主要机制之一是胰岛素分泌的绝对或者相对不足。糖尿病分为Ⅰ型和Ⅱ型两类，Ⅰ类糖尿病发病突然，多发于30岁以下，多数由过度肥胖引起。而Ⅱ型糖尿病十分常见，多发于老年人，但其发病年龄日趋年轻化。糖尿病患者具有"三多一少"的特征，即多食、多饮、多尿和体重下降、急消瘦。目前糖尿病仍然是一大世界性难题，仍无有效治疗方法。据国际糖尿病联盟数据报告，2035年全球糖尿病患者数量将达到5.92亿，约1/10的成年人都将受到糖尿病的困扰。科学家研究发现，咖啡因可以降低糖尿病大鼠的血糖、尿糖水平，提高糖尿病大鼠的血清胰岛素水平，改善糖尿病大鼠的糖代谢。

2. 增进食欲、帮助消化

咖啡因还可以通过刺激肠、胃等器官，促使胃液的分泌，起到增进食欲、帮助消化的作用。但通常不建议空腹饮茶，因为咖啡因刺激分泌的胃酸会对肠道有一定的刺激作用，而且会引发头晕、眼花、心慌等症状。咖啡因具有利尿作用，是通过扩张肾血管，促进肾脏血流加快，导致肾小球过滤速度加快，加速肾脏对尿液的过滤速度实现的。此外，咖啡因也会对膀胱起到一定的刺激作用，促进尿液排出。但通常不建议酒醉后饮茶，除了茶叶中的咖啡因会令人更加兴奋外，咖啡因的利尿功能会加速乙醇转化为乙醛进入肾脏，影响肾功能。因此酒醉后，可饮用咖啡因含量低或脱咖啡因茶醒酒。

3. 消脂减肥

咖啡因具有减肥功效，唐《本草拾遗》中就有"茶，去人脂，久食令人瘦"的记载。常饮茶的人都不会太胖，这是因为茶叶中的咖啡因可以通过减弱食欲、促进消化，同时抑制脂质在体内积累等方式起到减肥消脂的作用。因此在很多减肥药中，也通过将咖啡因作为其主要成分发挥消脂减肥的作用。

三、影响心血管系统

心血管疾病以动脉硬化为主要标志，据统计，全世界每年死于心脑血管疾病的人数高达1000万人，是一种严重危害健康、特别多发于中老年人的常见病。而心血管疾病的起因与人体肥胖、高血压、高血脂、高血糖都关系密切。现今已有不少证据表明，饮茶具有良好的降血压、降血脂、减轻动脉粥样硬化等功效。但是咖啡因对心血管系统的影响仍存在较大的争议。

临床调查发现，虽然咖啡因的摄入不会显著影响正常人静息心率的变化，但可能会影响冠心病和高血压患者的血压水平。长期摄入咖啡因的人，对咖啡因的耐受性会增加，高血压的发病风险与常人无异。另有研究表明，每日摄入80毫克咖啡因并不会显著影响健康成年人的血压水平。目前有较明确的结论并被多数的研究证实的是：咖啡因能够改变血管的紧张状态，能够有效降低各种不良心血管事件的风险。它可以通过作用于细胞内兰尼碱受体起到舒张平滑肌的作用。有研究显示，一次性摄入300毫克咖啡因后，血液中一氧化氮水平增高，促进血管舒张。

很多人喝了咖啡后都会感觉心跳加快，这是由于咖啡因加速血液循环、促进冠状动脉扩张、增强心肌收缩能力引起的。因此，心跳迟缓的心脏病人可以通过饮用咖啡因含量高的茶叶起到一定的改善作用。然而本身心动过快的人群，则不建议饮用咖啡因含量高的茶。

第三节　茶氨酸的保健功效

茶叶中目前发现了26种氨基酸，其中包括6种非蛋白质组成的游离氨基酸，分别为茶氨酸、豆叶氨酸、谷氨酰甲胺、γ-氨基丁酸、天冬酰乙胺以及β-丙氨酸。茶氨酸占茶叶干重的1%～2%，是茶叶中含量最高的游离氨基酸，占总游离氨基酸的50%左右。茶氨酸又名N-乙基-γ-谷氨酰胺，为白色针状晶体，易溶于水，具有焦糖香以及类似味精的鲜爽味，是构成茶叶鲜爽味的主要成分。茶氨酸与谷氨酸具有相似的化学结构，在茶树中仅以游离形式存在。在茶树根部，谷氨酸与乙胺在茶氨酸合成酶的作用下合成茶氨酸，逐步输送至芽叶顶端。

茶氨酸（图4-3）是1950年由日本酒户弥二郎在玉露茶新梢中发现的。茶氨酸可在大理茶、大厂茶、厚轴茶和阿萨姆茶、白毛茶等茶组植物以及油茶、茶梅等山茶属植物中检测到，所以，茶氨酸成了茶叶的特征性成分之一，既是茶叶的重要品质成分，也是重要的生理功能物质。

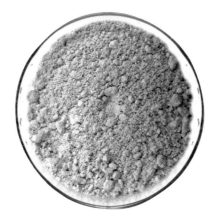

图4-3　茶氨酸

一、镇静作用及抗焦虑、抗抑郁

1.镇静安神

茶氨酸具有良好的镇静安神作用，饮茶可以使人消除烦躁，平和心智。通过与咖啡因共同作用，使得人们饮茶后不会像喝咖啡后一样非常兴奋。科学家通过测定咖啡因所引起的中枢神经自发运动量，发现了茶氨酸可以对咖啡因所导致的兴奋产生一定的拮抗作用。通过研究小鼠的脑电波，证实茶氨酸可以在一定程度上逆转咖啡因所产生的兴奋作用。而在临床试验中，受试者服用茶氨酸40分钟后，通过测定其脑电波可以明显检测到其大脑皮层的α脑电波增强，说明其大脑处于放松的状态，此外，在之后的1小时试验过程中，科学家发现人体中的茶氨酸浓度越高，大脑皮层的α波便越强。同时也发现，茶氨酸对容易不安、烦躁的人群比对正常人有更好的镇静作用。

茶氨酸素有"天然镇静剂"的美誉，美国、日本等国已经开发出以茶氨酸为主要原料的天然保健胶囊，用以调节睡眠、镇静安神。

2.抗抑郁

抑郁症是一类常见的精神类疾病，患者感觉自身情绪低沉，忧心忡忡，对自己的能力不自信，而对困难估计过高。抑郁症如果长期存在将会严重影响学习和生活，严重者可能会导致自杀。有研究表明，动物以及人体的试验都有茶叶抗抑郁的实验论证。有研究以抑郁大鼠为模型，对其进行低剂量及高剂量茶氨酸灌服处理，通过糖水偏好实验、明暗箱实验等，发现摄入茶氨酸对大鼠的抑郁症状具有一定的改善作用，尤其在高剂量的作用下达到显著水平。对7日龄小鸡腹腔注射不同浓度的茶氨酸，注射30分钟后，记录未分离小鸡与分离小鸡的自主活动、分离发声以及福尔马林诱导的疼痛反应的变化，结果表明，茶氨酸能显著减轻分离小鸡的悲鸣，其中25~50毫克/千克的茶氨酸处理对分离应激引起的痛觉钝抑有一定的拮抗作用。

二、提高记忆力、增进智力作用

茶氨酸同样可以增强智力、提高记忆力。研究发现茶氨酸可通过影响大脑内神经递质多巴胺和5-羟色胺水平，提高记忆力。多巴胺也被称作"快乐素"，能够直接影响人的情绪，令人兴奋、开心，同时可以提高记忆力。5-羟色胺也是脑内重要的神经递质，被称作血清素，也具有增强记忆力的作用。科学家通过复杂水迷宫实验，观察茶氨酸对小鼠记忆能力的影响，发现茶氨酸处理可以缩短正常小鼠在复杂水迷宫中到达终点的时间，同时也可以减少其错误的次数。另有研究发现，茶氨酸可以推迟东莨菪碱引起的记忆障碍小鼠首次出现错误的时间，减少其触电的次数，同时也发现茶氨酸对记忆力以及学习的增强作用随着剂量的增加而增大。

以D-半乳糖致亚急性衰老的小鼠为模型，采用电迷宫法测定小鼠的学习及其记忆能力，发现茶氨酸可以有效提高小鼠的学习以及记忆能力。其机制可能与茶氨酸能显著提高超氧化物歧化酶以及胆碱酯酶的活性，同时可降低丙二醛的含量有关。由此可以推断，茶氨酸提高记忆能力的作用机理与其促进中枢胆碱以及清除自由基等功能有关。

三、有效改善女性经前综合征

女性经前综合征是指育龄妇女在月经前7～14日（即在月经周期的黄体期）反复出现的精神上以及身体上的不适等症状，包括头痛、腰痛、胸部胀痛、无力、精神无法集中、烦躁、易疲劳等，以往被命名为"经前紧张征"或"经前期紧张综合征"。由于此类症状反复出现，大部分女性均会遭受经前综合征的困扰，极大地影响了女性的正常生活。通过让24名女性每日服用200毫克茶氨酸，两个月后她们的经前综合征得到了明显的改善。有研究人员认为茶氨酸改善女性经前综合征的机制可能与其镇静安神的作用相关。

文化篇

第五章
明清茶文化概述

明清两代是中国茶文化发展发生重大变革的历史时期，本章从明清茶文化的形成、茶与社会经济、茶与文化生活等多个角度介绍明清茶文化概况。

第一节　别具一格的明清茶文化

明初，太祖朱元璋于洪武二十四年（1391）九月诏令废除贡茶龙凤团茶："上以重劳民力，罢造龙团，惟采茶芽以进。"宋元以来饼茶、散茶并行的局面发生了根本性的改变，叶形散茶成为茶叶的主要形态。茶业全面发展，茶叶种植生产区域进一步扩大，名茶名品不断涌现。茶叶生产技术进步，六大茶类制茶工艺悉数成熟，茶叶生产出现科学化和技术化的新趋势。茶业经济发生转型，从以内贸和边贸为主，到以内贸和国际贸易并重，并且很长时间内国际贸易主导了国内茶叶的生产与区域贸易和流通。明清的叶茶瀹泡法为日本煎茶道学习吸收。红茶在明代晚期通过海外贸易传至欧洲，丰富了世界人民的物质与文化生活。

一、六大茶类与名茶

明清两代，制茶技术从以蒸青绿茶为主开始全面发展，炒青、烘青、晒青绿茶制法相继出现，黑茶、黄茶、青茶（乌龙茶）、红茶、烘青花茶或开始出现或得到进一步的发展，明末清初时，六大茶类几乎悉数出现。

在名茶方面，清代承接明代，奠定了现当代中国名茶的基本局面。清初刘源长《茶史·茶之近品》列举道："今则吴中之虎丘、天池、伏龙，新安之松萝，阳羡之罗岕，杭州之龙井，武夷之云雾，皆足珍赏；而虎丘、松萝真者，尤异他产。至于采造，昔以蒸碾为工，今以炒制为工，而色之鲜白，味之隽永，与古媲美。"据统计，清代名茶约有40种，主要为：西湖龙井、武夷岩茶、洞庭碧螺春、黄山毛峰、新安松萝、云南普洱、闽红工夫茶、祁门红茶、石亭豆绿、敬亭绿雪、涌溪火青、六安瓜片、太平猴魁、信阳毛尖、紫阳毛尖、舒城兰花、老竹大方、泉岗辉白、庐山云雾、君山银针、安溪铁观音、苍梧六堡、屯溪绿茶、桂平西山茶、南山白茶、恩施玉露、天尖、政和白毫银针、凤凰水仙、闽北水仙、鹿苑茶、蒙顶茶、青城山茶、峨眉白芽、务川高树茶、贵定云雾、湄潭眉尖、严州苞茶、莫干黄芽、富阳岩顶、九曲红梅、温州黄汤等。其中龙井、碧螺春等茶成为贡茶新贵，传说与康熙、乾隆皇帝有关。

二、白瓷、彩瓷和紫砂茶具

明代茶叶生产、饮用方式的变化，亦带来茶具根本性的变革，唐宋以来以碗、盏为基本茶具的局面大变，出现了茶杯、茶壶配茶盏，壶杯体系茶具。

1. 白瓷茶具

明代，人们发现白色的茶杯、盏最能够品试炒青绿茶的茶色，屠隆《茶笺》称："宣庙时有茶盏，料精式雅，质厚难冷，莹白如玉，可试茶色，最为要用。"张源《茶录》："盏以雪白者为上，蓝白者不损茶色，次之。"因为明代的"茶以青翠为胜，涛以蓝白为佳，黄黑红昏俱不入品"，用雪白的茶盏来衬托青翠的茶叶最宜。

2. 彩瓷茶具

除宣化窑、定窑等白瓷之外，景德镇的青花瓷茶具也异军突起，并且在此基础上，于成化年间创制出斗彩，嘉靖万历年间创制出五彩、填彩等新瓷。从茶杯器形来看，出现了永乐青花名器"压手杯"，以其执于手中正好将拇指和食指稳稳压住而得名。

3. 紫砂茶具

白瓷和彩瓷之外，明代还造就了紫砂茶具的勃兴，使得壶杯体系的茶具专门化过程基本完成。周高起在《阳羡茗壶系》中称："近百年中，壶黜银、锡及闽、豫瓷，而尚宜兴陶。"因为宜兴茗壶，"以粗砂制之，正取砂无土气耳"，"茶壶以砂者为上，盖不夺香，又无熟汤气"，"能发真茶之色香味"。

图5-1 供春树瘿壶

（1）紫砂壶的创制

宜兴位于江苏省域内，历史上曾生产青瓷，到了明代中晚期，传说有一位云游和尚到宜兴，在街头叫卖"富贵土"，引导当地人到山中发现了五色陶土，从此附近的人们开始用其烧制陶器，紫砂具制作由此发展起来。文献记载紫砂壶与金沙寺相关，传说一位金沙寺僧因经常看陶工制作陶缸瓮而从中获得灵感，"团其细土，加以澄练，捏筑为胎，规而圆之，刳使中空，踵傅口、柄、盖，附陶穴烧成，人遂传用。"而有名有姓的紫砂壶开创者是供春（一名龚春），明正德、嘉靖（1522—1566）年间人，生卒不详，是当地进士吴颐山的学僮，曾在金沙寺陪吴读书，在寺中学习了老僧紫砂器制法，仿自然形态制成紫砂壶，做工古朴精美，人称供春壶。吴梅鼎《阳羡茗壶赋序》中说："余从祖拳石公读书南山，携一童子名供春，见土人以泥为缸，即澄其泥以为壶，极古秀可爱，所谓供春壶也。""传世者栗色，闇闇然如古金铁，敦庞周正，允称神明垂则矣。"供春壶得到文人们的喜爱，周文甫特别珍爱自己的一把供春壶，"摩挲宝爱，不啻掌珠，用之既久，外类紫玉，内如碧云。"中国国家博物馆现存储南强捐赠供春树瘿壶一把（盖为后人配制）（图5-1），从中可见早期紫砂壶的朴拙。

（2）紫砂壶发展的高峰

万历年间到明末是紫砂壶发展的高峰，前后出现"四名家""壶家三大"等，并形成流派。"四名家"为董翰、赵梁、元畅、时朋。董翰以文巧著称，其余三人则以古拙见长，各具匠心。"壶家三大"指时大彬（图5-2）和他的两位高足李仲芳、徐友泉。"千奇万状信手出"的时大彬被誉为"千载一时"，是时朋的儿子，"不务妍媚，而朴雅坚栗，妙不可思。"初仿供春作大

图5-2　时大彬壶

壶，后从陈继儒、冯可宾等人的建议改制小壶，"茶壶，窑器为上……茶壶以小为贵。每一客壶一把，任其自斟自饮，方为得趣。""壶小则香不涣散，味不耽搁。"后广为流传，文人几乎"案有一具"，直至"宫中艳说大彬壶"。此外，李养心、惠孟臣、邵思亭亦擅长制作小壶，欧正春、邵氏兄弟、蒋时英等人多有名作。"小石冷泉留早味，紫泥新品泛春华"，在与茶饮相得益彰、相映生辉的同时，紫砂茶具最终形成了一门独立的艺术，传至今日，仍然是中国茶具中的精品。

三、简便异常、天趣悉备的泡茶法

嘉靖年间，田艺蘅《煮泉小品》与陈师《茶考》分别记录了起源于杭州的散茶冲泡法："生晒茶瀹之瓯中，则枪旗舒展，清翠鲜明，尤为可爱。""杭俗烹茶，用细茗置茶瓯，以沸汤点之，名为撮泡。"虽然陈师说北方人嘲笑这种泡茶法，他也不满意于此，但这毕竟是杭州的习俗。

万历年间成书的张源《茶录·泡法》记录了壶泡法，与此前杭俗的瓯泡法不同："探汤纯熟，便取起，先注少许壶中，祛荡冷气，倾出，然后投茶。茶多寡宜酌，不可过中失正。茶重，则味苦香沉；水胜，则色清气寡。两壶后，又用冷水荡涤，使壶凉洁，不则减茶香矣。罐热则茶神不健，壶清则水性常灵。稍俟茶水冲和，然后分酾布饮。"不同的季节，投茶注汤的次序各异，有下、中、上投之分："投茶有序，毋失其宜。先茶后汤，曰下投；汤半下茶，复以汤满，曰中投；先汤后茶，曰上投。春秋中投，夏上投，冬下投。"

关于泡茶水煮沸程度的老嫩，张源提出因为宋明茶叶制作方法不同，"汤用老嫩"的程度也不同："蔡君谟汤用嫩而不用老。盖因古人制茶，造则必碾，碾则必磨，磨则必罗，则茶为飘尘飞粉矣。于是和剂印作龙凤团，则见汤而茶神便浮，此用嫩而不用老也。今时制茶，不假罗磨，全具元体，汤须纯熟，元神始发也。故曰汤须五沸，茶奏三奇。"

明人对泡茶用水的认识堪称独步，他们在唐宋茶人对水认识的基础上做了更为细致深入的品鉴，对水之于茶的效用给出了明晰的论断。许次纾说："精茗蕴香，借水而发，无水不可与论茶也。"张大复则更进一步看到好水对于茶的增益作用："茶之性必发于水。八分之茶，遇水十分，茶亦十分矣；八分之水，试茶十分，茶只八分耳。"

关于泡茶用壶大小，许次纾认为："茶注宜小，不宜甚大。小则香气氤氲，大则易于散漫，大约及半升，是为适可。独自斟酌，愈小愈佳。容水半升者，量茶五分，其余以是增减。"这与明人认为饮茶不宜人太多相应，张源认为："饮茶以客少为贵，客众则喧，喧则雅趣乏矣。独啜曰神，二客曰胜，三四曰趣，五六曰泛，七八曰施。"若饮客太多，泛然失去饮茶雅趣矣。

泡茶的饮用方法，张源提出："酾不宜早，饮不宜迟。酾早则茶神未发，饮迟则妙馥先消。"他认为从壶中往杯中斟茶不宜过早，过早则茶的神元还未浸泡出来，喝茶则不宜慢，太慢则茶汤美好的香气就会先行消散。所论可谓得其真谛矣。

四、千叟宴与重华宫茶宴

清初康熙、雍正、乾隆三朝，诸位皇帝对于茶与茶具等都很关注，乾隆皇帝又特别嗜茶，传说其有"国不可一日无君，君不可一日无茶"的故事。贡茶日盛，宫廷茶具镶金嵌玉粉釉斗彩，极尽精美与豪华之能事。宫廷御宴时，茶为其中重要组成部分。宫廷内务府专门设有御茶房，由一名管理事务大臣主管。

日常之外，清宫廷常举行大型茶事活动。康熙五十年（1711），康熙六十寿辰大庆，在畅春园举行"千叟宴"，宴请60岁以上官员、庶士达1800人。宴会首开茶宴，宴会结束之后，康熙给一部分与宴者颁赐御茶及茶具。康熙六十年（1721）、乾隆五十年（1785）、乾隆六十年（1795），还分别举行过三次千叟宴，最后一次参加者多达5000多人。都为首开茶宴，宴会结束后给部分与宴者颁赐御茶及茶具。

自乾隆八年（1743）始，每岁新正，好饮茶、作诗的乾隆皇帝召集内廷大学士、翰林等人在重华宫赐茶宴联句。于每年正月初二至初十选吉日在重华宫举行茶宴，出席者18人左右，由乾隆亲自主持。其时行茶宴，由乾隆命题定韵，参加者赋诗联句，诗品优胜者，获赐御茶及珍物。乾隆年间，重华宫赐茶宴联句活动持续了半个世纪之久。此后嘉庆皇帝将重华宫赐茶宴联句作为家法，于每年正月举行。道光年间仍时有举行，咸丰以后终止。重华宫赐茶宴联句是清代独有的宫廷茶文化现象。

第二节　茶与明清社会经济

茶与我国社会经济密切结合，其"通融性""随和性"表明茶与国情相伴相随。本节主要从茶马贸易、边茶贸易、海外贸易三个方面进行简要介绍。

一、明代的茶马贸易

明代的茶法分为三类：商茶、官茶和贡茶。商茶行引茶法，行于江南；官茶储茶边地以易马，行于陕西汉中和四川地区。

官茶储边易马是明朝茶法的重点，"国家重马政，故严茶法"，"行以茶易马法，用制羌戎，而明制尤密"，先后在今陕西、甘肃、四川等地设置多处茶马司以主其政，垄断汉藏茶马贸易，以保证买马需要。明初还曾设金牌信符，作为征发上述地区少数民族马匹的凭证。明初对官茶地区的私茶捕捉处罚极重，明太祖洪武三十年（1397），驸马都尉欧阳伦就因由陕西运私茶至河州被赐死。

茶马司的官茶来源有如下几种：一是在陕西汉中和四川官茶区征收十分之一的官课本色茶叶，由官府组织人力分程运至各茶马司的官库、茶仓。明初对东南地区的官课亦曾间征本色，后一律折入两税。明初川陕茶皆征本色，永乐以后川茶改折征，成化开始全部折征。陕茶自成化年间改折征，屡经反复。二是通过运茶支盐法，由政府支付盐引到江淮支盐为报，让商人把四川茶叶运到西北茶马司。三是召商中茶，弘治三年（1490），西宁等三茶马司召商中茶，每引百斤，每商不过三十引，运至后官收其十分之四，坐得数十万斤茶叶。

川陕茶马司所得茶叶，大都用于买马，也有用于开中茶法者，即召商纳粮储边、赈灾支茶。官茶的茶马贸易在一定时期为明政府解决了马匹的问题，但召商中茶法也使商人介入了茶马贸易，并使政府在与商人的博弈中经常败北。此法一行使私茶益发不可遏止，好马尽入民间商人之手，而茶马司所得却只是中下等马匹；再加上官员将吏为了牟取私利，有的故意压低马价，以次茶充好茶，有的用私马替代番马，换取上等茶叶，致官营茶马贸易更加衰落。正德时特许西藏、青海喇嘛及其随从和商人例外携带私茶，使得茶马贸易制度崩坏日甚。

二、清代的边茶贸易

清代茶法沿用明制，分官茶和商茶，而且前期和后期有很大改变。

官茶行于陕、甘，储边易马。清初，出于军事政治的需要，立即整顿恢复明末以来萧条废弛的西边茶法马政。清世祖顺治元年（1644），即定以茶易马条例，规定上马一匹易茶一百二十斤，中马一匹易茶九十斤，下马一匹易茶七十斤。二年诏洮、河、西宁等处各茶马司照旧贸易，并设巡视茶马御史一员，管辖西宁、洮州等五处茶马司。顺治七年（1650），从巡视茶马御史奏请，陕甘茶引由户部颁发，并改商茶入边官商分配比例，将原来的"大引官商平分，小引纳税三分入官，七分给商"，改为俱依大引之制官商平分，一半入官易马，一半给商发卖，且不抽税。顺治十年（1653），规定附茶之例，商人运贩"每茶千斤，概准附茶一百四十斤"。又在战争凋敝的四川暂时实行小票，允许商民货贩不足一引百斤的茶叶，照例纳税，便民利国。所有这些政策，调动了茶商乃至四川小民的种茶积极性，使得大量茶叶运销陕甘，为茶马司易马，解决清初战事所需军马问题。陕甘官茶除易马外，还用于赏赐少数民族上层，起到了"外羁诸番"的作用。

顺治末年，清一统局面已定，茶马贸易不再为势所需，买马茶叶与银两多移充军饷。至康熙七年（1668），裁撤茶马御史和五茶马司，雍正九年（1731）一度恢复五茶马司，但至雍正十三年（1735）即停止易马。至乾隆元年（1736），诏令西北官茶改征银，商人纳银即可于西北营销茶叶，由兰州道管理其事务。乾隆二十七年（1762），将五茶马司裁撤只剩三司，负责"颁引征课"，成为茶叶民族贸易的管理机构。至此，北宋以来的茶马贸易制度彻底终结，完成了它的历史使命。与此同时，雅安、打箭炉（今四川康定）等地成为汉族和少数民族贸易互市的场所，民间茶马互市日益兴盛，促进了民族经济的交流与发展。

三、清代的海外茶叶贸易

清代是中国茶叶对外贸易由盛极至衰败的时期。大航海时代改变了清代中国的贸易制度，从内贸边贸变为海外贸易，茶叶也从内、边销品一跃成为全球贸易的重要商品。康熙二十四年（1685）海禁废止，设立广东、福建、浙江和江苏四海关，定海税则例征税。并于1720年建立洋货行以管理贸易税饷，一般称"十三行"。茶叶是清政府限定由行商垄断经营的商品。乾隆二十二年（1757），清廷关闭广州以外所有口岸，实行广州一口贸易，直到鸦片战争。

18世纪初直至19世纪中，世界茶叶贸易和消费勃兴。1718年，茶叶取代生丝居中国出口贸易的首位。乾隆中叶（1760—1764），平均每年出口茶叶约400吨。到嘉庆初（1800—1804），平均每年出口茶叶约2210吨。鸦片战争前，中国茶叶几乎独占世界贸易。直到1836年，首批印度茶叶运至欧洲，中国茶叶独霸国际市场长达200年之久。

在中英贸易中，英国为了平衡因茶叶贸易产生的结构性巨额逆差，通过在殖民地栽制鸦片走私中国获取暴利。1827年前后，走私进口鸦片的价值已经超过了中国茶、丝、布匹等出口的总和，中英的贸易结构发生逆转，大量白银从中国向英国倒流。1837年，清政府全面禁止鸦片，英国派遣舰队远征中国，1840年，打响了鸦片战争。

鸦片战争后，清政府被迫签订不平等条约《南京条约》，开通"五口通商"，中国茶叶对外贸易开始兴盛起来。1853年，茶叶出口总量开始超出1亿磅，1861—1870年的10年间，则突破100万担大关，逼近200万担。1869年11月，苏伊士运河开始通航，中国茶叶出口184.9万担，茶叶出口值占总出口值60%以上。1871年超过10万吨，1881年达12.9万吨，1886年创下了当时中国茶叶出口数量的最高纪录13.4万吨。1889年后，由于印度、锡兰红茶大量输入英国，中国茶叶出口数量开始下降，至20世纪初，中国茶叶出口从全盛到衰落，1901年仅出口7万吨。1908—1916年，茶叶出口年均9万多吨。

第三节　茶与明清文化生活

明清茶叶生产方式和茶叶饮用方式的变化对人们的饮茶方式和生活观念也带来了明显的改观。本节从文人雅趣、茶馆与茶俗、明清茶书等方面简要介绍茶与明清文化生活之间的关系。

一、文人雅趣

明代，士人以文雅相尚，书法、绘画、瀹茗、焚香、操琴、赏石等事，无不玩习。文人多喜茶，善茗事，特别是江南一带，文人们常亲自种茶制茶，自汲泉鉴水，构茶寮以自坐和待客品茗。从自己的亲身体悟中，多位文人对于茶之宜忌有着精辟论述。

1. 饮茶空间

有多人在茶书中提出设置专门的饮茶处所"茶寮"，如许次纾《茶疏·茶所》："小斋之外，别置茶寮。高燥明爽，勿令闭塞。壁边列置两炉，炉以小雪洞覆之，止开一面，用省灰尘腾散。寮前置一几，以顿茶注、茶盂，为临时供具，别置一几，以顿他器。傍列一架，巾帨悬之，见用之时，即置房中。"屠隆《茶笺·茶寮》："构一斗室，相傍书斋。内设茶具，教一童子专主茶役，以供长日清谈。寒宵兀坐，幽人首务，不可少废者。"从此，开始有了专门的饮茶空间。

2. 饮茶宜忌

关于饮茶的时机、心境、器具等，冯可宾《岕茶笺》提出品茶十三宜、七禁忌，许次纾《茶疏》所论则最为全面。

《茶疏·饮时》中列举了各种宜于饮茶的时机和心境："心手闲适，披咏疲倦，意绪棼乱，听歌闻曲，歌罢曲终，杜门避事，鼓琴看画，夜深共语，明窗净几，洞房阿阁，宾主款狎，佳客小姬，访友初归，风日晴和，轻阴微雨，小桥画舫，茂林修竹，课花责鸟，荷亭避暑，小院焚香，酒阑人散，儿辈斋馆，清幽寺观，名泉怪石。"《茶疏·宜辍》指明应该停止饮茶之时："作字，观剧，发书柬，大雨雪，长筵大席，翻阅卷帙，人事忙迫，及与上宜饮时相反事。"《茶疏·不宜用》列举饮茶时不宜使用的器具、人事和果品："恶水，敝器，铜匙，铜铫，木桶，柴薪，麸炭，粗童，恶婢，不洁巾帨，各色果实香药。"《茶疏·不宜近》列举饮茶时不宜靠近的地方为："阴室，厨房，市喧，小儿啼，野性人，童奴相哄，酷热斋舍。"而"清风明月，纸帐楮衾，竹床石枕，名花琪树"则是饮茶"良友"。

屠隆《茶笺·人品》总结道："茶之为饮，最宜精行修德之人，兼以白石清泉，烹煮如法，不时废而或兴，能熟习而深味，神融心醉，觉与醍醐、甘露抗衡，斯善赏鉴者矣。"

二、茶馆与茶俗

清代茶馆业迅速发展，数量众多，如北京名茶馆30多家，上海60多家；分布遍及城市乡镇，甚至在圆明园福海之东同乐园每年新年时，模仿市肆所设买卖街中也设有一家茶馆，乾隆君臣在此新年游乐。

清代茶馆种类丰富、功能齐全。① 以茶饮为主的茶馆，北京人称之为清茶馆，为人们提供饮茶、歇息、休闲场所，以及聚朋会友的公共空间。② 卖茶兼售茶食点心，甚至还经营酒类的茶馆，北京称为荤茶馆。③ 野茶馆，一般开在郊外，馆舍、桌凳、茶具皆简陋，但清静无干扰。④ 卖茶兼营说书、曲艺的茶馆，称为书茶馆。北京东华门外东悦轩、天桥福海轩皆是当时有名的书茶馆，而上海的此类茶馆则主要集中在城隍庙一带。⑤ 茶园戏园。最初是茶馆为了吸引茶客而设戏台，包世臣《都剧赋序》记载，嘉庆年间北京戏园即是"其开座卖剧者名'茶园'"，结构是"其地度中建台，三面皆环以楼"，久之茶园与戏园就合二为一了。上海演艺场所也都以茶园命名，如丹桂茶园等。以至有这样的说法："最早的戏馆统称茶园。"在现代剧场出现之前，茶馆为戏曲演艺提供了场所。⑥ 有些茶馆附设赌场，卖茶只是招牌，来客多为赌博。⑦ 暗中经营色情业，称为花茶馆。⑧ 茶馆因其往来人众巨大，流动性强，使得它成为消息传播的重要场所，历来是地方或社区的信息集散地。晚清上海，巡捕房的侦探、报社记者，多到茶馆打听社会新闻小道消息。晚清四川，由于地域远隔、各种现代传媒手段尚未出现，信息不畅，川人多以茶馆为舆论阵地，在保路运动等重大事件中，茶馆都为舆论号召乡人起了重要作用。在辛亥革命前后的北京，茶馆成了人们了解朝政、议论国事的地方。⑨ 茶馆为其他经济活动提供场所。晚清上海、杭州、北京等城市，都有多种行业——主要是手工艺人、工匠，常年在某一特定茶馆喝茶，待人雇用。晚清上海、苏州等大中小城市都出现了行业茶会，许多行业人士定时在某一茶馆会聚，了解市场行情，讨价还价，协商贸易。茶馆还为各种小买卖人、手工艺人提供买卖场所。晚清茶馆内则有卖瓜子、花生、香烟等。四川成都等地茶馆，还有人在其中提供剃头甚至挖耳朵的服务，还有擦鞋的。

三、明清茶书

从数量上来看，明代茶书创作是中国古代茶书创作的高峰时期，占中国古代茶书总数一半左右。代表性茶书有朱权《茶谱》、田艺蘅《煮泉小品》、陆树声《茶寮记》、陈师《茶考》、张源《茶录》、屠隆《茶说》、张谦德《茶经》、许次纾《茶疏》、熊明遇《罗岕茶记》、罗廪《茶解》、冯时可《茶录》、闻龙《茶笺》、屠本畯《茗笈》、徐渭《煎茶七类》（图5-3）、徐𤊹《茗谭》、黄龙德《茶说》、冯可宾《岕茶笺》、喻政《茶书全集》等。

然而明代茶书亦有其问题，虽然有精彩的原创性茶书，但转抄者多，汇编者更多，甚至有直接易名者，故而一书二名或者同书而不同作者的情况并不鲜见，传抄之中讹误不少，内容选择也有很大的随意性。不过瑕不掩瑜，不论明代茶书存在多么大的问题，它们仍然为后世保存了许多当时茶叶生产制作的资料，后人可以看到，许多文人茶人自己动手采摘制造茶叶，研究采制与泡饮方法对所试茶饮滋味、色泽和香气的影响。张源《茶录》对于"茶道"的论述可谓精炼而经典："造时精，藏时燥，泡时洁；精、燥、洁，茶道尽矣。"而明代文人雅士的品茗雅趣，亦多籍这些茶书得以传载。

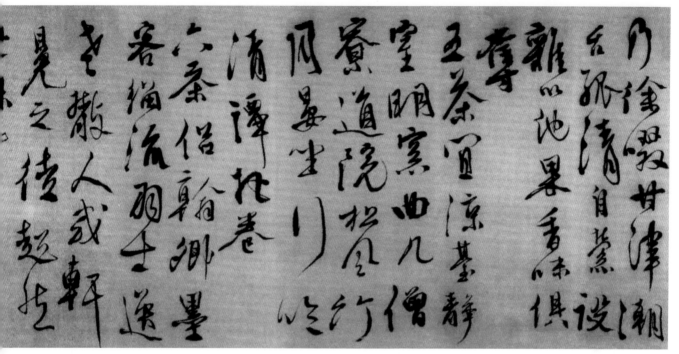

图5-3 徐渭《煎茶七类》局部

清代茶书中既有仿照陆羽《茶经》体例极尽资料搜罗的陆廷灿《续茶经》，篇幅鸿巨，几近10万字；也有关注地域茶事的陈鉴《虎丘茶经注补》、冒襄《岕茶汇钞》等；也有关注阳羡紫砂名壶的吴骞《阳羡名陶录》《阳羡名陶续录》；专注于茶史的刘源长《茶史》、余怀《茶史补》、佚名《茶史》等。而程雨亭《整饬皖茶文牍》是其在皖南茶厘总局道台任上的各种文告，郑世璜《印锡种茶制茶考察报告》则是对华茶竞争对手印度、锡兰茶业的考察，胡秉枢的《茶务签载》、高葆真的《种茶良法》则是清代两部特殊的茶书，前者为中文茶书被译成日文在日本出版，后者为外国人写译的茶书在中国出版，反映了中外茶学与文化的交流，既是茶书也是茶文化发展的一个新方向。

四、明清茶事艺文

明代的茶事诗词虽不及唐宋之盛，但也有许多著名诗人如谢应芳、陈继儒、徐渭、文徵明、于若瀛、黄宗羲、陆容、高启、徐祯卿、唐寅、袁宏道等都写过茶诗，其中不乏佳作。如文徵明《煎茶》："嫩汤自候鱼生眼，新茗还夸翠展旗。谷雨江南佳节近，惠山泉下小船归。山人纱帽笼头处，禅榻风花绕鬓飞。酒客不通尘梦醒，卧看春日下松扉。"陈继儒《无题》："山中日日试新泉，君合前身老玉川。石枕月侵蕉叶梦，竹炉风软落花烟。点来直是窥三昧，醒后翻能赋百篇。却笑当年醉乡子，一生虚掷杖头钱。"全面描绘了明代文人清雅的茶生活。

明代茶文学的主要成就更多地体现在散文、小说方面的发展，如张岱的《闵老子茶》《兰雪茶》等。晚明小品文写茶事颇多，公安、竟陵派代表作家都有茶文传世。文震亨《长物志》卷十二《香茗》、李渔《闲情偶寄》、袁枚《随园食单》中都有写茶或茶具的名篇。明代几部著名的长篇小说中都有大量的茶事描写，《水浒传》《西游记》《拍案惊奇》诸书中有很多关于茶事的描写，《金瓶梅》中茶事则有400余处之多，特别是《金瓶梅》中有着让人眼花缭乱的各色果品茶点，让人们看到明代市民社会茶事生活的丰富与频繁。

清代茶诗文名篇不多，陈章、曹雪芹、爱新觉罗·弘历、郑燮、汪士慎、施润章、连横、丘逢甲等人偶有佳作。茶诗体裁除古风律诗之外，竹枝词、宫词等也多有运用。

清代中国古典小说名著《红楼梦》《儒林外史》《儿女英雄传》《醒世姻缘传》《聊斋志异》等小说中都有茶事描写。特别是《红楼梦》对茶事的描写最为细腻生动且文化内涵丰富。一百二十回《红楼梦》中有一百一十二回共273处写到茶事，描绘的荣宁二府贵族的日常生活中，煎茶、烹茶、茶祭、赠茶、待客、品茶这类茶事活动比比皆是，全面展示了中国传统的茶俗，例如"以茶祭祀""客来敬茶""以茶论婚嫁""吃年茶"，还有"宴前茶""上果茶""茶点心""茶泡饭"等，可以说都是当时社会茶俗文化的文学再现。

清代茶歌演化出专门的"采茶调"，成为南方一种传统的民歌形式。在采茶歌、茶灯歌舞的基础上，在南方诸产茶地发展出独立的戏剧类别——采茶戏，流行于江西、湖北、湖南、安徽、福建、广东、广西等省区。

第六章
明清茶诗书画赏析

经过元代茶文化的转型和过渡期，到明清，开启了一个崭新的阶段。以茶叶制作方式的改变为契机，迎来了茶的品饮方式、茶的器具和茶饮的大普及。

明代的茶树栽培技术较唐宋有不小的进步，并有精细化趋势。茶叶制作技术虽然从程序上较唐宋大大简化，但对茶的自然新鲜感的要求却更为严格。自从明代前期承袭唐宋元的蒸青团饼茶为明太祖否定罢制后，炒青芽茶取得了正统地位，并且炒制技术日益完善。以此为契机，各地各种茶品茶类如雨后春笋，蓬勃发展。同时，由于商业的发展，各种茶商、茶号及茶馆的诞生，形成了普及饮茶的强大物质基础和便利条件，也带动了茶文化的继续繁荣。

新的茶类、新的工艺带来新的泡茶方式，更为新鲜自然的真香、真味、真色，其美妙的品质感受和审美感觉，以及各种饮茶风俗在民间生活中的状态，大大激发了文人艺术家的创作欲望，茶在他们的笔下得到了生动的艺术化的表现。

第一节　明清茶诗书画概述

与唐宋时代艺术家相比，明代的艺术家们对研究茶、品味茶更为热衷，有的甚至成为茶、水、具等方面的专家。他们的作品以多种题材、多种形式，表现茶的各个方面，达到了其他艺术难以达到的水准，这让我们更真切、更近距离地了解明清时期的文人、普通百姓的茶生活，与此同时，也可以欣赏到艺术家以茶为主旨所展示的艺术美感。

一、文化背景

明清时期茶的诗书画作品的内容题材和艺术风格，与当时的社会经济背景和人文背景联系紧密。茶在明清人们生活中的融合度更高，更加世俗，也更加不可或缺。在不同的地域、不同的艺术流派和不同的时期，茶诗书画折射出的艺术美感，蕴含着生活品位，具有强烈的感染力和较高的欣赏价值。

明代，农民归耕、减免赋税，朝廷大力提倡经济作物的种植，这些措施对农业生产起到了积极推动作用。特别是在明代中期以后，由于社会流动的加速、朝政的宽松，在商业化浪潮的冲击下，思想和文化更活跃且具有多样性。随着工商、手工业者地位的提高，意识形态和生活方式、民间风俗等也发生转变，节俭淳朴的社会风气慢慢转向物质享受所带来的快乐。明清之际，由于战争动乱，民生凋敝，至康、乾时期才有中兴之势，经济作物如桑、茶、棉、烟草等种植面积都有大幅增加，仅福建瓯宁一地就有上千个制茶作坊，手工业和商业得到进一步的发展，丝织、陶瓷、铸铁、煮盐等非常兴旺。清代的对外贸易比以前也更兴盛了。

明清文化方面，王守仁（号阳明）的"致良知""知行合一""格物致知"等心性之学，影响至深。其时编纂的《永乐大典》《古今图书集成》《四库全书》成为巨大的文化财富。明清哲学思想反映在茶文化上，如有的茶人对茶的品位和茶艺的研究达到了极为精细微妙的程度，甚至对品茶场所也更讲究，具有雅趣和专一性，对佐茶的食品、品茶的时间场合也总结出宜与不宜。明清文人休闲生活的开展，由日课、书斋、居家，以至山水、习静，皆有其含意，而茶的身影几乎是无处不在。更多的普通百姓、潦倒文人依然喝的是平常茶、大碗茶，没有茶寮书斋，却可以不时去茶馆听戏。茶对所有人都是精神与物质的双重需求。

二、明清诗书画概况

1. 明清诗词

明清诗词总体来说是相当繁荣的，但在反映现实生活的广度和深度方面不如唐宋诗词。比较有影响的如明初高启，他是最有才情的诗人之一，主张"兼师众长"，不囿一家。其他有以杨士奇等为代表的台阁体，以李东阳为代表的自称宗法杜甫而追求声调格律的茶陵诗派，此外，还有如前七子、后七子、公安派、竟陵派等全国性流派。明代诗人也提出了不少诗词创作方面的理论主张。比如前七子反对台阁体，关注现实生活；公安派提倡追随时代，反对贵古贱今；袁宏道的"性灵说"等。

清诗的特点是具有强烈的现实主义精神和民族感情，但大多数重拟古和形式，有比较明显的议论化倾向。清代诗人喜欢"言理"，多以议论为诗，以才学为诗，以文为诗。许多作品被人们称颂，正因为诗中有一种理趣引人入胜。清代诗人长于对事物敏锐而深刻的观察，许多作品能在司空见惯的事物和现象中，阐发出平时不易察觉的道理，使人觉得精警、清新。如沈德潜的"格调说"、厉鹗的形式幽新孤淡、郑燮的关注民生现实、袁枚的"性情说"、翁方纲的"肌理说"等都有一定的特点和可取之处。

2. 明清绘画

明代恢复了宫廷画院，网罗大批艺术家，但因为统治者对宫廷画家们的控制，严重影响了创作者的热情，作品失去了自然清闲、自由活泼的气息，难免有匠气。由于商业经济的发展和市民阶层的扩大，市民文艺广泛形成。同时，文人画的创作已不像宋元那样，以逸品为标准，而是更多地受到了世俗的影响，迎合社会需要。另一方面，西洋美术的传入，对绘画创作产生了重要的影响。明代绘画作品多姿多彩，画派林立，如浙派、江夏派、宫廷派、吴派、华亭派、嘉定派、武林派等，又如丁云鹏、陈洪绶的人物画，沈周、文徵明、董其昌等的山水画均有独特的风格。而沈周、文徵明、唐寅吴门派的花鸟画，则促进了文人花鸟画的真正确立。明代有不少画家是全科多能，如沈周、文徵明、陈洪绶（图6-1）等，大多兼通山水、人物、花鸟各科，而且，从传世作品来看，也都取得了比较重要的成就。

自清朝建立至康熙年间，是清代绘画发展的前期。其间的作品继承晚明的余绪而发展，名家辈出，流派纷呈。以"四王"（王时敏、王鉴、王翚、王原祁）为代表的"正统派"继承晚明董其昌的文人画传统，重视师古人胜于师造化；"四僧"（弘仁、髡残、朱耷、石涛）则重视独特个性的抒发，适应了市民文化思潮，影响了清代中期的非正统派绘画。自雍正至道光年间为清代绘画发展的中后期，这一时期正统派绘画的风格化和模式化日益衰落。其间，扬州派成就令人瞩目，其中的汪士慎、李鱓、金农、黄慎、高翔、郑燮、李方膺、罗聘等，号称"扬州八怪"，其花鸟画最为突出，其次是人物画。江浙等经济文化名城中涌现出一批敢于突破传统、强调师法自然的画家群体，使绘画摆脱了正统派的桎梏而呈现多方面的探索。同时，宫廷绘画又重新得到重视，宫廷绘画机构形成规模，出现了中西合璧的新风格。花鸟画中的八大山人和石涛、恽格，以及宫廷中的邹一桂、郎世宁，海派中的赵之谦、任薰、任颐、虚谷、吴昌硕等，均为时代翘楚，有的开宗立派，一直影响到现代。

图6-1　陈洪绶《品茶图》

3. 明清书法

明代的书法基本以帖学为主，以行草书为最流行，著名书法家有宋克、祝允明、文徵明等。明代还出现了以文彭、何震为开山之祖的明清篆刻艺术，把原来实用的凭符，真正变成了一种文人清玩的艺术，使之具有独立的欣赏价值。

清初至嘉庆、道光之前，主要受董其昌的帖学影响，基本延续了明代的风格；明代的"台阁体"清代称"馆阁体"，工整规范，易于识别，但缺少变化，常被贬说成"乌、方、光"，代表书法家是刘墉。雍正、乾隆时期，因大兴文字狱，不少文人士大夫埋首金石考据，于是引发了碑学，因此，北碑风格的书法大行其道。代表书法家是何绍基、邓石如、伊秉绶、包世臣、赵之谦、吴昌硕、康有为等。明代篆隶善写者极少，清初篆隶书依旧不多，但在碑学兴起后，篆隶书创作及作品逐渐多了起来。另有一批画家出身的书法家，开启了清代"尚趣"的先河。而篆刻艺术更是流派纷呈，如以丁敬为首的浙派和西泠八家，以邓石如为首的皖派，另外自成一派的赵之谦和吴昌硕也均是一代宗师。

三、明清茶诗书画的艺术特征

在明清社会的大背景下，文人艺术家有关作品自然具有鲜明的时代感。明清艺术家笔下的茶文化追求人与茶、人与自然的高度契合，茶与他们的生活和创作水乳交融，浑然一体。作品的生活气息更浓，表现的艺术美感更具生活的真实感，表现的内容更具有写意性和典型性。

明清时期，不少书画艺术家如唐寅、郑板桥等本身也是诗人，作品既有茶诗，也有茶书画。书法与诗词有密切相关性，一方面不少书法家又是诗人，另一方面，作为题材，茶诗也是书法表现的重要内容。此外，咏茶书画也有不同的艺术流派，如吴门派文徵明、沈周，"扬州八怪"郑板桥、金农，海派吴昌硕，浙派陈鸿寿等。足见茶文化对书画艺术创作的浸润及推动力。

茶的诗词题材涉及名茶、茶圣陆羽、煎茶、饮茶、名泉、采茶、造茶、煮茶、茶具、茶园、茶功等。书法题材有唐宋咏茶诗句、自作诗、茶人遗迹题跋等。绘画题材有文人雅集、茶会、山居清供等，更有市井茶生活的优美片段。

明清茶诗书画的风格和题材确立了作者的文化视角与表现方式。以茶为题材的作品呈现出茶的美学特性。在这些作品里，我们可以领会到一盏茶所蕴含着的情、理、趣，从一笔一画、一咏一唱中体会茶的静、淡、清，也能感受到芸芸众生的喜怒哀乐，大千世界的春夏秋冬。

第二节　明清经典茶诗词

明清茶诗词虽未达到唐、宋时期的高峰，但在时代性和题材、风格及境界上，自有其不可替代之处。据陈宗懋、杨亚军主编《中国茶经》载，明代约有160余人写过近1000首茶诗词，仅文徵明就写了150多首；清代约有380余人写过1700余首茶诗。体裁除传统的古诗、律诗、绝句、竹枝词、宫词、茶词，还有"道情"等。

一、明代经典茶诗词赏析

1. 高启《采茶词》

雷过溪山碧云暖，幽丛半吐枪旗短。

银钗女儿相应歌，筐中摘得谁最多？

归来清香犹在手，高品先将呈太守。

竹炉新焙未得尝，笼盛贩与湖南商。

山家不解种禾黍，衣食年年在春雨。

【解读】高启（1336—1374），字季迪，长洲（今江苏苏州）人。元末曾隐居吴淞江畔的青丘，因自号青丘子。明初著名诗人，与杨基、张羽、徐贲合称"吴中四杰"。作品崇尚写实，描摹景物时细致入微。

诗的开篇描绘了一派欢快景象：惊蛰伊始，雨过天晴，溪山渐暖，茗芽初吐，银钗女儿，对歌采茶，相互竞赛，其乐融融。然而后半段突然一转。"归来清香犹在手，高品先将呈太守。竹炉新焙未得尝，笼盛贩与湖南商。"言说茶香犹在手，采制的茶叶自己还未来得及品尝，就要将最好的献给征收贡茶的官府。为了生存，茶农把茶叶供官后，其余全部都卖给商人，自己却舍不得尝新。最后两句实写"山家"茶农，他们不可能种植粮食，赖以生存的唯有这春雨新茶。作者对茶乡女儿的淳朴、天真、可爱进行了生动描述，也对他们生活的艰辛寄予了深切的同情。

2. 唐寅题《品茶图》

买得青山只种茶，峰前峰后摘春芽。

烹煎已得前人法，蟹眼松风娱自嘉。

【解读】唐寅（1470—1523），字伯虎，一字子畏，号六如居士、桃花庵主、鲁国唐生、逃禅仙吏等，据传于明宪宗成化六年庚寅年寅月寅日寅时生，故名唐寅。吴县（今江苏苏州）人。才气横溢，诗文擅名，与祝允明、文徵明、徐祯卿并称"江南四才子"，画名更著，与沈周、文徵明、仇英并称"吴门四家"。唐伯虎有《事茗图卷》《品茶图》《琴士图》《赋琴品茗图》等多幅茶事绘画。大多格调超逸，富品茗情趣和幽雅意境（图6-2）。

唐寅能诗善画，这首茶诗就是唐寅在他绘制的《品茶图》上亲笔题的诗。《品茶图》中一位雅士稳坐于松竹茅屋中，神情专注地望着身前煎茶煮水的童子，似与之交谈。旁边还有一间草屋，有一童子正在准备茶事。饮茶场景正是明代茶寮的体现。画家在诗中道出了自己的一种理想生活。由于仕途

图6-2 唐寅《品茶图》

不得志，唐寅在饮茶作画中经常流露出怀才不遇、孤芳自赏的情怀。这首诗格调清新，表达了画家豁达自信和洁身自好的心态。

3. 陆容《送茶僧》

江南风致说僧家，石上清泉竹里茶。

法藏名僧知更好，香烟茶晕满袈裟。

【解读】陆容（1436—1497），字文量，号式斋，太仓人。性至孝，嗜书籍，与张泰等齐名，时号"娄东三凤"。

这首《送茶僧》贴切地描述了茶与僧之间的渊源。"天下名山僧占多"，名山出名茶，如著名的蒙顶茶、武夷岩茶、黄山毛峰、华顶云雾、雁荡毛峰等名茶，无不出自名山。名山多庙寺，茶与僧常因此相辅相成，声名与共。僧侣对茶艺的发展曾起过重要作用。僧人旷日持久地坐禅，需要茶提神驱眠。加之茶树终年常青碧绿，富有生气；茶性净洁平和，久饮益思；助人寂静斯文，稳健开神，故与僧人结下了不解之缘。法藏，唐代名僧，是华严宗三祖，华严体系实际构建者。

4. 王世贞《解语花·题美人捧茶》

中泠乍汲，谷雨初收，宝鼎松声细。柳腰娇倚，熏笼畔斗把碧旗碾试。兰芽玉蕊，勾引出清风一缕。颦翠蛾，斜捧金瓯，暗送春山意。

防袅露鬟云髻，瑞龙涎犹自，沾恋纤指。流莺新脆，低低道，卯酒可醒还起。双鬟小婵，越显得那人清丽。临饮时，须索先尝，添取樱桃味。

【解读】王世贞（1526—1590），字元美，号凤洲、弇州山人，今江苏太仓人，明代文学家、史学家。"后七子"领袖之一。据《明史·王世贞传》记载他："声华意气笼盖海内。一时士大夫及山人、词客、衲子、羽流，莫不奔走门下。"

此词为题美人捧茶图，上阕写斗茶之景，下阕写美人捧茶，表现文人士大夫品茶斗茶的审美情趣。面对一幅无声之画，作者描绘得有声有色，有情有义，有动作有细节，勾画出"小鼎长泉烹佳茗"的情景。"中泠乍汲"写泉水，"谷雨初收""兰芽玉蕊"写春芽，"宝鼎"写佳器，"清风一缕"写茗香，深合文人清雅之意。烹茶宝鼎，蟹眼松声，旗枪碾试，兰芽玉蕊，此情景更添几份优雅的是：翠娥捧茶，小婵侍茶，秋波暗送，流莺低语，樱桃小口啜茶，留下芳唇馨香。美人捧茶，鲜活伫立面前，此情景焉能不醉于茶？本诗虽有艳词之嫌，却可通过它了解明代宫廷或富贵之家、文人雅士饮茶的奢华靡丽情景。

5. 王世懋《苏幕遮·夏景题茶》

竹床凉，松影碎，沉水香消，尤自贪残睡。无那多情偏著意，碧碾旗枪，玉沸中泠水。

捧轻瓯，沽弱醅，色授双鬟，唤觉江郎起。一片金波谁得似，半入松风，半入丁香味。

【解读】王世懋（1536—1588），字敬美，别号麟州、少美，今江苏太仓人。是明代文学家、史学家王世贞之弟，好学善诗文，著述颇丰，而才气名声亚于其兄。

此词写慵懒夏日，小睡初起，碾碧绿旗枪，烧中泠之水，轻捧茗碗，啜饮佳茗。有了好茶、好器、好水，自然还需佳人在侧相伴。纤纤素手，微微酡颜，阳光下，一杯茶汤泛着金光，似乎听见清风拂过松林，闻到丁香悠悠香韵。

在古代文人茶客们眼里，茶似美人，美人似茶，是千古佳话。正如苏轼的名句成联"欲把西湖比西子，从来佳茗似佳人"。

二、清代经典茶诗词赏析

1. 郑燮《竹枝词》

<blockquote>
潆江江口是奴家，郎若闲时来吃茶。

黄土筑墙茅屋盖，门前一树紫荆花。
</blockquote>

【解读】郑燮（1693—1766），字克柔，号板桥，江苏兴化人，清代著名书画家、文学家。作为"扬州八怪"之一的郑板桥诗、书、画世称"三绝"，他为官清廉，为政有才干，痛恨官场腐败作风，对下层百姓有深厚的感情。他曾经写过"衙斋卧听萧萧竹，疑是民间疾苦声。些小吾曹州县吏，一枝一叶总关情"。

清雅和清贫是郑板桥一生的写照。茶是郑板桥生活中的重要部分，也是他创作的伴侣，茅屋一间，新篁数竿，雪白纸窗，微浸绿色，独坐其中，一盏雨前茶，一方端砚石，一张宣州纸，几笔折枝花。他写下了很多的茶诗茶联，其中"墨兰数枝宣德纸，苦茗一杯成化窑""楚尾吴头，一片青山入座；淮南江北，半潭秋水烹茶""从来名士能评水，自古高僧爱斗茶""白菜青盐粯子饭，瓦壶天水菊花茶""不风不雨正清和，翠竹亭亭好节柯。最爱晚凉佳客至，一壶新茗泡松萝"都是非常有名的茶联诗句。郑板桥喜欢将茶饮与书画并论，饮茶的境界和书画创作的境界往往十分契合。

竹枝词，是古代巴蜀民歌演变而成的一种诗体，以吟咏风土为特色。这首竹枝词是一首清新淳朴的情歌，也是一首明快、晓畅的茶诗，是用恬淡、自然的风格营造出水墨画一样写意的江南风光，勾画出一个性格开朗、大胆执着、春心萌动的江南少女形象，表现出她的温柔多情、朴素清雅。

2. 爱新觉罗·弘历《观采茶作歌》

<blockquote>
火前嫩，火后老，惟有骑火品最好。

西湖龙井旧擅名，适来试一观其道。

村男接踵下层椒，倾筐雀舌还鹰爪。

地炉文火续续添，乾釜柔风旋旋炒。

慢炒细焙有次第，辛苦工夫殊不少。

王肃酪奴惜不知，陆羽茶经太精讨。

我虽贡茗未求佳，防微犹恐开奇巧。

防微犹恐开奇巧，采茶竭览民艰晓。
</blockquote>

【解读】爱新觉罗·弘历（1711—1799），即清高宗，世称乾隆皇帝。乾隆在位六十年，励精图治，使清朝进入鼎盛时期。

乾隆是一位嗜茶者，几乎尝遍天下名茶。相传乾隆在品饮狮子峰胡公庙前的龙井茶后，对其香醇的滋味赞不绝口，封庙前十八棵茶树为"御茶"，至今，这里已成为一个著名的旅游景点。乾隆还是一位品泉大家，他有一个特制的银斗，用以量取全国名泉的轻重，以此来评定泉水优劣。

乾隆对茶非常钟情，在紫禁城以及其他皇家园林中拥有着众多茶室。他首创的重华宫三清茶宴，豪华隆重，极为讲究，可谓当今春节茶宴活动的起始。晚年退位后，还在北海镜清斋内专设"焙茶坞"，用以品鉴茶水。乾隆享年88岁，是历代帝王中的高寿者。

乾隆性喜游览，曾六次南巡，巡视江南期间，多次到西湖龙井茶产地龙井泉畔品茶，也写过《观采茶作歌》《坐龙井上烹茶偶成》《再游龙井》等多首关于龙井茶的诗。

　　此首七言古诗是乾隆第一次游西湖天竺观采茶时所作,对炒制龙井茶的火候、技艺、工序作了很详细的描述,其中"地炉文火续续添,乾釜柔风旋旋炒。慢炒细焙有次第,辛苦工夫殊不少"几句,十分贴切准确。

　　诗歌描述作者以帝王之尊亲眼看见龙井茶区采茶时间、采摘标准、茶叶加工的环境、制茶的工艺及茶农们的"辛苦工夫",以王肃酪奴之典故、陆羽《茶经》之精繁做比较,强调自己执政纳贡的茶,不一定要最精良的,而是要注重每个细节的把握,绝对不允许投机取巧来加重茶农的负担,表达了对民生问题的关注(图6-3)。

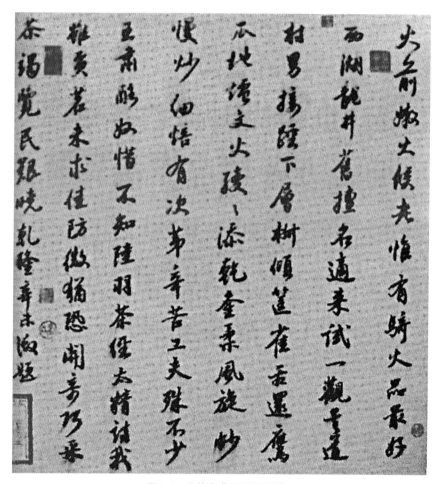

图6-3　清乾隆《观采茶作歌》

3. 陈章《采茶歌》

风篁岭头春露香,青裙女儿指爪长。

度涧穿云采茶去,日午归来不满筐。

催贡文移下官府,那管山寒芽未吐。

焙成粒粒比莲心,谁知侬比莲心苦。

　　【解读】陈章(生卒年不详),字授衣,一字竹町,号绂斋,清浙江钱塘(今杭州)人。以布衣举"博学鸿词",力辞不就。风篁岭,在杭州西湖南山,为龙井茶主产区。

这首七言古诗写采茶之艰辛。茶叶是劳动密集型的农产品，尤其是在古代社会，采茶、制茶等都要依靠手工劳动，"茶树是个时辰草，早采三天是个宝，迟采三天变成草"，因此必须争时间、抢速度，及时加以采摘。采茶是非常艰辛的体力活。再加上日益加重的茶税，广大茶农是不堪重负。这首诗歌充分揭露贡茶给人民带来的苦难。

4. 蔡廷弼《卖花声·焙茶》

三板小桥斜，几稜桑麻。旗枪半展采新茶。十五溪娘纤手焙，似蟹爬沙。

人影隔窗纱，两鬓堆鸦。碧螺山下是侬家。吟渴书生思斗盏，雨脚云花。

【解读】蔡廷弼（1741—1821），号古香，别号看云山人。清浙江德清人。

这首词用词浅显明丽，格调清新优雅。一开篇就为我们描绘出一幅生机盎然的茶山图，桑麻、茶园、小桥、流水、半展的旗枪、清丽的农舍、采茶焙茶的少女，还有吟诗的书生，一切都是那么和谐、美好。

这首词用清丽婉转的语言描绘了焙制碧螺春茶的情景：碧螺山下，溪泉之畔，有制茶经验的农家少女正用纤纤素手焙制碧螺春茶。诗人透过窗纱，悄悄地凝视着少女浓密的秀发和娴熟焙茶的身影。想象中，似乎已经看到茶盏中游移如云的美丽汤花，闻到了悠悠茶香，产生了想立刻品尝新茶的强烈欲望。

5. 张奕光《梅》

香暗绕窗纱，半帘疏影遮。

霜枝一挺干，玉树几开花。

傍水笼烟薄，隙墙穿月斜。

芳梅喜淡雅，永日伴清茶。

【解读】张奕光（生卒年不详），字东亭、兰佩，清浙江钱塘（今杭州）人。擅写回文诗。《梅》正是一首经典回文茶诗。

回文诗是一种按一定法则将字词排列成文，回环往复都能诵读的诗，有多种形式，如"通体回文""就句回文""双句回文""本篇回文""环复回文"等。

《梅》是"通体回文"诗，从末尾一字倒读至开头一字，另成一首诗。其诗倒读为："茶清伴日永，雅淡喜梅芳。斜月穿墙隙，薄烟笼水傍。花开几树玉，干挺一枝霜。遮影疏帘半，纱窗绕暗香。"两首茶诗均意境优美。试想，手捧一瓯清茶，静坐小室窗边，只看流泻清辉的明月、几枝瘦骨梅花，清雅的茶香、花香萦绕，人生中，这种情境不可多得！

第三节　明清经典茶书法

明清时期的茶书法作品中出现的对名茶品饮吟咏，对相关事物的品评鉴赏，对古风的追崇倾慕，都是当时文人艺术家常见的生活元素。其中有事实、有情怀，是对当时茶文化的生动写照。

一、名茶

1. 文徵明《游虎丘诗》

文徵明（1470—1560）初名璧，以字行，别字徵仲，号衡山，因官至翰林待诏，故称"文待诏"。明长洲（今江苏省吴县）人。诗文、书画皆清远有致，与徐祯卿等四人并称"吴中四才子"。在画史上与沈周、唐寅、仇英合称"明四家"，又称"吴门四家"。文徵明为人谦和而耿介，不事权贵，任官不久便辞官归乡。留有《甫田集》。

文徵明《游虎丘诗》藏苏州博物馆，书于嘉靖甲午，时年65岁。书法长卷形式，大字行书，纸本，510厘米×43厘米，共74字，每字如拳大。内容如下：

> 短薄祠前树郁蟠，生公台下石巉颜。
>
> 千年精气池中剑，一壑风烟寺里山。
>
> 井冽羽泉茶可试，草荒支涧鹤空还。
>
> 不知清远诗何处，翠蚀苔花细雨斑。
>
> 高贤寻壑共经丘，偶得追从续旧游。
>
> 陆羽甘泉春试茗，王珣祠老暮维舟。
>
> 风檐落落铃相语，雨径登登屦似油。
>
> 怪是酣吟留不去，水云千顷正当楼。
>
> 夏月暑酷，无以为遣，偶得佳纸，援笔聊仿山谷墨法。
>
> 嘉靖甲午六月既望也 徵明

虎丘最早是春秋时期吴王阖闾的游憩处。自古有三眼名泉，据说还有大量殉葬的名剑，故一有"剑池"之称。自从东晋王珣、王珉兄弟舍宅建寺后，虎丘更成了苏州主要胜迹之一。剑池之外，尚有憨憨泉。憨憨泉，梁武帝时高僧憨憨所凿，水质清冽，僧人汲以煮茗待客。寺僧虚堂有诗："陆羽若教知此味，定应天下水无功。"另外，"千人石"右侧"冷香阁"北面的"陆羽井"，传为陆羽开挖。

文徵明晚年学黄山谷书法，此诗就是以黄山谷笔意所写，但其中还是保留着他自己的温文尔雅的风格。诗文中不避重复地使用羽、泉、试、茶、茗等，可见其一片怀古慕贤的真挚情怀（图6-4）。

图6-4 文徵明《游虎丘诗》（局部）

2. 汪士慎《幼孚斋中试泾县茶》

汪士慎（1686—1759），清代著名画家，书法家，"扬州八怪"之一，字近人，号巢林、溪东外史等，安徽休宁人，寓居扬州。其书工分隶，善于画梅，痴迷茶饮。暮年一目失明，仍能为人作书画，自刻一印云："尚留一目看梅花"，后来，双目俱瞽，但仍挥写，署款"心观"二字。著有《巢林集》。

汪巢林的隶书以汉碑为宗，《幼孚斋中试泾县茶》（图6-5）可谓是其隶书中的一件精品。值得一提的是，所押白文"左盲生"一印，说明此书作于他左眼失明以后。该诗是汪士慎在管希宁（号幼孚）的斋室中品试泾县茶时所作。全文为：

> 不知泾邑山之涯，春风茁此香灵芽。
>
> 两茎细叶雀舌卷，蒸焙工夫应不浅。
>
> 宣州诸茶此绝伦，芳馨那逊龙山春。
>
> 一瓯瑟瑟散轻蕊，品题谁比玉川子。
>
> 共向幽窗吸白云，令人六腑皆芳芬。
>
> 长空霭霭西林晚，疏雨湿烟客忘返。

这首七言长诗通篇气韵生动，笔致动静相宜，方圆合度，结构精到，茂密而不失空灵，整馈而暗相呼应。更为珍贵的是，通过这件书法作品，留下了几百年前泾县茶的神韵。

二、品鉴

品评鉴赏是明清书法家在对待茶事时的常见方式，这里选择明代徐渭书法《煎茶七类》和清代赵之谦篆刻《茶梦轩》，分别感受书法、篆刻艺术及其文字内容所表现出来的对饮茶人事、用水、环境等条件要求和对茶字沿革的考证评论。

1. 徐渭《煎茶七类》

徐渭（1521—1593），字文长，号天池山人、青藤道人，山阴（今浙江绍兴）人。徐渭一生生活艰苦，但他多才多艺，擅长诗文、书画、戏曲。徐渭在中国书法史上属于"狂士"一类书法家，能追求新意，用笔狂放，不受一般法则的束缚。

图6-5　汪士慎隶书《幼孚斋中试泾县茶》

徐渭《煎茶七类》（图6-6），1575年前后撰，藏于北京荣宝斋。此卷行书写就，带有较明显的米芾笔意，笔画挺劲而腴润，布局潇洒而不失严谨，纵横流利，奇逸超迈。《煎茶七类》另有刻帖，原石现藏浙江上虞文化馆。

《煎茶七类》全篇250字左右，分为人品、品泉、烹点、尝茶、茶宜、茶侣、茶勋七则，与陆树声《茶寮记》中的"煎茶七类"相同。徐渭对茶文化的贡献是杰出的，他不仅写了不少的茶诗，还依陆羽之范，撰有《茶经》一卷，可惜的是，徐渭的《茶经》今天已经无法看到了。

《煎茶七类》主要文字内容如下：

一，人品。煎茶虽微清小雅，然要须其人与茶品相得，故其法每传于高流大隐、云霞泉石之辈、鱼虾麋鹿之俦。

二，品泉。山水为上，江水次之、井水又次之。井贵汲多，又贵旋汲，汲多水活，味倍清新，汲久贮陈，味减鲜冽。

三，烹点。烹用活火，候汤眼鳞鳞起，沫浡鼓泛，投茗器中，初入汤少许，候汤茗相浃，却复满注。顷间云脚渐开，浮花浮面，味奏全功矣。盖古茶用碾屑团饼，味则易出，今叶茶是尚，骤则味亏，过熟则味昏底滞。

四，尝茶。先涤漱，既乃徐啜，甘津潮舌，孤清自蒙，设杂以他果，香、味俱夺。

五，茶宜。凉台静室，明窗曲几，僧察道院，松风竹月，晏坐行吟，清谭把卷。

六，茶侣。翰卿墨客，缁流羽士，逸老散人或轩冕之徒，超然世味者。

七，茶勋。除烦雪滞，涤醒破睡，谭渴书倦，此际策勋，不减凌烟。

不独书法，其内容涉及品茶艺术的方方面面，对于我们了解明人的品茶要求、技艺及情趣都有很高的文献价值，足资借鉴。特别是"煎茶虽微清小雅，然要领其人与茶品相得"直击文化核心问题，尤其值得重视与深思。

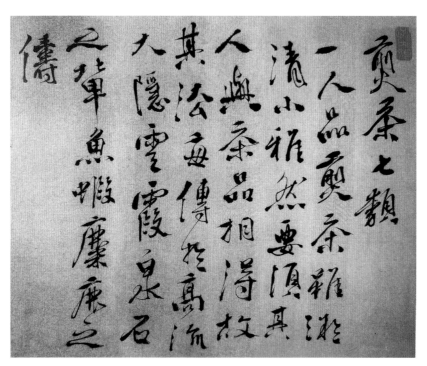

图6-6 徐渭《煎茶七类》（局部）

2. 赵之谦《茶梦轩》（篆刻）

赵之谦（1829—1884），浙江会稽（今绍兴）人，咸丰举人。赵之谦是晚清著名的艺术家和金石学家，诗书画印、碑刻考证无一不精。著有《补寰宇访碑录》《六朝别字记》等。其篆刻初学浙派、邓派，继而上溯秦汉古印。约在三十五岁之后，立志变法，广泛地将战国钱币、秦权诏版、汉碑额篆、汉灯、汉镜、汉砖以及天发神谶碑、祀三公山碑等文字融合入印，终于自立门户，开一派新风，对后来的篆刻艺术创作产生了巨大的影响，实现了他"为六百年摹印家立一门户"的志愿。赵之谦流传作品相对较少，但就在这为数不多的篆刻作品中，这方"茶梦轩"及其边款却格外引人注目。

该印的章法虚实对比强烈而线条匀实，用刀稳健，结字朴茂，有汉印遗风。其边款文字更具特色。赵之谦的篆刻艺术特点之一，就是常将金石考证文字刻记于印款上，这些边款可以视作他金石论著的一种特殊形式。"茶梦轩"一印的边款寥寥三十字，却是对"茶"字字源的考证。全文如下：

"说文无茶字，汉茶宣、茶宏、茶信印皆从木，与茶正同，疑茶之为茶由此生误。"

关于茶字字源，多数人认为是自中唐始由荼字减笔为茶字。清代学者顾炎武在《唐韵正》等著作中曾论及"梁以下始有今音，又妄减一画为茶字"，但未能注明出处。又称："此字变于中唐以下也。"但是，顾氏所论是指真书而言。"茶"字在汉代篆书中已初具萌芽之事，在赵之谦之前少有人提出过，赵之谦的印跋是明确将"茶"字的形变历史上溯到汉代。

从文字学的角度看，"荼"省略一笔为"茶"发生在汉代，是完全合乎逻辑的。赵之谦边款中所举三例汉印，原印印蜕已不可复见，但在有关字书中却有记载。赵之谦作品中的"茶"字借鉴了汉印中的文字形体。按文字学观点看，将篆书"荼"写成"茶"，已不合六书，有逾于规矩。但有意思的是，赵之谦并不排斥这个"误字"，而是大胆地引进于自己的作品，体现出一种博采旁求的气魄来。赵之谦既是一位精严朴实的金石学家，同时也是个极富创造力的艺术家，这在"茶梦轩"中得到了完美的统一。所以，这件篆刻作品不仅是篆刻艺术创作的优秀范例，而且也是茶史、茶文化研究的宝贵资料（图6-7）。

图6-7　赵之谦篆刻《茶梦轩》

三、思古

时至清代，碑学渐兴，书法从中汲取的营养在创作时逸兴勃发，摆脱帖学，不拘陈法，大胆改新，作品形式上面貌焕然一新。但是，他们的内心却对古风有着深深的怀念。在"扬州八怪"的艺术作品中，尤其具有典型性。

1. 金农《越纸古瓯》对联

金农（1687—1763），钱塘（今杭州）人，字寿门，号冬心，别号很多。金农与汪士慎一样，对茶有深深的喜好，特别是与汪士慎的频繁交往，其言行创作也带上了浓浓的"茶味"。金农雅称汪士慎为"茶仙"，而自号"心出家庵粥饭僧"，其命意与汪士慎的"莫笑老来嗜更频，他生愿作抒山民"的遐想相一致。

金农的书法，善用秃笔重墨，有蕴含金石方正朴拙的气派，风神独运，气韵生动，人们形象地称之为"漆书"。著名的有《玉川子嗜茶》《双井茶》隶书轴，隶书《苏东坡茶诗》和隶书《述茶》。

隶书《越纸古瓯》（图6-8）七言联作于1744年，在砑花笺上书成，尺幅为133厘米×29厘米，两幅，藏于上海博物馆。释文："越纸麝煤沾笔媚。古瓯犀液发茶香。乾隆甲子冬日书。古杭金农。"

此联在文辞中透发出幽幽的古人书斋生活的雅趣，细腻地表现了墨韵茶香的和谐相依，更以漆书书体的平实大气，简单而质朴的展示，透露出来的是一种大朴不雕、简约率真之美。由这样的形式感，非常直观地表露了金农对古人生活创作的向往，同时也是表露了自己的审美理想。

图6-8　金农隶书《越纸古瓯》

2. 郑燮《墨兰苦茗》对联

郑燮，人称板桥先生，一生客居扬州，著有《板桥全集》。其书法篆隶楷行参糅，亦间以画法行之。自称"六分半书"，人誉"乱石铺街"。是清代比较有代表性的文人书画家。

郑燮行书《墨兰苦茗七言联》纸本行书165厘米×31厘米，两幅，1738年作，台北故宫博物院藏。释文："墨兰数枝宣德纸。苦茗一杯成化窑。乾隆三年八月廿有四日。又老年学兄。板桥居士郑燮漫题。"

此作落墨运笔，都非常自由轻松，文字的大小错落、参差变化与墨色的枯润浓淡，以及与字法的高古朴茂，形成一种相辅相成的艺术效果，在具有强烈个人风格的同时，不失传统美学的特征。

3. 黄易《茶熟香温且自看》（篆刻）

黄易（1744—1802），字大易，号小松、秋盦，又号秋影庵主、散花滩人。钱塘（今杭州）人，能书善画，爱好诗文，对金石考据之学尤为专心，精于博古，绘有《访碑图》，并著《小蓬莱阁金石文字》等。故隶法中参以钟鼎，愈见古雅，是谓大家。篆刻师法丁敬，有出蓝之誉，与丁敬并称"丁黄"，为"西泠八家"之一。何元锡曾将二人印稿合辑成《丁黄印谱》。他"有小心落墨，大胆奏刀"一语，深得篆刻三昧。

所刻《茶熟香温且自看》（图6-9）阳文印，取法晋之朱文印，方硬茂劲，排列整齐规矩，"茶熟""自看"两字一行，相互对称，"香温且"三字则均匀地安排于其中，七字布局平稳、和谐，一派安详之气。从其篆刻刀法上则可观赏到浙派篆刻特有的切刀法，刻切成点，连切成线，所产生出来的一种斑驳古朴、苍劲挺拔之金石气息笔笔可见。同时，其斑驳之状又似有一种凝练厚重、水墨淋漓的笔墨渗透纸背之效果，令人玩味无穷。另外，印章两边刻有长跋边款，密密麻麻，就如两块袖珍碑石，其中一边刻有明代李日华的诗："霜落蒹葭水国寒，浪花云影上渔竿。画成未拟将人去，茶熟香温且自看。"另一边为百余字的长跋，介绍李氏其人其诗，为此印平添了不少艺术趣味。

图6-9　黄易篆刻《茶熟香温且自看》

第四节　明清经典茶绘画

明清绘画中的茶事正如茶饮本身一样，其形象多见于文人日常生活，作品首先最贴近作者自身的文化活动。此外，偶尔所见所闻，也会触发灵感，在雅集、品鉴中留下不可多得的艺术珍品。

一、雅集

雅集多见于文人的交友、生活中，反映在作品中，既是一种个性的艺术呈现，也是一种社会生活及当时茶事活动的记录，为今天的研究和学习带来有价值的人文参照。

1. 文徵明《惠山茶会图》

《惠山茶会图》（图6-10）系青绿山水风格，是文徵明中期阶段一件较为重要的作品，显示其青绿山水由早期"简淡"趋向"浓丽"的画风转变。本画藏于故宫博物院，纸本，设色，纵21.8厘米，横67.5厘米，无款，有"文徵明印""悟言室印"押于左下角。图中内容是正德十三年（1518）二月十九日清明时节，文徵明与蔡羽、汤珍等七个好友游于惠山，在二泉亭下以茶会兴的一段雅事。所绘人物神形各异，有的坐于泉井边，谈兴正浓，有的正从松下曲径缓缓踱来，惠泉亭边早已置有汤瓶香茗，桌边有一人双手作揖，正在迎接友人的到来，应是此次活动的东道主。

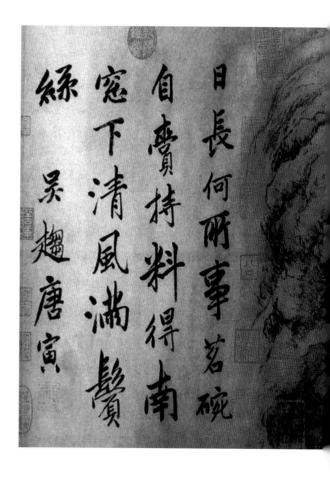

图6-10 《惠山茶会图》（局部）

图6-11　《事茗图》

　　画面上只有待用的茶具和正准备集会的人物，而未画品茶的动作，是一幅茶会之前的序幕图，具有较强的情境纪实性。画面突出了惠泉之井眼，惠山泉水甘冽，宜烹茶，自被唐代陆羽评为"第二泉"后，声名不绝。惠山泉与名茶历来为文人所倾心。同时，惠山赏泉品茶也是文人活动的"保留节目"。

　　文徵明在画中凸显文士雅集山林之乐，也是仰古人之逸趣的企慕心境。体现出远离尘俗纷扰，寄情林壑的自在心境。其作品意境从蔡羽《酌泉惠山》可窥见端倪："惠麓烟中见，名泉拄杖寻。蔽亏多翠木，宛转向云林。世有煎茶法，人无饮水心。清风激修竹，山谷得余音。"

　　2. 唐寅《事茗图》

　　《事茗图》纵31.1厘米，横105.8厘米，纸本设色的山水人物画。现藏于故宫博物院。卷图拖尾有名人陆粲手书行楷《事茗辩》一文，文图相配，烘托画的主题。

　　《事茗图》浓缩了传统中国文化精华，可为难得的佳作。唐寅的"茶画"中，以《事茗图》最享盛誉。画中有自题诗款："日长何所事，茗碗自赉持。料得南窗下，清风满鬓丝。"该画以"陈子事茗"为题材，反映了明代文人悠闲惬意、以茶悟道的庭院书斋生活。画面左侧有巨石山崖，后设茅屋数间于双松之下，远处为群山屏列，瀑布飞泉，瞩瀑流水由远及近，绕屋而行。溪桥上有一人携童子前来。茅屋中有一伏案读书之士，旁设壶盏，隔间里屋有童子烹茶。图中人物动静相宜，画面层次分明，意境悠闲，诗画相称，表现了文人雅士借烹茗追求一种闲适隐归的生活，多少也流露了唐寅遁迹山林的志趣（图6-11）。

图6-12 李方膺《梅兰图》

二、品鉴

1. 李方膺《梅兰图》

李方膺（1695—1755），字虬仲，号晴江，别号秋池、抑园、白衣山人，清代著名画家，"扬州八怪"之一。他擅长画梅兰竹菊等，代表作有《风竹图》《游鱼图》《梅兰图》等。《梅兰图》纵127.2厘米，横46.7厘米，现藏于浙江省博物馆。

《梅兰图》（图6-12）画面右侧花瓶中插着一枝梅花，梅影稀疏，孤傲冷艳，左侧有蕙兰一盆，造型婀娜，飘逸洒脱。梅兰前面有一个壶和一个杯，造型朴实笨拙，憨态可掬。在画的下边有一个长题，内容为："峒山秋片，茶烹惠泉。贮砂壶中，色香乃胜。光福梅花开时，折得一枝归，吃两壶，尤觉眼耳鼻舌俱游清虚世界，非烟人可梦见也。"尤其突出的是，题跋一反传统规矩，很率性地把画面底部几乎填满，生气满满，与画面上部形成疏密对比，并与梅、兰形成呼应与烘托，具有极为强烈的个性和视觉效果。

2. 丁云鹏《卢仝煮茶图》

丁云鹏（1547生—？）1628年尚在。明代画家，字南羽，号圣华居士，安徽休宁人。供奉内廷十余年，师法詹景凤，工书法，学钟繇、王羲之。画白描法李公麟，设色学钱选。善人物，丝发之间而眉睫意态毕具。兼工山水、花卉。晚年风格朴厚苍劲，笔法高古文雅，自成一家。在明末人物画家中，丁云鹏与陈洪绶、崔子忠成鼎足之势。早期隽秀，晚期古拙，以平整为法。

《卢仝煮茶图》藏于台北故宫博物院。图中卢仝身着白色衣衫，坐于山冈平石上，蕉林、太湖石旁有仆人烹茶。卢仝身边伫立者当为孟谏议所遣送茶之人。主人、差人、仆人三者同现于画面，三人的目光都投向茶炉，表现了卢仝得到阳羡茶迫不及待地烹饮的惊喜心情，同时又将孟谏议赠茶、卢仝饮茶过程完整地描摹出来。画面主题突出，人物生动形象，惟妙惟肖，给观者留下了很大的想象余地。

《卢仝煮茶图》（图6-13）是以卢仝茶诗《走笔谢孟谏议寄新茶》内容入题的，但《卢仝煮茶图》更突出了"出世"思想，浓墨重彩似乎都融入了闲情逸致的心境中。

图6-13　丁云鹏《卢仝煮茶图》

三、清赏

在艺术家和文人的眼里，从来看山不是山，看水不是水，当然，看茶也不是茶。茶是什么？是社会，是心情，是爱，是恨，是你，是我，啜上一口，会怦然心动。这大概就是艺术家笔下清标可赏的茶吧。

1. 陈鸿寿《茶熟赏秋图》

陈鸿寿（1768—1822），字子恭，号曼生、曼寿、种榆道人等，钱塘（今杭州）人。曾任溧阳知县、江南海防同知。工诗文、书画，书法长于行、草、篆、隶诸体。行书峭拔隽雅、分书开张纵横。篆刻师法秦汉玺印，旁涉丁敬、黄易等人，印文笔画方折，而自然随意，古拙恣肆而不失浑厚，为"西泠八家"之一。陈鸿寿对紫砂艺术有两大贡献，第一，把诗文书画与紫砂壶陶艺结合起来，在壶上刻题诗文绘画；第二，他设计了诸多新奇款式的紫砂壶，为紫砂壶创新带来了勃勃生机。与杨彭年等合作设计制作宜兴紫砂壶，人称"曼生壶"。

《茶熟赏秋图》，册页，纸本设色，纵24.2厘米，横30厘米，上海博物馆藏。

《茶熟赏秋图》（图6-14）所绘紫砂斗笠壶和菊花，虽然是尺幅小品，但在布局上，非常着意，疏密对角相称，砂壶的夸张朴拙与秋菊的妍丽婀娜形成反差对比。在设色上，冷色调为主，菊花与押印泥色的鲜红，相互映照，生动有趣。特别是作品的题款："茶已熟，菊正开，赏秋人，来不来？"内容通俗、清新并带着丰富的感情色彩，使整件作品具有生命感和亲切感，正如他所倡导的那样，诗文书画要见"天趣"。

图6-14 陈鸿寿《茶熟赏秋图》

2. 吴昌硕《品茗图》

吴昌硕（1844—1927），初名俊，又名俊卿，字昌硕，又署仓石、苍石、老缶、苦铁、大聋、缶道人等。浙江省孝丰县鄣吴村（今湖州市安吉县）人。晚清至民国时期著名国画家、书法家、篆刻家，西泠印社首任社长，与任伯年、蒲华、虚谷合称为"清末海派四大家"。吴昌硕集诗书画印为一身，融金石书画为一炉，在绘画、书法、篆刻上都是旗帜性人物。作品集有《吴昌硕画集》《苦铁碎金》《缶庐近墨》《吴苍石印谱》等。

吴昌硕绘画多以花卉为主，博采徐渭、八大、石涛和"扬州八怪"诸家之长，兼用篆、隶笔意入画，色酣墨饱，雄健古拙。其作品重整体、尚气势，奔放而守有法度，精微而不失气魄。笔墨富有金石气。题款、钤印等的疏密轻重，配合得宜。吴昌硕自言："我平生得力之处在于能以作书之法作画。"

吴昌硕身在茶乡，对茶有很深的感情，尤其在生活艰苦、精神苦恼的时候，是茶帮他重振精神，走出困惑，助他精力充沛地进行艺术创作。

吴昌硕《品茗图》（图6-15），作于1917年，册页，纸本设色，42厘米×44厘米，藏于上海朵云轩。画面中青瓷壶、白瓷杯，墨梅横斜。构图简单，线条朴实厚重，梅花灵动，生机盎然，其题款为"梅梢春雪活火煎，山中人兮仙乎仙"，是画家赏梅品茗时，愉快心情真实而生动的写照。

图6-15 吴昌硕《品茗图》

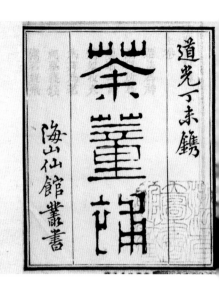

第七章
明清茶著作

古代茶著作，记录了我国茶产业和茶文化在不同历史阶段的发展状况、特点与成就，阐述了中国茶文化的理论基点和发展脉络，传承着中华茶文化的精神。明清茶著作也不例外。本章节主要介绍明清茶著作概况，以及《茶考》《茶录》《茶说》等经典茶著作的选读。

第一节　概况

自唐代陆羽撰写了世界上第一部茶书《茶经》以后，历经宋、元至清末，据陆廷灿《续茶经》所列"茶事著述名目"为67种；现代万国鼎于1958年所编《茶书总目提要》，共列茶书98种。1999年出版的《中国古代茶叶全书》（阮浩耕、沈冬梅、于良子编）借助前人搜集和研究的成果，加上新发现的茶书，共收入茶书64种（其中有7种为辑佚），书后附一佚存目茶书60种，总共为124种。

一、明清品茶艺术

明清茶文化发展到一个崭新的时期，茶饮更为普及，除边疆地区外，百姓所用茶叶基本上是以烘青、炒青为主的散茶。茶的饮用习惯也与此前的唐、宋、元有变化，即由团饼茶碾碎"煮茶""点茶"改变为散茶"冲泡"方法。于是，茶饮显得艺术而又不失方便。随着茶饮方式的转变，茶具的变化也进入到一个新阶段，成为影响茶饮的重要因素之一，并逐渐成为相对独立的一门艺术。

明清时期（1368—1911），新的茶类和饮法的产生，促使了品茶艺术的发展。茶的爱好者群体有了更大的扩展，对茶的研究也随之日益深入。与此同时，茶饮更进一步渗入到文人活动中，并得到了更为广泛的响应。茶饮与修身养性更为密切，茶饮的人文色彩得到进一步发掘。实践与理论总是相辅相成，明清茶事中的种种变革促使了当时茶书著述的兴盛，而明清茶著作对这一切所起到的推动作用也十分巨大。

二、明清茶著作的主要特点

明清茶著作呈现出数量多、有较强的民间性和人文特色、专论和资料汇编均有建树等特点。

1. 著作数量多

明清两代共计茶书有85种之多。特别是明代，这是茶书著述最多的时期，250年间共出书68种，现存33种，辑佚6种，已佚29种；清代共有茶书17种，现存8种，已佚9种。

2. 有较强的民间性和人文特色

由于茶饮风格的改变，茶类的增多，以及茶文化的进一步演进，明清茶著作与唐宋时期偏重于宫廷茶文化不同，从内容来看，最大的特点是充分体现了较强的民间性。对民间新出现的茶饮及其文化现象有着敏锐把握。诸如陈师《茶考》、张源《茶录》（图7-1）、许次纾《茶疏》（图7-2）、朱权《茶谱》、田艺蘅的《煮泉小品》等，对新的泡茶方法、对真假茶的鉴别、对茶具的审美标准及制茶的工艺方法等都有着详细的记载。

3. 专论著作及资料汇编类均有建树

明代周高起的《阳羡茗壶系》是专门研究紫砂茶具历史的

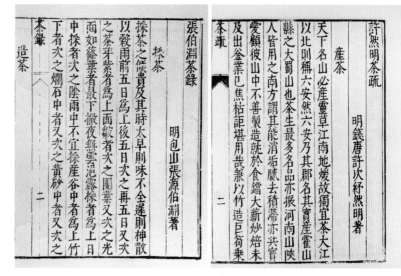

图7-1　张源《茶录》　　　　图7-2　许次纾《茶疏》

专著，清代程淯的《龙井访茶记》是清代有关龙井茶的唯一专著，记述了龙井茶的产地及采摘、炒制方法等内容；程雨亭《整饬皖茶文牍》，详录清末外销出口茶叶"着色掺杂"，以及进口茶机，改进品质的一段史实。明清茶著作对于史料的研究、搜集和汇编也取得了很大的成就。如孙大绶、吴旦辑张又新《煎茶水记》、欧阳修《大明水记》及《浮槎山水记》而成《茶经水辨》；又辑陆羽《六羡歌》、卢仝《茶歌》等而成《茶经外集》；屠本畯摘录唐宋多种茶书资料编成《茗笈》；夏树芳杂录南北朝至宋金茶事而成《茶董》，陈继儒摘录类书、杂考等又编成《茶董补》；更有喻政结集了前人茶书26种，合为颇具规模的《茶书全集》；陆延灿依陆羽《茶经》原目，"采摭诸书以续之"而成近10万字的《续茶经》，资料丰富，是古代茶书中规模最大的一部著作。

第二节　明清茶著作选读

明清时期，因茶的制作方式改变，其品饮方式、器具使用，乃至审美趋向，都与唐宋有了很大的区别。在生产、生活以及人文思想中，茶都呈现出焕然一新的气象。明清茶书在研究、记述这一时期的茶文化内容时，充分体现了名茶众多、茶品求真的时代特点。同时，也呈现出一定的民风民俗和文人活动。在此节选的几篇茶书内容，均具有相当的代表性。

一、陈师《茶考》

1. 提要

陈师（生卒年不详），字思贞，钱塘（今杭州）人。明嘉靖间会试副榜，官至永昌知府。著有《览古评语》《禅寄笔谈》等。万历二十一年（1593），卫承芳评论他说："永昌太守钱塘陈思贞，少有书淫，老而弥笃……口诵耳闻，目睹足履，有会心惬志处，胪列手存，久而成卷……晚有兹编，愈出愈奇。"（《茶考》跋）

《茶考》作于1593年后，为陈思贞晚年之作。全书对陆羽及其著作进行了介绍，涉及对真假茶的甄别，对宋代茶诗中有关的描写进行辨正，并评论了当时各地茶叶名品，特别推崇了苏吴地区的烹茶和藏茶方法。同时，对当时新产生的饮茶方法提出了自己不同的看法。

2.《茶考》正文

陆龟蒙自云嗜茶，作《品茶》一书，继《茶经》《茶诀》之后。自注云：《茶经》陆季疵撰，即陆羽也。羽字鸿渐，季疵或其别字也。《茶诀》今不传。及览事类赋，多引《茶诀》。此书间有之，未广也。

世以山东蒙阴县山所生石藓谓之蒙茶，士夫亦珍重之，味亦颇佳，殊不知形已非茶，不可煮，又乏香气，《茶经》所不载也。蒙顶茶出四川雅州，即古蒙山郡。其图经云，蒙顶有茶，受阳气之全，故茶芳香。《方舆》《一统志》"土产"俱载之。《晁氏客话》亦言出自雅州。李德裕丞相入蜀，得蒙饼，沃于汤瓶之上，移时尽化，以验其真。文彦博《谢人惠蒙茶》云，旧谱最称蒙顶味，露芽云液胜醍醐。蔡襄有歌曰，露芽错落一番新。吴中复亦有诗云，我闻蒙顶之巅多秀岭，恶草不生生淑茗。今少有者，盖地既远，而蒙山有五峰，其最高曰上清，方产此茶。且时有瑞云影见，虎豹龙蛇居之，人迹罕到，不易取。《茶经》品之于次者，盖东蒙山非此也。

世传烹茶有一横一竖，而细嫩于汤中者，谓之旗枪茶。《麈史》谓之始生而嫩者为一枪，浸大而展为一旗，过此则不堪矣。叶清臣著《茶述》曰："粉枪末旗，盖以初生如针而有白毫，故曰粉枪，后大则如旗矣。"此与世传之说不同，亦如《麈史》之意，皆在取列也。不知欧阳公《新茶诗》曰："鄙哉谷雨枪与旗。"王荆公又曰："新茗斋中试一旗。"则似不取也。或者二公以雀舌为旗枪耳。不知雀舌乃茶之下品。今人认作旗枪非是。故沈存中诗云："谁把嫩香名雀舌，定应北客未曾尝。不知灵草天然异，一夜春风一寸长。"或二公又有别论。又观东坡诗云："拣芽分雀舌，赐茗出龙团。"终未若前诗评品之当也。

予性喜饮酒，而不能多，不过五七行，性终便嗜茶，随地咀其味。且有知予而见贻者，大较天池为上，性香软而色青可爱，与龙井亦不相下。雅州蒙茶不可易致矣，若东瓯之雁山次之，赤城之大盘次之。毗陵之罗揩又次之，味虽可而叶粗，非萌芽伦也。宣城阳坡茶，杜牧称为佳品，恐不能出天池、龙舌之右。古睦茶叶粗而味苦，闽茶香细而性硬。盖茶随处有之，擅名即魁也。烹茶之法，唯苏吴得之。以佳茗入磁瓶火煎，酌量火候，以数沸蟹眼为节。如淡金黄色，香味清馥，过此而色赤不佳矣。故前人诗云："采时须是雨前品，煎处当来肘后方。"古人重煎法如此。若贮茶之法，收时用净布，铺熏笼内，置茗于布上，覆笼盖，以微火焙之，火烈则燥。俟极干，晾冷以新磁罐，又以新箬叶剪寸半许，杂茶叶实其中封固。五月八月湿润时，仍如前法烘焙一次，则香色永不变。然此须清斋自料理，非不解事苍头婢子可塞责也。

杭俗烹茶，用细茗置茶瓯，以沸汤点之，名为撮泡。北客多哂之，予亦不满。一则味不尽出，一则泡一次而不用，亦费而可惜，殊失古人蟹眼鹧鸪斑之意。况杂以他果，亦有不相入者。味平淡者差可，如薰梅、咸笋、腌桂、樱桃之类尤不相宜。盖咸能入肾，引茶入肾经消肾，此本草所载，又岂独失茶真味哉。予每至山寺，有解事僧烹茶如吴中，置磁壶二小瓯于案，全不用果奉客，随意啜之。可谓知味而雅致者矣。

永昌太守钱唐陈思贞，少有书淫，老而弥笃。踪脱郡组，市隐通都，门无杂宾。家无长物，时乎悬磬，亦复晏如。口诵耳闻，目睹足履，有会心惬志处，胪列手存，久而成卷。凡数十种，率脍炙人间，晚有兹编，愈出愈奇，岂中郎帐中所能秘也。万历癸巳玄月，蜀卫承芳题。

二、张源《茶录》

1. 提要

张源（生卒年不详），字伯渊，号樵海山人，包山（即洞庭西山，今江苏苏州）人。"隐于山谷间，无所事事，日习诵诸子百家言。每博览之暇，汲泉煮茗，以自愉快。无间寒暑，历三十年，疲精殚思，不究茶之指归不已。"（顾大典《茶录·引》）

此书成于万历（1573—1615）中，全书分为采茶、造茶、辨茶、藏茶、火候、汤辨、汤用老嫩、泡法、投茶、饮茶、品泉、茶具，以及对茶的色香味形的评论。

其内容简明扼要，与其他泛泛抄袭者不同，有不少切实的体会和新意。如："采茶之候，贵及其时，太早则味不全，迟则神散。""造茶"一节叙述精当，便于操作。同时，着重对制茶、煮茶的火候掌握提出了一定的判别标准。烹茶、烹水是此篇的一个重点，提到在不同的季节用不同的烹法，并提出了自己的理论。最后一节是作者对"茶道"的理解："精、燥、洁，茶道尽矣。"

2.《茶录》正文

引

洞庭张樵海山人，志甘恬澹，性合幽栖，号称隐君子。其隐于山谷间，无所事事，日习诵诸子百家言。每博览之暇，汲泉煮茗，以自愉快。无间寒暑，历三十年，疲精殚思，不究茶之指归不已。故所著《茶录》，得茶中三昧。余乞归十载，凤有茶癖，得君百千言，可谓纤悉具备。其知者以为茶，不知者亦以为茶。山人盍付之剞劂氏，即王濛、卢仝复起，不能易也。吴江顾大典题。

采茶

采茶之候，贵及其时，太早则味不全，迟则神散。以谷雨前五日为上，后五日次之，再五日又次之。茶芽紫者为上，面皱者次之，团叶又次之，光面如筱叶者最下。彻夜无云，浥露采者为上，日中采者次之。阴雨中不宜采。产谷中者为上，竹下者次之，烂石中者又次之，黄砂中者又次之。

造茶

新采，拣去老叶及枝梗碎屑。锅广二尺四寸，将茶一斤半焙之。候锅极热，始下茶急炒，火不可缓。待熟方退火，撤入筛中，轻团那数遍，复下锅中。渐渐减火，焙干为度。中有玄微，难以言显。火候均停，色香全美，玄微未究，神味俱疲。

辨茶

茶之妙，在乎始造之精，藏之得法，泡之得宜。优劣定乎始锅，清浊系乎末火。火烈香清，锅寒神倦。火猛生焦，柴疏失翠。久延则过熟，早起却还生。熟则犯黄，生则着黑。顺那则甘，逆那则涩。带白点者无妨，绝焦点者最胜。

藏茶

造茶始干，先盛旧盒中，外以纸封口。过三日，俟其性复，复以微火焙极干。待冷贮坛中，轻轻筑实，以箬衬紧。将花笋箬及纸数重封扎坛口，上以火煨砖冷定压之，置茶育中。切勿临风近火。临风易冷，近火先黄。

火候

烹茶旨要，火候为先。炉火通红，茶瓢始上。扇起要轻疾，待有声稍稍重疾，斯文武之候也。过于文则水性柔，柔则水为茶降；过于武则火性烈，烈则茶为水制。皆不足于中和，非茶家要旨也。

汤辨

汤有三大辨十五小辨。一曰形辨，二曰声辨，三曰气辨。形为内辨，声为外辨，气为捷辨。如虾眼、蟹眼、鱼眼连珠，皆为萌汤，直至涌沸如腾波鼓浪，水气全消，方是纯熟；如初声、转声、振声、骤声，皆为萌汤，直至无声，方是纯熟；如气浮一缕、二缕、三四缕，及缕乱不分、氤氲乱绕，皆为萌汤，直至气直冲贯，方是纯熟。

汤用老嫩

蔡君谟汤用嫩而不用老，盖因古人制茶造则必碾，碾则必磨，磨则必罗，则茶为飘尘飞粉矣。于是和剂印作龙凤团，则见汤而茶神便浮，此用嫩而不用老也。今时制茶，不假罗磨，全具元体。此汤须纯熟，元神始发也。故曰汤须五沸，茶奏三奇。

泡法

探汤纯熟，便取起。先注少许壶中，祛荡冷气倾出，然后投茶。茶多寡宜酌，不可过中失正，茶重则味苦香沉，水胜则色清气寡。两壶后，又用冷水荡涤，使壶凉洁，不则减茶香矣。罐熟则茶神不健，壶清则水性常灵。稍俟茶水冲和，然后分酾布饮。酾不宜早，饮不宜迟。早则茶神未发，迟则妙馥先消。

投茶

投茶有序，毋失其宜。先茶后汤，曰下投；汤半下茶，复以汤满，曰中投；先汤后茶，曰上投。春秋中投，夏上投，冬下投。

饮茶

饮茶以客少为贵，客众则喧，喧则雅趣乏矣。独啜曰神，二客曰胜，三四曰趣，五六曰泛，七八曰施。

香

茶有真香，有兰香，有清香，有纯香。表里如一曰纯香，不生不熟曰清香，火候均停曰兰香，雨前神具曰真香。更有含香、漏香、浮香、问香，此皆不正之气。

色

茶以青翠为胜，涛以蓝白为佳。黄黑红昏，俱不入品。雪涛为上，翠涛为中，黄涛为下。新泉活火，煮茗玄工，玉茗冰涛，当杯绝技。

味

味以甘润为上，苦涩为下。

点染失真

茶自有真香，有真色，有真味。一经点染，便失其真。如水中着咸，茶中着料，碗中着果，皆失真也。

茶变不可用

茶始造则青翠，收藏不法，一变至绿，再变至黄，三变至黑，四变至白。食之则寒胃，甚至瘠气成积。

品泉

茶者水之神，水者茶之体。非真水莫显其神，非精茶曷窥其体。山顶泉清而轻，山下泉清而重，石中泉清而甘，砂中泉清而冽，土中泉淡而白。流于黄石为佳，泻出青石无用。流动者愈于安静，负阴者胜于向阳。真源无味，真水无香。

井水不宜茶

茶经云：山水上，江水次，井水最下矣。第一方不近江，山卒无泉水，惟当多积梅雨，其味甘和，乃长养万物之水。雪水虽清，性感重阴，寒人脾胃，不宜多积。

贮水

贮水瓮须置阴庭中，覆以纱帛，使承星露之气，则英灵不散，神气常存。假令压以木石，封以纸箬，曝于日下，则外耗其神，内闭其气，水神敝矣。饮茶惟贵乎茶鲜水灵，茶失其鲜，水失其灵，则与沟渠水何异。

茶具

桑苎翁煮茶用银瓢，谓过于奢侈。后用瓷器，又不能持久。辛归于银。愚意银者宜贮朱楼华屋，若山斋茅舍，惟用锡瓢，亦无损于香、色、味也。但铜铁忌之。

茶盏

盏以雪白者为上，蓝白者不损茶色，次之。

拭盏布

饮茶前后，俱用细麻布拭盏，其他易秽，不宜用。

分茶盒

以锡为之。从大坛中分用，用尽再取。

茶道

造时精，藏时燥，泡时洁。精、燥、洁，茶道尽矣。

三、黄龙德《茶说》

1. 提要

黄龙德（生卒年不详），字骧溟，号大城山樵。事迹不详。该书是《程氏丛刻》之一种，书前有胡之衍万历四十三年（1615）序，该书一卷原题："明大城山樵黄龙德著，天都逸叟胡之衍订，瓦全道人程舆校。"胡之衍序云："黄子骧溟著《茶说》十章，论国朝茶政，程幼舆搜补逸典，以艳其传。"因此可知，程氏对《茶说》不仅作了校对，同时也有所补充。

全书前有总论一章，论说茶叶制作的历史，并述著作目的，而后分为十部分，即：产、造、色、香、味、汤、具、侣、饮、藏。论述明代茶事，少有援引，详略得当，切于实际。论产地兼作评论优劣真伪；论制造和收藏能细腻入微；其中对茶的品鉴尤为精到。厚今薄古，推崇色香味形的本味真香。同时也论述了不同茶具、饮时、茶友的文化意味。

2. 《茶说》正文

总论

茶事之兴，始于唐而盛于宋。读陆羽《茶经》及黄儒《品茶要录》，其中时代递迁，制各有异。唐则熟碾细罗，宋为龙团金饼，斗巧炫华，穷其制而求耀于世，茶性之真，不无为之穿凿矣。若夫明兴，骚人词客，贤士大夫，莫不以此相为玄赏。至于曰采造，曰烹点，较之唐宋大相径庭。彼以繁难胜，此以简易胜，昔以蒸碾为工，今以炒制为工。然其色之鲜白，味之隽永，无假于穿凿。是其制不法唐宋之法，而法更精奇，有古人思虑所不到。而今始精备茶事，至此即陆羽复起，视其巧制，啜其清英，未有不爽然为之舞蹈者。故述国朝《茶说》十章，以补宋黄儒《茶录》之后。

一之产

茶之所产，无处不有。而品之高下，鸿渐载之甚详，然所详者为昔日之佳品矣。而今则更有佳者焉，若吴中虎丘者上，罗岕者次之，而天池、龙井、伏龙则又次之。新安松萝者上，朗源沧溪次之，而黄山磻溪则又次之。彼武夷、云雾、雁荡、灵山诸茗，悉为今时之佳品。至金陵摄山所产，其品甚佳，仅仅数株，然不能多得。其余杭浙等产，皆冒虎丘、天池之名，宣池等产，尽假松萝之号。此乱真之品，不足珍赏者也。其真虎丘，色犹玉露，而泛时香味若将放之橙花，此茶之所以为美。真松萝出自僧大方所制，烹之色若绿筠，香若兰蕙，味若甘露，虽经日而色香味竟如初烹而终不易。若泛时少顷而昏黑者，即为宣池伪品矣，试者不可不辨。又有六安之品，尽为僧房道院所珍赏，而文人墨士则绝口不谈矣。

二之造

采茶应于清明之后谷雨之前，俟其曙色将开，雾露未散之顷，每株视其中枝颖秀者取之。采至盈篮即归，将芽薄铺于地，命多工挑其筋脉，去其蒂杪。盖存杪则易焦，留蒂则色赤故也。先将釜烧热，每芽四两作一次下釜，炒去草气，以手急拨不停。睹其将熟，就釜内轻手揉卷，取起铺于箕上，用扇扇冷。俟炒至十余釜，总覆炒之。旋炒旋冷，如此五次。其茶碧绿，形如蚕钩，斯成佳品。若出釜时而不以扇，其色未有不变者。又秋后所采之茶，名曰秋露白，初冬所采，名曰小阳春。其名既佳，其味亦美，制精不亚于春茗。若待日午阴雨之候，采不以时，造不如法，籝中热气相蒸，工力不遍，经宿后制，其叶会黄，品斯下矣。是茶之为物，一草木耳。其制作精微，火候之妙，有毫厘千里之差，非纸笔所能载者。故羽云，茶之臧否，存乎口诀，斯言信矣。

三之色

茶色以白以绿为佳，或黄或黑失其神韵者，芽叶受奄之病也。善别茶者，若相士之视人气色，轻清者上，重浊者下，瞭然在目，无容逃匿。若唐宋之茶，既经碾罗，复经蒸模，其色虽佳，决无今时之美。

四之香

茶有真香，无容矫揉。炒造时草气既去，香气方全，在炒造得法耳。烹点之时，所谓坐久不知香在室，开窗时有蝶飞来。如是光景，此茶之真香也。少加造作，便失本真。遐想龙团金饼，虽极靡丽，安有如是清美。

五之味

茶贵甘润，不贵苦涩，惟松萝、虎丘所产者极佳，他产皆不及也。亦须烹点得应，若初烹辄饮，其味未出，而有水气。泛久后尝，其味失鲜，而有汤气。试者先以水半注器中，次投茶入，然后沟注。视其茶汤相合，云脚渐开，乳花沟面。少啜则清香芬美，稍益润滑而味长，不觉甘露顿生于华池。或水火失候，器具不洁，真味因之而损，虽松萝诸佳品，既遭此厄，亦不能独全其天，至若一饮而尽，不可与言味矣。

六之汤

汤者，茶之司命，故候汤最难。未熟则茶浮于上，谓之婴儿汤，而香则不能出。过熟则茶沉于下，谓之百寿汤，而味则多滞。善候汤者，必活火急扇，水面若乳珠，其声若松涛，此正汤候也。余友吴润卿，隐居秦淮，适情茶政，品泉有又新之奇，候汤得鸿渐之妙，可谓当今之绝技者也。

七之具

器具精洁，茶愈为之生色。用以金银，虽云美丽，然贫贱之士未必能具也。若今时姑苏之锡注，时大彬之砂壶，汴梁之汤铫，湘妃竹之茶灶，宜成窑之茶盏，高人词客，贤士大夫，莫不为之珍重，即唐宋以来，茶具之精，未必有如斯之雅致。

八之侣

茶灶疏烟，松涛盈耳，独烹独啜，故自有一种乐趣。又不若与高人论道，词客聊诗，黄冠谈玄，缁衣讲禅，知己论心，散人说鬼之为愈也。对此佳宾，躬为茗事，七碗下咽而两腋清风顿起矣。较之独啜，更觉神怡。

九之饮

饮不以时为废兴，亦不以候为可否，无往而不得其应。若明窗净几，花喷柳舒，饮于春也。凉亭水阁，松风萝月，饮于夏也。金风玉露，蕉畔桐阴，饮于秋也。暖阁红炉，梅开雪积，饮于冬也。僧房道院，饮何清也，山林泉石，饮何幽也。焚香鼓琴，饮何雅也。试水斗茗，饮何雄也。梦回卷把，饮何美也。古鼎金瓯，饮之富贵者也。瓷瓶窑盏，饮之清高者也。较之呼卢浮白之饮，更胜一筹。即有瓮中百斛金陵春，当不易吾炉头七碗松萝茗。若夏兴冬废，醒弃醉索，此不知茗事者不可与言饮也。

十之藏

茶性喜燥而恶湿，最难收藏。藏茶之家，每遇梅时，即以箬里之，其色未有不变者，由湿气入于内而藏之不得法也。虽用火时时温焙，而免于失色者鲜矣。是善藏者亦茶之急务，不可忽也。今藏茶当于未入梅时，将瓶预先烘暖，贮茶于中，加箬于上，仍用厚纸封固于外。次将大瓮一只，下铺谷灰一层，将瓶倒列于上，再用谷灰埋之。层灰层瓶，瓮口封固，贮于楼阁，湿气不能入内。虽经黄梅，取出泛之，其色香味犹如新茗而色不变。藏茶之法，无愈于此。

四、周高起《阳羡茗壶系》

1. 提要

周高起（?—1654），字伯高，江阴（今属江苏）人。康熙《江阴县志》载周高起："颖敏，尤好积书……工为故辞，早岁补诸生，列名第一……纂修县志，又著书读志，行于世。"

《阳羡茗壶系》撰于崇祯十三年（1640）前后。当时他看到："名手所作，一壶重不数两，价重每一二十金，能使土与黄金争价。"所以有此著作。该书一卷，除序言外，分为创始（论紫砂的缘起）、正始（供春为首家的产生以及董翰、赵梁、玄锡、时朋、董文、李茂林）以及大家中的时大彬、李仲芳、徐友泉和各种名家流派、作品的神韵品类、以品系人，列制壶家及其风格品鉴，并论及泥品和品茗用壶之宜。后附有周伯高诗二首，林茂之、俞仲茅诗各一首。该书是研究宜兴紫砂茶具的重要著作。周高起另还著有《洞山岕茶系》一书，专述岕茶源流。

2.《阳羡茗壶系》正文（节选）

创始

金沙寺僧，久而逸其名矣。闻之陶家云，僧闲静有致，习与陶缸瓮者处。抟其细土，加以澄练，捏筑为胎，规而圆之，刳使中空，踵傅口、柄、盖、的，附陶穴烧成，人遂传用。

正始

供春，学宪吴颐山公青衣也。颐山读书金沙寺中，供春于给役之暇，窃仿老僧心匠，亦淘细土抟胚。茶匙穴中，指掠内外，指螺文隐起可按，胎必累按，故腹半尚现节腠。视以辨真。今传世者，栗色暗瘰，如古金铁，敦庞周正，允称神明垂则矣。世以其孙龚姓，亦书为龚春。人皆证为龚。予于吴周卿家见时大彬所仿，则刻供春二字，足折聚讼云。

……

大家

时大彬，号少山，或淘土，或杂碉砂土，诸款具足，诸土色亦具足，不务妍媚，而朴雅坚栗，妙不可思。初自仿供春得手，喜作大壶。后游娄东闻陈眉公与琅琊太原诸公品茶施茶之论，乃作小壶，几案有一具，生人闲远之思，前后诸名家，并不能及。遂于陶人标大雅之遗，擅空群之目矣。

名家

李仲芳，行大，茂林子。及时大彬门，为高足第一，制度渐趋文巧，其父督以敦古。仲芳尝手一壶，视其父曰：老兄，这个何如。俗因呼其所作为老兄壶。后入金坛，卒以文巧相竞。今世所传大彬壶，亦有仲芳作之，大彬见赏而自署款识者。时人语曰：李大瓶，时大名。

徐友泉，名士衡，故非陶人也。其父好时大彬壶，延致家塾。一日，强大彬作泥牛为戏，不即从，友泉夺其壶土出门去，适见树下眠牛将起，尚屈一足。注视捏塑，曲尽厥状。携以视大彬，一见惊叹曰：如子智能，异日必出吾上。因学为壶。

……

别派

壶供真茶，正在新泉活火，旋瀹旋啜，以尽色声香味之蕴，故壶宜小不宜大，宜浅不宜深，壶盖宜盎不宜砥，汤力茗香，俾得团结氤氲。宜倾渴即涤，去厥淳滓，乃俗夫强作解事，谓时壶质地坚洁，注茶越宿暑月不馊，不知越数刻而茶败矣，安俟越宿哉。况真茶如蕈脂，采即宜龚，如笋味触风随劣。悠悠之论，俗不可医。

……

五、陆廷灿《续茶经》

1. 提要

陆廷灿（生卒年不详），字秩昭，一字幔亭，江苏嘉定人，官崇安县知候补主事。崇安县境内有武夷山，正是著名茶区。陆廷灿闲暇之余，好茶事，于采摘、蒸焙、试汤、候火之法，益得其精。据其自述："值制府满公，郑重进献，究悉源流，每以茶事下询，查阅诸书，于武夷之外，每多见闻，因思集为《续茶经》之举。"此外，还撰有《艺菊法》《南村随笔》等。

《续茶经》成书于清雍正十二年（1734），卷首列陆羽《茶经》及宋陈师道撰序、《唐书·陆羽传》。《续茶经》全书分上、中、下三卷，目次依照《茶经》，附录茶法一卷。所续内容，均为辑录唐、宋、元、明、清历代有关资料，唐之前，如《茶经》未录者，也补入其中。其多种古籍中的有关资料，征引十分丰富，分类摘录，较为系统，有不同观点的资料，也采录并存，以示公允，便于聚观。《续茶经》不失为一部较完备的古代茶事资料。

2.《续茶经》正文（节选）

一　茶之源〔段落节选〕

许慎《说文》：茗，茶芽也。

……

《唐韵》：茶字，自中唐始变作茶。

《农政全书》：六经中无茶，茶即茶也。《毛诗》云"谁谓茶苦，其甘如荠"，以其苦而甘味也。夫茶灵草也，种之则利博，饮之则神清。上而王公贵人之所尚，下而小夫贱隶之所不可阙，诚民生食用之所资，国家课利之一助也。

《中原市语》：茶曰渲老。

《百夷语》：茶曰芽。以粗茶曰芽以结，细茶曰芽以完。缅甸夷语茶曰腊扒。吃茶曰腊扒仪索。

徐葆光《中山传信录》：琉球呼茶曰札。

五　茶之煮〔段落节选〕

无尽法师《天台志》：陆羽品水，以此山瀑布泉为天下第十七水。余尝试饮，比余幽溪、蒙泉殊劣。余疑鸿渐但得至瀑布泉耳。苟遍历天台，当不取金山为第一也。

罗大经《鹤林玉露》：余同年友李南金云：《茶经》以鱼目、涌泉连珠为煮水之节。然近世瀹茶，鲜以鼎镬，用瓶煮水，难以候视。则当以声辨一沸、二沸、三沸之节。又陆氏之法，以末就茶镬，故以第二沸为合量而下末。若今以汤就茶瓯瀹之，则当用背二涉三之际为合量也。乃为声辨之诗曰："砌虫唧唧万蝉催，忽有千车稇载来。听得松风并涧水，急呼缥色绿磁杯。"其论固已精矣。然瀹茶之法，汤欲嫩而不欲老。盖汤嫩则茶味甘，老则过苦矣。若声如松风涧水而遽瀹之，岂不过于老而苦哉。惟移瓶去火，少待其沸止而瀹之，然后汤适中而茶味甘。此南金之所未讲也。因补一诗云："松风桂雨到来初，急引铜瓶离竹炉。待得声闻俱寂后，一瓯春雪胜醍醐。"

《中山传信录》：琉球烹茶，以茶末杂细粉少许入碗，沸水半瓯，用小竹帚搅数十次，起沫满瓯面为度，以敬客。且有以大螺壳烹茶者。

六　茶之饮〔段落节选〕

《遵生八笺》：茶有真香，有佳味，有正色，烹点之际，不宜以珍果香草杂之。夺其香者，松子、柑橙、莲心、木瓜、梅花、茉莉、蔷薇、木樨之类是也。夺其色者，柿饼、胶枣、火桃、杨梅、橘饼之类是也。凡饮佳茶，去果方觉清绝，杂之则味无辨矣。若欲用之，所宜则惟核桃、榛子、瓜仁、杏仁、榄仁、栗子、鸡头、银杏之类，或可用也。

《快雪堂漫录》：昨同徐茂吴至老龙井买茶，山民十数家，各出茶。茂吴以次点试，皆以为赝，曰：真者甘香而不洌，稍洌便为诸山赝品。得一二两以为真物试之，果甘香若兰。而山民及寺僧，反以茂吴为非，吾亦不能置辨。伪物乱真如此。茂吴品茶，以虎邱为第一，常用银一两余购其斤许。寺僧以茂吴精鉴，不敢相欺。他人所得虽厚价，亦赝物也。子晋云：本山茶叶微带黑，不甚青翠。点之色白如玉，而作寒豆香，宋人呼为白云茶。稍绿便为天池物。天池茶中杂数茎虎邱，则香味迥别。虎邱其茶中王种耶！岕茶精者，庶几妃后，天池、龙井便为臣种，其余则民种矣。

第八章
茶宴

茶宴就是茶会，佐茶食品不是必需的，却是经常出现的。

随着茶文化的形成，魏晋南北朝借鉴酒宴，茶宴迅速出现，只有其实而无其名。唐代出现了茶宴、茶会、茶集等各种称谓，从唐诗中可以看出其在文人世界颇为流行。宋元对此非常仰慕，留下"古人茶宴亦留诗"的感叹，以茶为核心的饮食活动日益普及，茶宴的名称却不常用。明代茶宴再一次进入诗人视野。清代的茶宴尤其得到乾隆的青睐，出现频率大增。

第一节　种类丰富的茶宴

茶宴按其性质，可分为社交、宗教和政治生活三大类别。

一、社交生活的茶宴

社交性本来就是宴会的基本特征之一，因此社交性茶宴是茶宴的主流。最早的茶宴，史料记载的桓温、陆纳等召集的都是社交性宴会。在唐代，为内弟阎伯均回江州（辖境相当于现在江西省九江、德安、彭泽、湖口、都昌等市县）送行，李嘉祐在招隐寺举行茶宴饯别，为此写了《秋晓招隐寺东峰茶宴，送内弟阎伯均归江州》：

> 万畦新稻傍山村，数里深松到寺门。
>
> 幸有香茶留稚子，不堪秋草送王孙。
>
> 烟尘怨别唯愁隔，井邑萧条谁忍论。
>
> 莫怪临歧独垂泪，魏舒偏念外家恩。

从称茶为"秋草"上看，可以知道茶宴中饮用的是秋茶。阎士和字伯均，广平（今河北鸡泽）人。曾受业于萧颖士。大历中任江州判官，曾至湖州参与皎然等人联唱。李季兰有《送阎伯均往江州》《登山望阎子不至》《送阎二十六赴剡县》《得阎伯均书》等诗，可见关系之密切。招隐寺位于江苏省镇江市南郊招隐山。南北朝著名艺术家戴颙隐居之地，后其女舍宅为寺。招隐寺始建于南朝宋景平元年（432），昭明太子在此编纂了中国第一部文学选集《昭明文选》。宋武帝刘裕屡加诏聘，戴颙均拒诏不出，故称为招隐。

王昌龄则有《洛阳尉刘晏与府掾诸公茶集天宫寺岸道上人房》：

> 良友呼我宿，月明悬天宫。
>
> 道安风尘外，洒扫青林中。
>
> 削去府县理，豁然神机空。

自从三湘还，始得今夕同。

旧居太行北，远宦沧溟东。

各有四方事，白云处处通。

刘晏是唐代著名的经济改革家和理财家，历任吏部尚书同平章事、领度支、铸钱、盐铁等使。实施了一系列的财政改革措施，为安史之乱后的唐朝经济发展做出了重要的贡献。因谗臣当道，被敕自尽。而王昌龄也有着共同的不幸命运。他于开元十五年（727）进士及第，授秘书省校书郎。开元二十二年（734）中博学宏词，授汜水（今河南荥阳县境）尉，再迁江宁丞，故世称王江宁。后获罪被谪岭南。三年后北归。天宝七年（748）谪迁潭阳郡龙标（今湖南黔阳县）尉。安史乱后还乡，道出亳州，被刺史闾丘晓所杀。此诗描述刘晏在洛阳尉上时的一次同僚聚会。地点选在天宫寺岸道和尚的僧房。

这两首诗都给人隐逸的强烈印象，其实这也是唐代茶宴、乃至唐代茶文化的特色，从文化的角度形成了、或者说强化了与酒宴的差异。虽然有些"非主流"，却因此有了更多脱俗的气息。

二、宗教生活的茶宴

说到宗教生活的茶宴，恐怕马上会令人联想到佛教茶礼。我们看一下《敕修百丈清规》法嗣和尚到寺院时接待仪式上的茶汤礼仪。

若法嗣到寺煎点，令带行知事到库司会计，营办合用钱物送纳。隔宿，先到侍司咨禀通覆。诣方丈，插香展拜，免则触礼请云："来晨就云堂聊具菲供，伏望慈悲，特垂降重。"令客头请两序，单寮、诸寮挂煎点牌。

至日，僧堂住持位严设敷陈，及卓袱、衬币之具。火板鸣，大众赴堂。煎点人随住持入堂，揖坐，转身圣僧前烧香，叉手往住持前问讯，转圣僧后出。住持引手揖煎点人坐，位居知客板头。行者喝云："请大众下钵。"行食遍，煎点人起烧香，下床，问讯住持。及行众床，厨司方鸣斋板，就行饭。饭讫，众收钵，退住持卓。煎点人烧香，往住持前问讯。从圣僧后出，炉前问讯。鸣钟，行茶遍，往住持前劝茶。复从圣僧后出，进住持前，展坐具云："此日薄礼屑渎，特辱附重，下情不胜感激之至。"二展寒温，触礼三拜。送住持出，煎点人复归堂烧香，上下间问讯，以谢光伴。复中问讯，鸣钟收盏。次诣方丈谢降重。住持随到客位致谢。

若诸山煎点，候斋办，请住持同赴堂。揖住持坐，住持当免行礼，揖煎点人归位。持行食遍，起烧香，往住持前问讯，下床，俵众人床。烧火伴香。归位伴食。茶礼讲否，随宜斟酌。

继承祖师衣钵而主持一方丛林的法嗣和尚到寺院行茶汤煎点的礼仪，首先代行知事要到库司那里估算费用，准备相应财物。提前一天向各方报告，挂煎点牌。当天僧堂住持设置相应道具，鸣打火板后大众赴堂。煎点人烧香上供，厨司鸣打斋板后用斋，斋后煎点人烧香。鸣钟行茶，首先向住持劝茶，行礼之后送住持，煎点人再回来向大家行礼，感谢陪伴。鸣钟收茶碗，再去方丈感谢。把所有行为全部礼仪化的结果就是一个茶宴（煎点茶礼）中的礼仪活动，异常繁复。

当然，茶宴与宗教的关系并不局限于佛教，清代朱彝尊在《曝书亭集》中收录了一条与在祭祀泰山之后设茶宴的石刻资料《跋唐岱岳观四诗》：

右，唐张嘉贞、任要、韦洪、公孙果四诗，俱刻于岱岳观碑侧，而编岱史者不录。任、韦、公孙三人，新旧《唐书》无考。任又题名云：贞元十四年（798）正月十一日立春，祭岳，遂登太平顶，宿。其年十二月廿一立春，再来致祭，茶宴于兹。盖唐时祭毕犹不用酒，故宴以茶也。

因为祭祀泰山有饮酒的禁忌，所以在泰山的祭祀活动结束之后，任要等人摆开了茶宴。顾炎武也在《金石文字记》中说："曰茶宴者，盖唐时祭毕犹不用酒。"

原本用于沟通神人的酒，在佛教的影响下，被排斥在神坛之外，为茶提供了难得的机会。应该说，茶的兴起对把酒排斥于神圣性活动之外发挥了推波助澜的作用。

三、政治生活的茶宴

政治生活的茶宴主要指朝廷的茶宴，与宗教生活中的茶宴一样具有强烈的礼仪色彩。《金史·礼志》记载，皇统五年（1145）"十月三日，奉上尊谥册宝仪"中有"宣徽使、太常卿导皇帝进就褥位，再拜，上香、茶、酒，乐作，三酹酒，乐止。""大定三年（1163），增上睿宗尊谥。""宣徽院排备茶酒果、时馔、茶食、香花等，并如太祖皇帝忌辰供备之数。"在之后的活动中，又有"奠茶、奠酒"。"朝拜仪"中"初太祖忌辰，皇帝至褥位立，再拜，稍东西向，诣香案前，又再拜，上香讫，复位，又再拜，进食，奠茶，辞神，皆再拜而退。"

"新定夏使仪注"中规定接到夏国出访的通知后，金派出接伴使在国境迎接。沿途宴会，快到京师时，内侍以银盒"贮汤药二十六品"迎接。手续应酬之后，"各就位，请收笏坐，先汤，次酒三盏，置果、肴、茶。"之后揖别。这天金帝也派遣使者到使者下榻的恩华馆，"请收笏坐，汤、酒、肴、茶并如前"。

"到馆之明日，遣使赐酒果"，呈天使等礼物，为次日入觐学习礼仪，同样有酒、果、茶的应酬。

"第三日，入见。"行礼之后，"先馆伴所书表传示，次来使书表传示，依前栏子外立，先揖，当面劝酒一盏，再揖，退。引馆伴来使入客省幕，内为上，对立揖毕，请分位立。先馆伴揖，次展客省起居状，揖，各传示，再揖，通揖。请赴位立，再揖，请收笏坐。先汤，次酒三盏，各有果肴。第二盏酒毕，客省乃传示来使，请都管、上中节劝酒。回传示毕，引都管、上中节于幕次前阶下排立，先揖，饮酒，再揖，引退。第三盏酒毕，茶罢，执笏，近前齐起，幕次前立，通揖毕，各归本幕次。"然后朝见金帝。结束之后，"乃以押伴使赐宴于馆。"宴会伴随着复杂的礼仪。"馆伴与使副对揖，各就位立，通揖，请端笏坐，汤入，乃于拜席上排立都管人从。"宴会以上酒为节奏，"至五盏下，酒毕，茶入。"茶罢，宴会也就结束了。

之后天天宴会，直至第九日。汤、酒、茶的程式基本相同。

第二节　历史上的茶宴

茶叶以它优异的特征居世界三大无酒精饮料之首。虽然与酒相比是后起的饮料，但是发展速度很快，迅速在饮食生活中取得与酒抗衡的重要地位。茶宴在中国也有着比较悠久的历史，成为以茶为核心的重要餐饮形式，备受重视。在茶文化受到高度重视的今天，茶宴成为茶衍生产业的重要内容，历史的经验就显得更加宝贵，可以为今天的茶宴发展提供很多启发。

一、唐代的茶宴

尽管事实上的茶进入宴饮出现于三国时代，专用名词"茶宴"却到唐代才出现。作为社交润滑剂，茶的典型应用形式就是茶宴，也称茶会、茶集等。中唐以后，茶会与诗会的结合更加普遍，因此描绘茶会的诗篇大幅度增加，相关词语多次出现在诗作中，如钱起《过长孙宅与朗上人茶会诗》、鲍君徽《东亭茶宴》等。下面具体看一下吕温所举办的茶宴《三月三日茶宴序》：

三月三日，上巳袚饮之日也。诸子议以茶酌而代焉，乃拨花砌，憩庭阴，清风逐人，日色留兴。卧指青蔼，坐攀香枝。闲莺近席而未飞，红蕊拂衣而不散。乃命酌香沫，浮素杯，殷凝琥珀之色，不令人醉，微觉清思，虽五云仙浆，无复加也。座右才子南阳邹子、高阳许侯，与二三子顷为尘外之赏，而曷不言诗矣。

三月三日是上巳节，设酒宴行乐是情理之中的事。然而这次吕温与邹子、许侯等人商议的结果是要与众不同地设茶宴，加强了宴会的非日常性。文章着重描写了设置茶宴的场所的环境，饮用茶汤的色香味，随着茶宴的进行而产生的身心感觉的变化等，对于茶以外的饮食却只字未提。虽然是在室外举行茶宴，但是专门搭建了花台，使得与会者得以坐在席位上摩挲花枝，花朵随风拂衣，即便是玉液仙浆也无法与这时的茶汤比拟，强调以茶代酒的尘外清雅。

大历中（766－779）严维、谢良弼、裴晃、吕渭、郑概、阙允初、庾骙、贾肃等茶宴于会稽云门松花坛并联句唱和成《云门寺小溪茶宴怀院中诸公》一诗：

> 喜从林下会，还忆府中贤。（严维）
>
> 石路云门里，花宫玉笋前。（谢良弼）
>
> 日移侵岸竹，溪引出山泉。（裴晃）
>
> 猨饮无人处，琴听浅溜边。（吕渭）
>
> 黄粱谁共饭，香茗忆同煎。（郑概）
>
> 暂与真僧对，遥知静者便。（阙允初）
>
> 清言皆亹亹，佳句又翩翩。（庾骙）
>
> 竟日怀君子，沈吟对暮天。（贾肃）

武元衡《资圣寺贲法师晚春茶会》给予茶会极高的评价，所谓"时节流芳暮，人天此会同"。茶宴、茶会的频繁出现充分说明饮茶活动已在唐朝造就成了强大的文化氛围。

钱起、赵莒借茶会雅集谈玄论道，兴致颇浓，而在得意忘言之时亦可品尝一杯香气扑鼻的清茶，不禁产生"竹下忘言对紫茶，全胜羽客醉流霞"的美妙感受，因为"尘心洗尽兴难尽，一树蝉声片影斜"（《与赵莒茶宴》）。钱起是著名盛唐诗人。在竹林中，钱起与赵莒面对紫茶，相互之间默喻其意，任何语言都是多余的，其意境远远超过道士之于美酒。在蝉鸣声中，一抹夕阳射入林中，紫茶洗净了尘心，主客却仍雅兴勃勃。这幽静的茶宴与笑语喧哗的一般宴会有着很大的区别。

二、宋代的茶宴

伴随着饮茶习俗的进一步普及与饮食文化的兴盛，宋代茶宴也更加丰富多彩。在北宋首都汴梁大相国寺庙会上，"每遇斋会，凡饮食茶果，动使器皿，虽三五百分，莫不咄嗟而办"（《东京梦华录》）。

南宋的旅游景点首推西湖，而西湖游乐又首推湖上的游船，茶宴的条件完全具备：

杭州左江右湖，最为奇特。湖中大小船只不下数百舫。船有一千料，约长二十余丈，可容百人；五百料者约长十余丈，亦可容三五十人；亦有二三百料者，亦长数丈，可容三二十人，皆精巧创造。雕栏画栔，行如平地。……湖中南北搬载小船甚伙，如撑船买卖羹汤时果，掇酒瓶、如青碧香、思堂春、宣赐、小思、龙游新煮酒俱有。及供菜蔬、水果、船朴、时花带朵、糖狮儿，诸色千千，小段儿、糖小儿、家事儿等船，更有卖鸡儿、湖斋、海蜇、螺头，及点茶供茶果（《梦粱录》）。

北方金国非常重视茶食，"麦食以蜜涂拌，名曰茶食，非厚意不设。"（《宣和乙巳奉使金国行程录》）

从洪皓《松漠纪闻》介绍婚礼上的茶食来看，茶酒并用也是一个特点：

金国旧俗多指腹为昏姻，既长，虽贵贱殊隔亦不可渝。婿纳币皆先期拜门，戚属偕行，以酒馔往。少者十余车，多至十倍。饮客佳酒则以金银杯贮之，其次以瓦杯，列于前以百数，宾退则分馈焉。男女异行而坐，先以乌金银杯酌饮，贫者以木。酒三行，进大软脂、小软脂，如中国寒具。蜜糕，以松实、胡桃肉渍蜜和糯粉为之，形或方或圆或为柿蒂花，大略类浙中宝阶糕。人一盘，曰"茶食"。宴罢，富者瀹建茗，留上客数人啜之，或以粗者煎乳酪。

当时当地的饮食习俗，先饮酒，再上茶食，这些茶食其实都是甜点，造型各异，既与狭义的茶果吻合，也与后世的茶食意义一样。最后只有富人才有建茶喝。建茶是这个时代知名度最高的茶叶。

到了元代，还是在西湖，睢玄明《咏西湖》中有：

步芳茵，近柳洲，选湖船觅总宜，绣铺陈更有金妆饰。紫金罂满注琼花酿，碧玉瓶偏宜琥珀杯。排果桌随时置，有百十等异名按酒，数千般官样茶食。

在金碧辉煌的西湖游船上，茶食的种类异常丰富，只是被强调的是酒。茶宴的说法虽然不多见，也还是在使用，张雨《赠惠山僧天泽二首》之二：

何必有待游，一往自成趣。

行经桑苎祠，林屋翳青蒨。

石泉漈流好，扫地设茶宴。

松萝深复深，不到看经院。

茶饮的普及度不断提高，以茶为主线的饮食活动应该频繁，可是因为茶宴多非正餐以及社交性弱等特征，无论在饮食生活还是在社交礼仪生活中，地位都有限，因此文献记载的频度比较低。

三、明代的茶宴

明代茶宴不仅没有因为从末茶改为散茶而衰落，反而进一步精致、专门化，饮茶活动的特定空间——茶室就是最有力的证明。在中国浩如烟海的典籍中，对于茶室的描述异常罕见，在明代却出现了茶室的专著《茶寮记》："园居敞小寮于啸轩坤垣之西，中设茶灶，凡瓢汲罂注濯拂之具咸庀。择一人稍通茗事者主之，一人佐炊汲。客至则茶烟隐隐起竹外。其禅客过从予者，每与余相对，结跏趺坐，啜茗汁，举无生话。"

作者陆树声无意之间又强调了茶会社交弱的特点。而这种茶室也被称为茶宴室，张羽在《方园杂咏》这组诗作中就专门歌咏了庭园里特设的"茶宴室"：

园井汲寒绿，当窗煮金屑。

应有山僧来，从君泛春雪。

无论是陆树声还是张羽都通过佛教强化了茶室隐逸脱俗的特征。这样的茶宴的确有其魅力，同样让人流连忘返。再如高启《圆明佛舍访吕山人》一诗：

> 怜君不出院，结夏与僧同。
>
> 阴竹行廊远，香花俺殿空。
>
> 饭分斋钵里，书寄藏函中。
>
> 茶宴归来晚，西林一磬风。

文人茶宴自然少不了诗文的唱和切磋，与上面这首《圆明佛舍访吕山人》一样，吴与弼也在《宿枫山车氏庄》一诗中描写了茶宴的氛围和讨论诗作的细节：

> 明月清风夜，殊非远别时。
>
> 薰衣茶宴罢，为尔细谈诗。

四、清代的茶宴

清代茶宴对今天有着直接的影响，扬州富春茶社就是典型事例之一。不过特别值得一提的是清廷的制度性重华宫茶宴。

重华之名出自《书·舜典》，孔颖达疏："此舜能继尧，重其文德之光华。"重华宫沿用乾西二所的三进院落格局。前院正殿为崇敬殿，中院正殿即重华宫，后院正殿为翠云馆。重华宫对于乾隆来说有着特殊的意义，"少而居之，长而习之，四十余年之政皆由是而出之。"自乾隆八年（1743）开始，结合每年的特殊庆典，元旦期间乾隆在重华宫与群臣茶宴联句。嘉庆皇帝将重华宫茶宴联句作为家法，于每年的正月初二至初十期间举行。道光年间仍时有举行，咸丰以后终止。持续了四十八年，君臣都留下了大量的诗文。看一下乾隆三十九年（1774）的御诗《记·重华宫记》：

御制重华宫茶宴廷臣及内廷翰林，用四库全书联句，复得诗二首：

四库辑书焕东壁，七言联句聚西清。

台衡乙乙都抽思，检校彬彬亦署名。（四库全书总裁既令概与吟宴，并其总校之翰林三人亦令至重华宫入宴和韵）

日谷恰欣逢任养（是日壬戌任养于壬更符八谷祥占），月干更适建文明（正月建丙寅明炳于丙文明之象也）。

漫言嘉会斯和乐，心在金川愿洗兵。

琅嬛秘籍历增多，从事谰言觉太过。（《琅嬛记》载张华尝为建安从事，游于洞宫，遇一人于途，问华曰：君读书几何？华曰：华之未读者二十年内书盖有之，若二十年外固已尽读之矣。因共至一处，大石中忽有门，引入一室，陈书满架。其人曰：此历代史也。又一室，曰：万国志也。惟一室封识甚，有二犬守之。曰：此玉京诸秘籍。二犬，龙也。华历观诸室书皆汉以前事，多所未闻者。华欲赁住数十日，其人曰：此琅嬛福地，岂可赁耶云云。古今书籍即人间者岂能读遍？华所言未免过夸，不必石室秘藏始足证其妄也）。

史乘书仓屏忌讳（初下采访遗书之旨，应者寥寥，意必督抚中疑有忌讳于碍字面，预存宁略毋监之见，以致观望不前。因复谕各省以既下诏访求遗籍，岂有寻摘瑕疵罪及收藏家之理。令各明切晓谕，释其疑畏。于是天下之书皆踊跃呈献），稗官杂识概搜罗。

要拈撷藻先誊缮（御花园撷藻堂中本就大内所有书籍分四库贮之，曾有诗云：芸篇贮万卷，牙籖分四部云云。兹命于敏中、王际华于全书中择其尤精者，别为荟要，与全书一体缮录，仍按四库陈弃堂中），典数开元广勘磨。

著作酬他业勤肆，施行愧我政如何。（钦定日下旧闻考）

重华宫的茶宴其实与今天的茶话会非常相似。

第三节　日本的茶宴

日本最早的茶宴见于江户中期的国学者山冈浚明（1726—1780）所著《类聚名物考》中：

（南浦）绍明皈时，携来台子一具，为崇福寺重器也。后其台子赠紫野大德寺，或云天龙寺开祖梦窗，以此台子行茶宴焉。故茶宴之始自禅家。

其后，三浦秋岳著《清娱轩茶筵图录》（1884），山本举吉著有《煎茶指南茗讌图录》（1875）。不管哪个茶宴，都是茶会的意思，与中国历史上的茶宴概念比较一致。

一、茶道诞生前的茶宴

茶道诞生前，关于茶宴的记载保存在室町时代（1392－1573）初期的《吃茶往来》里，如："昨日茶会无光临之条，无念之至，恐恨不少。满坐之郁望多端，御故障何事。抑彼会所为体，内客殿悬珠帘，前大庭铺玉沙，轩牵幕，窗垂帷。好士渐来，会众既集之后，初水纤酒三献，次索面茶一返。然后以山海珍物劝饭，以林园美果甘哺。"

《吃茶往来》的编辑者托名玄惠法印，玄惠法印被视为日本第一位宋学造诣深厚的研究者。以上是书中所收四封信中的第一封的开始部分。该信是扫部助氏清给弹正少弼国能的。客人到后，首先是"水纤酒三献"之礼，紧接着伴以面条上茶，丰富的主餐结束之后上水果。

在与《吃茶往来》的成书时代非常接近的《异制庭训往来》（托名虎关师炼）里，有关于佐茶食品的具体记载："点心者，水纤、红糟、糟鸡、鳖羹、羊羹、驴肠羹、猪羹、笋羊羹、砂糖羊羹、馄饨、馒头、索面、棋子面、卷饼。果子者，柚柑、柑子、橘、熟瓜、泽茄子等。可随时景物也。伏兔、曲、煎饼、烧饼、兴米、粢、索饼、糒等，为客料可被用意。"

属于饼类的点心有馄饨、馒头、索面、棋子面、卷饼，其中馄饨、索面和棋子面在当时是汤饼类，也就是现在的面条。《齐民要术》中有棋子面的制法。

鱼澄总五郎在《吃茶往来·题解》中总结道：《吃茶往来》的第一封书信中描绘了一场茶会。室町时代初期的茶会完全模仿中国，沉浸在中国人的生活氛围里饮茶。注重通过品尝各种茶，将它们区别开，并加之以优劣的评判，因此而设多种悬赏。最后以酒宴的酣醉而告终。这种茶会是当时实际举行的茶会的真实写照。众多的与会者、有时百人以上汇集在一起，用茶会的形式，召开一种恳谈会。

鱼澄总五郎认为这是中国式的茶会。不同于日本茶文化属于上流文化，尤其以武士阶层为主，中国茶文化是全民文化，各个阶层、各个集团都有各自的茶文化，无法一言以蔽之。

流传至今的那个时代茶宴的代表是四头茶礼。四头茶礼用于纪念开山祖荣西，在京都、镰仓、福冈的多个荣西开山的寺院使用，由此也可以看出其悠久的历史。

以京都东福寺为例（该寺方丈斋筵见图8-1），四头茶礼的具体过程如下。

在一系列的佛教礼仪之后，上斋膳，进入与开山祖共飨的茶宴环节。担任供给一职的云堂四僧人入场，行至宾客面前方，以胡跪之姿呈上斋膳，毕后起身退下。紧接着是第一次传递汤汁（容器无盖）。

图8-1　东福寺方丈斋筵饭食（四头茶礼）

众人以碗盖盛汤，待主位僧人提筷、取出"生饭"后方才开始用膳。而后是担任供给的云堂僧人第二次传递汤汁，并且将汤碗（有盖）也传递两次。

云堂僧人执行供给之务时，一旦主位僧人放下筷子，众宾客亦随之放下筷子；食毕，先收起主位筷子，众僧亦随之收起筷子。接着便是撤下斋饭，呈上茶和点心。四头茶点同时呈上，余者则分别以果台和圆盘呈上点心和茶。撤下时亦是如此。稍后即以汤瓶和茶筅点茶。斋毕，侍衣从外廊低头行礼，此时，众人端坐原位，住持先于众人起身退场，众人而后随之退场。

二、茶道诞生后的茶宴

茶道诞生后的茶宴包括果子（点心）与怀石料理两部分。

1. "茶事"程序

简单梳理正式的茶会"茶事"的程序如下：

①炭手前（初炭）：点起炭火前。

②怀石料理。

③果子：主果子（图8-2）。

④中立（休息）。

⑤浓茶。

⑥炭手前（后炭）：调整使用过的炭火。

⑦果子：干果子（图8-3）和薄茶。

从点起炭火烧水的炭手前（初炭）开始，茶道几乎把茶会的所有程序全部礼仪化了，唯一的例外就是怀石的烹饪，这是在厨房里完成的。之后就是食用茶会的菜肴，还有餐后的果子，这道主果子是生果子。吃完之后休息。再进入茶室就一个茶碗传饮浓茶。经过调整使用过的炭火，添水为下一步点薄茶做准备。配薄茶的是干果子。

2. 怀石料理

茶事中的宴会菜肴被称为怀石料理，不同于传统宴会的菜肴多到吃不完，怀石料理的数量有限（茶道流派不同，食物品种不同。以里千家为例）：

①饭。

②汁：放入1～2种素食材的汤。

③刺身：生鱼（图8-4 饭，刺身，汁）。

④和物：拌蔬菜（图8-5）。

图8-2　主果子

图8-3　干果子

图8-4　饭，刺身，汁

图8-5　和物

图8-6　煮物

图8-7　腌晒加工品（图8-4到8-7由蒋宗霞提供）

⑤ 煮物：煮蔬菜、海鲜（图8-6）。

⑥ 烧物：烤蔬菜、海鲜、禽肉。

⑦ 腌晒加工品：盐腌、晒干的海鲜、蔬菜（图8-7）。

怀石料理虽然使用海鲜、禽肉，但是不使用牛肉、猪肉等畜肉；多点缀以带来季节感的素食材，充分发挥素食材本身滋味，使用调味料、香辛料，口味清淡；很少用油炒、炸，以烤、煮为主；重视装盘和餐具，讲究美观；品种丰富，但是单种数量不多。

怀石料理使用的筷子为杉木质，被称为"利休箸"。先上饭、汁和刺身，吃完之后上酒，配和物和煮物，配烧物再上酒。第三次上酒配珍味的小菜。

第九章
茶宴的传承与未来

尽管与酒宴相比，茶宴是新兴宴会形式，但是毕竟茶宴也有约1700年的历史，同样可以说历史悠久。饮茶是全民性嗜好，茶宴也是全民性习俗，其内容丰富多彩。今天的人们又有着新的诉求，信息时代对于古今中外文化元素的吸收又变得更加可行，今天、明天的茶宴更值得期待。

现代茶宴最大的努力方向是成为主餐形式。历史上的茶宴以主餐之间的补充饮食为主要性质，虽然数量有限，休闲的意义却是其他饮食形式所无法比拟的。现代茶宴不满足于补充饮食的性质与地位，努力在休闲性的基础上，成为有别于酒宴、又同样属于主餐性质的新茶宴。

第一节　现代茶宴的种类

现代茶宴虽然是个崭新的话题，但是茶宴却实实在在地出现在生活中，只是最近才重新建立将其视为独特餐饮形式的意识，而拥有茶宴意识对于推动茶宴建设具有决定性意义。

一、茶馆茶宴

古代茶馆经营非常灵活，但是大规模餐饮的事例还没有发现，茶馆餐食似乎更多满足于佐饮。现代茶馆在探索丰富经营内容的方法时，把餐食扩展成为一个重要内容，出现了自助餐式的茶馆。"buffet"在法语里是立餐宴会的意思，将菜肴放在有装饰的餐架上，与会者按照自己的需要盛取，站着食用，进而把重点放在自己取食上，于是有了"自助餐"的说法，也称"buffet"，这样一来又包含了就桌用餐。饭店的早餐普遍采用这种形式，从20世纪90年代开始，茶馆也尝试采用这种形式供应佐茶食品，一般一天只分昼夜两场，因方式新颖、饮食随意、价格低廉而深受茶客欢迎。

茶馆佐茶食品的主要种类：① 坚果；② 水果，其中不仅有新鲜水果，还包括干燥加工的果脯；③ 圣女果、黄瓜之类的果菜；④ 各种豆制品；⑤ 精致的点心；⑥ 鸡爪、鹌鹑茶叶蛋之类的荤菜；⑦ 各种工业化小食品。

中国佐茶食品特点为轻、淡，以适应茶馆消费时间长的特征，而中国佐茶食品"美"的特征则因廉价而受到一定的限制，"美"更加多地体现在高级茶馆的套餐式茶宴上。

二、餐厅式茶宴

茶馆茶宴尽管已经强调了吃，但是总的说来还是在佐饮的大前提下。而餐厅式茶宴则把消费的中心放在吃的菜肴上，这样一来核心的厨房配置有天壤之别。厨师的技术力量为实现中国佐茶食品美的特征提供了有利条件。

不过就现实情况来看，尽管茶餐厅很多地方都有，但是形成品牌的却很罕见。各个经营实体配置什么菜单是经营者决定的。茶宴要打出与酒宴不同的特色非常困难，因为茶叶的种类太丰富，而且饮食的个人感受差别太大，所谓"食无定味，适口者珍"。这时的一个"客观"标准就是菜中都用到茶叶。所有的菜点都使用茶叶的广告宣传很容易理解，也容易引起爱茶人的兴趣，由这样的菜点构成的宴会就是餐厅式茶宴。

三、宗教性茶宴

宗教性茶宴中以佛教茶宴为主，主要分布在著名寺院的周边。宗教性茶宴集中于佛教的主要原因是佛教的酒与荤腥的禁忌非常明确，如果以梁武帝强力推行佛教素食为起点，佛教素食的历史已经有近1500年，再加上佛教在中国的发展，佛教饮食文化也有着充实的内容。近年来传统文化复兴，佛教再一次得到广大信众的关注。更加直接的原因是佛教茶文化的发展，近年来禅茶备受关注，佛教茶宴因此得到更多消费者的青睐。

佛教茶宴就是素食茶宴，虽然茶宴本来就具有素食的取向，但是佛教茶宴进一步成为纯粹的素食茶宴。另外，随着社会的发展，更多的中国人关注健康，促进健康的途径之一也是食用素食。这是中国传统的爱惜生命的表现形式，与佛教无关，但是对于素食的表现形式来说，却是殊途同归，由此进一步扩大了佛教茶宴的消费者基础。

第二节　中国茶宴与日本茶道料理的比较

比较中日以茶为核心的饮食——茶宴时，最大的问题是即便使用同样的名称，也不是同样性质的饮食。因此，做此比较的主要目的是提示一些茶宴发展的启发和思路。

一、饮食种类结构

前面罗列了中国茶宴中菜点的种类特点，以及日本茶道怀石料理的菜单。两者不是一个层面的内容，这是因为中国文化海纳百川，中国饮食文化高度发达，与地域文化建立有着密切的联系，再加上漫长的发展史，餐食从形式到内容变化无穷，中国茶宴没有建立起"标准"，文人文化也不追求"标准"，甚至"标准"是无创造力的表现，仅仅因为茶这个基础性元素的导向而出现广泛的一致性而已。

而日本茶道作为特定集团的爱好，以及茶道本身强烈的规范性、程序化，与江户时代才形成的怀石料理得到有效的统合，虽然各个茶道流派之间有着微妙而复杂的差异，且细腻得难以想象，但是变化空间有限，这也是中日传统文化的差异特征。

中国佐茶食品品种丰富，自然形态的果实非常发达，与日本茶事食品相比，日本茶事食品中的果实非常少见，即便使用果实为食材，也是加工产品，很少出现自然形态的果实，其原则是茶事果子就是由点心和糖果组成。

二、数量特征

中国茶宴强调品茶的休闲意义，佐茶食品的果腹目的被弱化，具有轻、淡、美的价值取向。品种非常丰富，多是容易消化、形态小的食物。中国人长时间的饮茶，对于佐茶食品的品种、数量提出了要求，同时，休闲、小吃性质又要求遏制数量，于是有了今天佐茶食品的特征。

日本怀石料理是茶道的组成部分，但是怀石料理的食用过程并不伴随着饮茶，相反伴随着饮酒，所以是酒宴的凝缩版，只是控制在不影响茶会顺利展开的范围内，所以饮食的数量有限，美味是第一原则。作为茶会的组成部分，视觉审美的要素也得到高度重视。

日本茶道中的食物除了怀石料理，还有两道果子，两者之间的区别泾渭分明。因为茶道是小众文化，其精致细腻发展到了极致，果子自然不例外，就数量来说点到为止，为了缓和茶的苦味而选择食用甜度很高的果子，达到味觉的平衡。

第三节　未来的中国茶宴

本节对于未来中国茶宴的畅想，是基于历史传统对于基本原则的反思，不涉及具体的企业发展方向。

一、重视文化内涵

茶宴要与酒宴错位发展。

所谓错位，是指竞争主体各寻其位，错落有致，以保证顺利发展。新兴的茶宴当然要把历史悠久、积淀丰厚的酒宴作为自己的发展坐标。历史上的茶宴就是这样发展过来的，今天的茶宴作为一个备受瞩目的茶文化产品，以旅游业为主导的茶宴开发此起彼伏。总的说来，目前茶宴重视物质文化——馔品，轻视非物质文化——摄取方式与过程、审美及其物化的落实等。产品各有自己的定位，开发什么样的产品是其自由。但是，如果计划开发文化性强的产品，则必须高度重视非物质文化的内容。对于茶宴来说，与精神性的追求相比，物质性的内容可以最大限度地简化，茶宴就是因此而诞生，并形成与酒宴不同的文化特色。事实上，日本的茶会料理一方面以数量少著称，另一方面，高度凝练的美深刻影响着日本饮食。

从前文唐代茶宴的史料看，茶宴一是在物质上与酒宴各有特色，二是在精神上强调格调清雅，三是与佛教结合，四是进入主流评说系统——诗。归根结底，茶宴与时代脉搏的切合，这对于当今有着切实的借鉴、指导意义。

首先需要说明的是数次提及的茶与酒的"对立"。这个"对立"不是有你无我，而是共生共存共繁荣，茶与酒本身就是互补关系。试以唐代茶宴（即茶文化）繁荣发展的要素分析现在的状况。酒的发展有目共睹，茅台酒的价格就是最有力的证明，从消费模式到消费心理都一览无遗。同时，也有人见酒心虚，"以水代酒"、饮料兑葡萄酒。于是人们对于酒的替代物产生了渴望，"喝茶去"就成了一种解脱。在没有进一步精神需求的情况下，出现了各种高价茶叶、高档会所，单纯以茶代酒。如果有精神上的追求，就会呼唤清雅的茶文化。通过对悠久而丰富的历史文化的发掘增强文化自信，通过旅游等方式对国外文化体验与反思，只要假以时日，茶的清雅文化可以再建。因此，饮酒之风的盛行必定推动饮茶的需求；茶对于酒的中和与缓解，又反过来保护甚至拓展酒的消费空间。

目前，茶文化自身的发展还没有达到相当的高度，茶文化工作者应作为茶文化产品的维护者，在后台提供服务，站在舞台上的是相应层次的消费者，他们有能力把茶文化带入主流评说体系，吸引全社会反馈批评，茶文化工作者再依此进一步完善自己的产品。茶文化工作者自娱自乐无法提升茶文化的水平，更不可能进入主流评说体系。

佛教在历史上对于茶文化的发展普及发挥了巨大的作用，这与佛教的清规戒律有着密切的内在关系。对于佛教来说，茶文化具有对内（僧界）仪轨的载体和对外（俗世）方便法门的双重意义，把僧俗两界合为一体。佛教的质朴本质和审美又与茶文化的清雅异曲同工。

二、体现休闲的基本属性

对于茶宴的定位，是茶宴有形、无形各个部分开发与完善的基础与前提，制约着茶宴的发展方向。

1. 定位

首先是功能定位，茶宴的目的是什么，通过什么手段与技术达到目的。其次是消费对象定位，消费者是谁？在茶宴的开发中可强调通过多价位的方法，满足各个消费层次的需求。茶宴定位中包含如何理解社会服务、目的达成的可行性、大众文化产品与小众文化产品的关系等问题。

2. 对有形的菜肴、餐具等的完善

从定位出发，完善茶宴的菜肴、餐具以及与茶汤的配合。一方面"食不厌精"，另一方面切忌过分包装。中国历史上早已出现"耳餐""目食"等病态饮食消费，这种过度装饰违反了餐饮的基本要求。

3. 对于无形的方法、意识等的开发与倡导

从定位出发，开发茶宴无形的组织形式、消费理念等部分。由于茶宴强调品位享受，这个无形的部分的重要性甚至超过有形的部分。高雅是一个相对抽象的语言表现，具体地说，就是对于美的感受与表现，茶宴的美在哪里？在茶、在馔品、在餐具、在餐饮环境等，最终还是在人。对于美的感受是细腻的、平和的，那就是高雅的感受，相反，就是粗俗的。感受因人而异，所以不要指望所有的消费者都能够产生同样的感受，文化产品需要有需求的消费对象。提高整个中华民族的文化素质，就是在培养中国的文化产品的消费者。茶宴的设计开发者要通过举止、礼仪等无形、无声的东西，让物质的菜肴、餐具等像人一样活起来、美起来，最终让消费者最大限度地感受美，得到美的享受，顺利完成茶宴消费。

三、未来的茶宴

如果把茶宴作为一种宴会，形式简美，馔品鲜美，效果健美是未来茶宴建设的基本方向。

落实在美的基本特征上是茶宴休闲性宴会的性质所决定的，由此也形成了茶宴不同于酒宴的特征。

洗练的形式是美的最高表现。

馔品是吃的东西，味觉审美是最终的判断标准。

健康是对于茶宴诉求的终极检验标准。

第四节 案例分析：西湖茶宴

茶自古以来能药用、能食用、能饮用，怡养人类、造福人类。西湖茶宴是古老、传统的茶文化与饮食文化融合、提升的创新茶宴，呈现江南的生活之美。西湖茶宴是一个将茶融入宴会的成功案例。

一、西湖茶宴的创意

宴飨、宴会、宴集这种饮食和社交形式在中国源远流长。

茶进入宴饮的历史最早可追溯到三国时期。

吴国末代君主孙皓，曾为朝臣韦曜"密赐茶荈以当酒"。从茶"以当酒"上宴席算起，茶之入宴几近两千年了。

茶真正成为宴饮中心的茶宴，至迟在东晋初年就有了。那时称"茶果"宴。典型的是晋书中的两则记载。

一则是《桓温传》："（桓）温性俭，每讌惟下七奠柈茶果而已。"

另一则是《陆晔传》："卫将军谢安尝欲诣（陆）纳，而纳殊无供办。其兄子俶不敢问之，乃密为之具。安既至，纳所设惟茶果而已。俶遂陈盛馔，珍馐毕具。客罢，纳大怒曰：汝不能光益父叔，乃复秽我素业耶。""于是杖之四十。"

桓温是东晋时的一个权臣，曾任征西大将军，以茶果宴客是他在扬州牧任上。陆纳宴请谢安是他在任吴兴太守时。他们均以茶及佐茶果品来宴请宾客，意在标示节俭的品性。

"茶宴"这个名称最初出现在唐诗里。唐代以茶果宴饮待客已比较普遍了。杜甫有"枕簟入林僻，茶瓜留客迟"的诗句，白居易也有"村家何所有？茶果迎来客"的诗句。"茶宴"一词最早见于中晚唐诗人李嘉祐、钱起、吕温、鲍君徽等的诗篇里。

二、西湖茶宴的呈现

2007年，为发掘中国茶宴文化，杭州市委、市政府、杭州市十大潜力行业办公室资助杭州市茶楼业协会，在杭州征集开发西湖茶宴，在杭的国字号茶叶机构为西湖茶宴出谋策划。由资深茶人阮浩耕执笔出方案，经多次有国字号茶叶机构专家参加的审定论证会，终于在2007年12月，西湖茶宴以崭新面貌问世（图9-1）。

西湖茶宴是传统茶文化、餐饮文化与当今生活时尚的融合与提升，呈现中国茶都杭州的一种生活美和品质生活。西湖茶宴继承了古今茶宴茶会重在品茶、佐以茶食点心的传统格调，突破时下"茶宴"单一以茶入菜的做法，用心泡好茶汤。精心选取明末以来文人学士群体中创制或推崇的"文人菜"，以及时下"茶菜"中的佳品、佳茶，把饮茶、尝茶食、品菜肴有机融合于一席之中。客人慢慢地吃，细细地品尝，享受生活。

三、西湖茶宴的内涵

1. 清雅

清雅是茶和西湖两种文化的特质所在。唐人裴汶《茶述》说茶"其性精清，其味浩洁，其用涤烦，其功致和"。因茶的精清、浩洁，佐茶菜食务以清鲜为上，品其真味。惟在西湖这个青山碧水、充满诗情雅意的生活空间里，品尝清雅茶宴，才显出相得益彰之妙合。

图9-1　西湖茶宴

2. 养生

清人顾仲《养小录·序》说："养生之人，务洁清，务熟食，务调和，不侈费，不尚奇。食品本多，忌品不少，有条有节，有益无损，遵生颐养，以和于身。日用饮食，斯为尚矣。"如今人们越来越认识到饮食养生的重要了。西湖茶宴秉承传统的"养生""遵生"之说，讲究的是饮食平衡、养精益气，倡导健康的享受观、绿色生态的消费观。

3. 艺文

宴饮雅集常与艺文活动结合起来，是传统文化的传承。《诗经·鹿鸣》云："呦呦鹿鸣，食野之苹。我有嘉宾，鼓瑟吹笙。""鼓瑟鼓琴，和乐且湛，我有旨酒，以燕乐嘉宾之心。"到了唐代，文人宴席必有诗歌唱和。宋代延伸为诗画琴棋雅聚。明清雅集多器乐欣赏，黄遵宪《夜饮》中有"玉管铜丝兼铁板"的诗句。当今，茶人之家举办的"龙井茶宴"，有民乐演奏和声乐演唱。西湖茶宴同样融入艺文活动。

4. 时尚

西湖茶宴承接传统，但并不拘泥于传统。它把百年前古人的生活方式转化为适合当代时尚的生活方式——一种色香味形全俱的茶艺美食文化与琴诗书画等文学艺术和谐相融的现代生活艺术（图9-2）。

图9-2 西湖茶宴

第十章
茶艺美学的蕴含与源流

茶是中国人生活中重要的一部分，不论是"柴米油盐酱醋茶"的寻常生活，还是"琴棋书画诗酒茶"的文人风雅，茶已是悠悠历史中不可或缺的存在，它不仅是浸润身心的品饮伴侣，更在文化发展的进程中逐渐超越自身的功能属性，融入了中国传统文化的肌理。

在茶与人相遇的过程中，泡茶者通过器具选择、温度控制和冲泡方法的调整，令一泡茶的内质得当释出，展现出独特的色香与韵味，泡茶者给饮茶者的不仅是一杯可口的茶汤，更是一种内涵完整、层次丰富的审美体验，这便是茶艺的意义所在。茶艺是连接茶与人的桥梁，更是人理解茶的方式。茶受到中国历代文人厚爱，在择水赏茶、营造化境之时，文人以茶诗画、以茶怡情，传统哲学思想与文人意识的融入，使得茶艺拥有了美学的品格，茶美、水美、器美、境美、技美，无不深刻体现着中国传统美学精神。

第一节　茶艺承载的中国传统文化精神

　　茶作为重要的传统文化符号之一，其内涵的传承发展与中国传统审美意识一脉相承。现代茶艺的职能不仅限于冲泡茶汤，更应当引领大众在饮茶时体验传统文化的美感，由一杯茶为始，在典雅传统的氛围中感受绵延于历史中的传统文化精神。

一、茶艺与美学

　　中国作为茶的故乡，茶文化在形成过程中不断融入中国传统美学思想。从远古以来的"神农尝百草，日遇七十二毒，得茶而解之"到"南方之嘉木"，再到"烹点之妙，莫不咸造其极"，及至明清众多文学艺术作品中的呈现，茶寄托着文人的审美与智慧，承载了文明与历史的底蕴。饮茶时淡泊玄远的心境，宁静自然的状态，思及风雅不绝的文人意趣，绵延深厚的传统文化底蕴，在这简单的煮水烹茶、一饮一啜之间，便实现了精神与物质、内在与外在之美的和谐统一，带给人多重感观和层次丰富的审美体验。

　　唐代以后，茶的审美取向开始更为丰富，诗歌、文赋、类书、戏曲、绘画，都成为茶艺蕴含的美学思想呈现之载体。在中国茶文化与美学发展的进程中，不断融入哲学思想，吸纳文化基因，与中国传统文化存在诸多内在关联。作为茶文化的外在呈现方式，传统文化的美学精神亦深深渗透于茶艺之中。

二、茶艺美学的文化传统

　　探析茶艺中所承载的美学精神，必然要探寻中国人饮茶的历史源流与文化传统。

早在秦汉时期便有了对茶确切记载的文献。两汉时期，巴蜀地区饮茶之风颇为盛行，在三国时期传到长江中下游，后通过水、陆两路传入中原。虽然目前对于饮茶的起源未发现详细的记载，但可以确定的是，我们的先祖在寻找食物的过程中逐渐与茶结识，并使之成为日常饮食之物，同时出现以茶为祭的风俗。而先民们对于茶之美最初的认识，便成为后来茶文化与茶艺美学思想的发端。

隋唐时期，茶已经在人民的生活之中扎根，饮茶习俗在此时期也得到了充分的发展。至中唐，陆羽所著的《茶经》问世，茶事活动正式由从前的物质生活习俗上升到了精神层面，被提炼凝结而成为一种文化，一种审美过程。到了宋代，饮茶之风空前繁荣，在艺术维度的发展也达到了高峰，文人雅士与民间百姓皆推崇饮茶。宋徽宗赵佶更有《大观茶论》，详细描绘了宋人品茗的风雅情景，饮茶成为一种与修养和心性相关联的艺术，大量文学作品涌现，使饮茶文化深入民间。明清时代，散茶逐渐代替团茶，饮茶方法也随之发生转变，文人雅士们在茶事活动中体察内心，回归自然，以大量的文学作品丰富了茶文化的美学内涵。

而到当下，社会经济的发展再次使人们饮茶的需求提高，中国茶文化再次得到关注与弘扬，茶艺美学思想也得到了研究，但研究方向分散，尚处于深入发展阶段。

三、茶艺蕴含传统美学思想

中国茶文化的形成和美学思想的丰富，与儒、道、佛等传统思想的融入密不可分。作为传统哲学思想的儒、道、佛家的理论与概念充实了茶文化的精神内核，丰富了对茶艺美学精神的探讨；作为宗教的道教、佛教在宗教活动中对茶文化的推广和普及也有积极作用。

1. 儒家：儒雅与中和

中国传统美学由文人的审美取向主导，使之与思想流变保持着历史的一致性。儒家思想作为中国历史上两千年来的社会主流意识，自然而然会融入茶文化，影响茶艺对美的追求。孔子所谓"志于道，据于德，依于仁，游于艺"，最高的人生境界乃是一种审美的境界，茶艺之中的美学理想与儒家强调德行修养的意旨是相符的。在茶艺活动的审美评价之中，儒雅之美与中和之美成为重要的审美维度。一杯清茶，则体现了儒家思想中的理想人格。

《茶经》将茶定义为"精行俭德"之人的陪伴，茶性寒凉，适宜淡泊、冷静、精简、有德之人饮用，也唯有修养自身品行之人才能体味到茶的妙处。茶在自然之中吸收天地精华与山川灵气，形成了平和、淡雅的品格，而在品饮之中，人们以茶为友，以茶为伴，对照自身的品格，以茶为自己修身养性的尺度，使个人的心性更为平和，德行更为高洁。在这个茶事活动中，"雅"并非仅仅是茶艺中的一种外在的风度，而是茶人内在的修养。

唐代刘贞德在"饮茶十德"中"以茶表敬意""以茶利礼仁""以茶可雅志""以茶可行道"等观点，将"礼""敬"等儒家主要思想理念寄寓在饮茶活动中，提出通过茶事活动修养身心，并将茶的品格与君子之德相比，将自身修养的追求与期待寄寓在茶艺之中。

儒家的"中庸"思想作为为人处世的行为准则，在茶艺活动中亦有明确的体现。所谓中庸，是"不偏不倚""执其两端而折之"，是平和，谦恭，张弛有度。《茶经》中记述，采茶时"撷茶以黎明，见日则止""有雨不采，晴有云不采"，是为"度"的把握；水沸时，"其沸，如鱼目，微有声，为一沸；缘边如涌泉连珠，为二沸；腾波鼓浪，为三沸，已上，水老，不可食也。"一沸不用，三沸太老，而取其二者折中。"中庸"观念贯穿于茶事活动始终，采摘、烹煮、品饮，细节之中，茶艺的理念与再现皆能体现中和之美。

2. 道家：自然与虚静

饮茶之趣，在于自然。历代文人饮茶对于自然境界的向往，与道家思想对"自然"的追求有密切的关联。

叶郎先生认为，中国美学的真正起点是老子，老子提出和阐发"致虚极，守静笃""涤除玄览""道法自然"等，对于中国古典美学形成自己的体系和特点产生了极为重大的影响，茶艺活动在多个层面都体现着中国茶文化中道家思想的内在融合。

茶是自然之物，而人在品饮过程之中，也能通过眼前的一瓯茶融入自然无为的茶道境界之中。唐代崇奉道家的诗人卢仝在脍炙人口的《七碗茶歌》中写道："一碗喉吻润，二碗破孤闷。三碗搜枯肠，惟有文字五千卷。四碗发轻汗，平生不平事，尽向毛孔散。五碗肌骨清，六碗通仙灵。七碗吃不得，惟觉两腋习习清风生。蓬莱山，在何处？玉川子，乘此清风欲归去。"从一碗茶一直到七碗茶的心理变化，正表露了在道家审美精神的濡染下，文人在品茶过程中逐步到达的审美境界。从肉体上的喉吻滋润、口齿生香，到精神上的轻快自在，诗人在清净爽朗的茶境之中，摒弃了俗世的不平与烦忧，身心在饮茶中得到涤荡，如通仙灵，轻盈自在。虽然身体还在当下的茶事活动中，但内心却可随风到达蓬莱仙境，悠游于天地之间，体会自然之美。

对茶的审美当然不能只停留在器物层面，对品茶主体也有审美境界的要求。刘勰《文心雕龙》将"虚静"引入艺术理论的范畴："是以陶钧文思，贵在虚静，疏瀹五藏，澡雪精神。""虚静"旨在精神进入无欲无求的虚空纯净状态，是创造者在创造过程中所达到的最佳创作状态，茶艺作为一种艺术呈现，茶艺的主体自然会因为心性修养层次不同，呈现出不同的茶艺意境。所谓"情真，景真，事真，意真"，茶艺不能流于外在的烦琐表演哗众取宠，不以形式雕琢修饰取悦于人，而应当从自然无为的本性达到审美的愉悦。茶艺活动要求将内心的杂念清除，使心境保持在虚空清净的状态，从物质层面进入审美观照的境界，于平淡之中体会自然，于素朴之中寻觅真美。

3. 佛家：茶禅与悟道

佛家思想中虽然少有对茶艺美学问题的阐述，但茶艺中美学的内涵也得到了佛家思想的滋养与充实。

历代多有僧人种茶制茶的记载和由僧人书写的以茶为主题的诗文，诗僧皎然创作了一系列茶诗，词句间流露禅意，他在《饮茶歌诮崔石使君》中写道："一饮涤昏寐，情思爽朗满天地。再饮清我神，忽如飞雨洒轻尘。"正因茶有着与佛家思想相似的精神特质，才能颇受僧人喜爱。僧人好饮茶，自然有文人雅士作为茶侣相携，宋代黄庭坚在《寄新茶与南禅师》中便写有"因甘野夫食，聊寄法王家"等句，茶成为文人与僧人重要的交流媒介，禅茶思想也影响着古代文人思想与意识。宋代诗人陈知柔在其描写天台山风景《题石桥》一诗中点出"我来不作声闻想，聊试茶瓯一味禅"的意境，诗人描绘天台山美不胜收的仙境胜景，但唯有"茶瓯一味禅"令诗人倾心。文人雅士追求的"茶禅"思想来源于佛教禅宗。禅宗主张以静虑追求顿悟，僧人们在坐禅时要求"务于不寐，又不夕食"。僧人在禅定时常常需要饮茶来醒神，茶渗透到寺院日常生活中，自然与僧人的精俭修心在精神层面融合。佛教认为，生活每一处都可修行悟道，饮茶既然是生活的一部分，自然也可以通过饮茶参禅悟道。僧人诵经参禅、以茶清心悟道的同时，茶也从一种提禅饮品过渡到精神层面，丰富了茶文化的思想内涵，形成"茶禅一味"的思想。

　　禅宗提倡明心见性的顿悟之道，认为何时何地何物都能悟道，极平常的事物中蕴藏真谛，唐代赵州禅师嗜茶，也喜用茶作为机锋语。"有僧到赵州，从谂禅师问：'新近曾到此间么？'曰：'曾到'，师曰：'吃茶去。'后院主问曰：'为什么到也云吃茶去，不曾到也云吃茶去？'师召院主，主应诺，师曰：'吃茶去'。"吃茶本是寻常小事，禅宗思想在此处赋予其修行意味，在茶中得到精神寄托，也是一种"悟"。饮茶可得道，饮茶之人追求在饮茶之时静悟，在自心本性之中得到精神开释，进入"悟"的审美境界。

第二节　茶叶审美

　　一片树叶，人们对其施以技艺，加以品赏，赋予意义，寄托情思，是一个亲密而又漫长的过程。茶作为茶事活动的灵魂所在，从采摘、制备到玩赏，无不流露人们对其内在的审美追求。

一、形色之美

　　随着饮茶之风的兴盛，茶叶之美也逐渐受到关注与赞誉，历代文人墨客留下了许多文学艺术作品，在众多以茶为主题的诗词、书画与典籍中，茶叶被赞誉为"嘉木""灵草""云华""仙芽""兰雪"，茶叶的色泽、状貌、香气、风味与品茶时得到的精神意趣一起，在诗书绘画的艺术世界中化为风雅灵动的意象。

在茶艺演示中，应以欣赏的态度对待每一泡茶叶。玩赏干茶时，细嫩茶芽如"仁风暗结珠蓓蕾"，丰腴茶芽是"落硙霏霏雪不如"，饼团则是"圆如三秋皓月轮"。阳光云雾赋予茶芽灵气与生命，历代爱茶人与今人因茶而生发共鸣，获得更深层的审美体验。冲泡时，杯中干茶因注水而再次舒展，杯中轻雾缥缈，茶汤澄清碧绿，茶舞多彩多姿。凝聚着山川的灵秀气韵与美好禀性的风雅灵草在事茶人专业的冲泡下，成为可以驱除心灵郁结、洗净胸中烦恼的茶汤，带给人们平和清雅的感受，通过心灵的感化与美的引导，将高雅宁静的自然之美传递到品茗者心中。

西湖龙井茶

黄山毛峰

二、香味之美

"乃知道此为最灵物，宜其独得天地之英华。"生长在山川的茶树，吸收天地之间的灵气，为人所发现和欣赏，并将自然的气韵传递给爱茶之人，气息是将人与自然连接起来的通道。茶香因工艺不同而各具特色，同一款茶也会因冲泡条件不同具有各异的香气。正是这种变幻不定，使得茶的香气更具魅力。茶香清幽，"香于九畹芳兰气"；绵长悠远，"明日论诗齿颊香"；且自成"一种风流气味，如甘露，不染凡尘"。茶香的脱俗灵动，不仅带来感官层面的愉悦，更升华成为灵动的审美意象。

茶于春日万物复苏之际萌发，茶叶在恰当的时机被挑选采摘，经过精益求精的制备工艺后，其内质终将释出于茶汤。历代文人将茶汤赞颂为玉露琼浆，体现了茶汤甘美清爽。在喉吻享受之上的心神清爽，则是茶艺美学中对茶汤更深刻的审美维度。"流华净肌骨，疏瀹涤心原。"茶味清美，内心也随之澄净。品饮时不仅尝出茶汤滋味，亦能通过茶汤体悟清净之美。

第三节　水的审美

一片树叶从枝头的鲜叶到成品干茶，再到在水的冲浸下重焕生机，茶叶的生命轮回与水息息相关。明代许次纾在《茶疏》中说："精茗蕴香，借水而发，无水不可与论茶也。"茶叶滋味、香气与色泽的呈现，都需要用水冲泡或煎煮才能实现，因此，择水理所当然地成为茶艺审美中的一个重要组成部分。

一、文人择水的文化传统

文人品评择水之风，自陆羽《茶经》始。"用山水上，江水中，井水下。"陆羽以水源地为区分，将水分为三个品第，并且强调，"其江水，取去人远者""井，取汲多者"。唐人张又新的《煎茶水记》中记载，刘伯刍将宜茶之水分排名为："扬子江南零水第一；无锡惠山寺石泉水第二；苏州虎丘寺石泉水第三；丹阳县观音寺水第四；扬州大明寺水第五；吴松江水第六；淮水最下，第七。"品类次第虽多，只代表了一种审美取向，择水始终难有绝对的标准。

宋徽宗赵佶在《大观茶论》中提出，宜茶水品"以清轻甘洁为美"，是宋代以前历代茶人对水品评述的经验总结。清代梁章钜在《归田锁记》中认为"山中之水，方能悟此消息"，只有置身于山林之中，以山中甘泉冲泡佳茗，方能真正品尝到"香、清、甘、活"的茶品。难怪古人有"得佳茗不易，觅闰泉尤难"之说。

古人择水标准各自殊异，且限于古代科技水平，未必能为当代茶艺活动择水提供指导，但文人为了茶艺美学的追求，走访名山名泉，悉心分辨品评，只为寻找最清洌纯美的水源，由此可见爱茶人一颗赤诚之心。

二、水之美

孔子认为水有"德、义、道、勇、法、正、察、善、志"九种美德，水在中国传统文化中具有深刻的文化蕴含。饮茶作为修身养性的方式，对于水的品质要求也极为细致考究。明人张源在《茶录》中称："茶者，水之神；水者，茶之体。非真水莫显其神，非精茶曷窥其体。"水之于茶，犹如生命。茶水相逢，唯有精水与佳茗，才能成就一盏完美的茶汤。

《梅花草堂笔记》中说："茶性必发于水，八分之茶，遇十分之水，茶亦十分矣；八分之水，试十分之茶，茶只八分耳。"文人对精水名泉的执着追求，不仅是为了让佳茗的呈现更为出色，也映射着自身修养的追求。水的"清、洁、甘、活"，亦是自身心性与情操所追求的品格。

"坐酌泠泠水，看煎瑟瑟尘。"诚然，古人对水的品第评价具有感性色彩，而当代的自然环境与古时也大不相同，但在茶艺活动过程中，事茶人仍应保有古人对茶事执着的考究、饮茶时那份超然的心境和从未停止的精神追求。

第四节　茶境审美

茶境是与茶事活动相关的环境与处境，既关乎自然的外在环境，又注重内在的人文意境。欧阳修曾提出饮茶"五美"，即茶新、水甘、器洁、天朗、客嘉。茶艺活动中的每一个环节，都服务于整体意境的营造，通过情景交融的具体艺术意象，引导品茗者进入能够进行充分想象的艺术空间，使品茗者能够领悟到更为深远的艺术化境，获得寻绎不尽、味之无穷的审美美感。

一、茶器之美

明代许次纾在《茶疏》中说："茶滋于水，水藉于器，汤成于火，四者相须，缺一则废。"茶事活动中，茶、水、火、器，每一个环节都可以是独立的审美体验，并影响着整体的和谐与美感。茶器作为茶叶冲泡、茶水相遇的场所，也是美学观念得以呈现的场域。

唐代以前，茶器的工具性质凸显，审美性质尚未得到挖掘。在唐代陆羽《茶经》中记载了详细完备的茶事用具，通过烦琐的器具延长饮茶活动时间，为饮茶过程注入仪式感与审美空间。明代以后，饮茶方式的变革带来茶器的化繁入简，出现了古朴厚重的紫砂器具。

茶器之美涉及形、声、闻、味、触的感官体验，视觉上要观照茶汤的色泽，嗅觉上要适于持聚茶香，听觉上要注重注汤时水击容器的声响，茶器从多个层面上与茶汤配合以达到美感统一，营造出和谐优美的意境。形而下之器亦通形而上之道，茶器的色泽、形制与触感之美皆不拘于浅层，更在于其所寄托的文人品性追求与营造出的精神境界。

二、茶境之美

茶境，不拘于茶艺活动进行的场所环境，更是指茶事过程导人所入之境。事茶人通过对每一个茶事细节的调理与设计，在情景交融之中运用具体器具与艺术形式，引导品茗者进入能够进行充分想象的艺术空间，使品茗者能够领悟到更为深远的艺术化境，获得寻绎不尽、味之无穷的审美美感。

文人极其重视茶境，许次纾《茶疏·饮时》提出茶境应有"明窗净几、风日晴和、轻阴微雨、小桥画舫、茂林修竹、课花责鸟、荷亭避暑、小院焚香、清幽寺院、名泉怪石"等二十四宜。以境界清雅为宜，使人进入环境后沉静身心，全神贯注，人置身于自然之中，放任内心于悠远之境，欣赏事茶人流畅优美的姿态，品饮茶杯中甘美清新的茶汤，景美、意美、境美形成完整的审美体验。

第五节　技艺审美

事茶人是茶事活动的主理人，将观赏者带入一场与茶亲近的审美体验之中，事茶人以个人的专业知识、内心修养与审美情趣为基础，运用动作姿态、器具调理、环境营造，创造高于日常生活的艺术审美情境。

一、技近乎道

备器、择水、取火、候汤、泡茶，茶艺的各个步骤都因事茶人熟练的技艺而注入仪式感，事茶人优美的姿态与动作都是在延长每一个步骤，以陌生感来提示品茗者进入审美领域。

事茶人的专业技能体现在对茶叶的了解与对茶、水、器的适当选择、得体的仪表与优美的姿态、对在场品茗者的尊敬、礼仪与周到的服务。技可进乎道，只有茶、器、水、境协调统一，恰到好处，才能体现茶的真香、真色、真味。一名专业的事茶人要不仅能为品茗者提供可口茶汤，更要对茶艺美学和中国传统文化有较为深入的理解。茶艺演示虽有规范的要求，但若流于僵化凝滞，不能融入个人的理解，也很难达到茶艺美学的高度与深度。

当代茶艺简洁而不失精致，唯美而不失礼仪，每一个环节与动作不仅是创造当下的审美情境，背后更有着古往今来丰富的文化底蕴。茶艺过程所展现的姿态美感是更容易被欣赏和理解的，而茶艺的真正魅力，在于主客同时进入事茶人营造的茶境之中，发散出审美活动的更多可能性。

二、神韵灵秀

茶艺美学中的技艺之美也是神韵之美。孔子认为："正其衣冠，尊其瞻视。"事茶人的姿态谈吐，应尽显端庄优雅，将茶艺美学的神韵以自身姿态气质呈现出来。美感不仅在茶，也在人，雅趣亦从盏中出。事茶人仪态美与内在美达到统一，仪态是指外表，包括气质、姿态、风度，内在美通过事茶人的茶器审美、茶席营造、谈吐和表情等表达。

茶艺实质上是在物质与文化连接构建的审美空间中营造的审美体验，是形式和精神的完美结合，以心灵的感染与净化，给人们以最直接的愉悦与领悟。茶艺美学的神韵带给人们的不只是茶汤美妙的鲜爽，更是将悠远空灵的精神化境蕴藏在那一盏茶汤之中。

技能篇

第十一章
黄茶、白茶审评

黄茶和白茶的产量在茶叶总产量中所占比例不大，是特定的地域生态、品种和制作工艺造就的特色茶类。感官审评的重点，就是在感知茶类的共性表现基础上，全面审视茶类独特的风味和品质优劣。

第一节　黄茶、白茶审评方法

　　黄茶、白茶的审评项目包括外形、汤色、香气、滋味和叶底，依照的方法标准是GB/T 23776《茶叶感官审评方法》。其审评的操作流程为：取样→评外形→称样→冲泡→沥茶汤→评汤色→闻香气→尝滋味→看叶底，流程与其他茶类相同，只是具体的审评内容需要依照黄茶和白茶的品质标准和品质特征来判断。

一、操作方法

1. 取样

　　黄茶、白茶的取样应按照GB/T 8302—2013《茶　取样》规定执行。

2. 外形审评

　　黄茶、白茶外形审评的具体操作是：将缩分后有代表性的茶样100～200克，置于评茶盘中，双手握住茶盘对角，使用回旋筛转法，使茶样按粗细、长短、大小、整碎顺序分层。通过翻动茶叶，调换位置，用目测、手感的方法，查看比较茶叶外形的嫩度、形态、色泽、整碎度和洁净度。由于白茶外形舒展，操作需注意小心用力，避免茶叶破碎。

3. 内质审评

　　使用通用的柱形标准审评杯，内质审评开汤按3.0克茶、150毫升沸水加盖冲泡5分钟的方式进行操作，保持茶与水的比例为1：50。待滤出茶汤后，依照汤色、香气、滋味、叶底的顺序审评各项目。

　　黄茶、白茶汤色的审评内容包括茶汤的颜色种类与色度、明暗度和清浊度；香气的审评内容包括香气类型、浓度、纯度、持久性等；滋味的审评内容包括浓淡、厚薄、醇涩、纯异、鲜钝等内容；叶底的审评内容包括茶叶嫩度、色泽、明暗度、匀整度等内容。

二、品质评定评分方法

　　黄茶、白茶的品质评定评分方法用于茶叶品质排序。评分前，需对茶样进行分类、密码编号，审评人员应进行盲评。根据审评知识与品质标准要求，审评人员按外形、汤色、香气、滋味和叶底五个审评项目，采用百分制给每个茶样每项因子进行评分，并加注评语，评语引用GB/T 14487—2017《茶叶感官审评术语》。再将单项因子的得分与该因子的评分系数相乘，并将各个乘积值相加，即为该茶样审评的总分，依照总分的高低，完成对不同茶样品质的排序。依照GB/T 23776—2018《茶叶感官审评方法》规定，黄茶、白茶的审评项目评分系数相同，均为外形25%、汤色10%、香气25%、滋味30%、叶底10%。

第二节　黄茶、白茶品质要求

目前白茶类产品的生产区域有新的扩展，除传统的福建产区外，云南、广东、广西、湖南等地均有特色产品出现。

一、黄茶品质要求

黄茶产区主要集中在北纬30°附近地区，即长江流域沿线，包括四川、湖北、湖南、安徽、浙江等省。

（一）外形

1.嫩度

嫩度是决定黄茶品质的基本条件，传统黄茶按嫩度分黄芽茶、黄小茶、黄大茶三类，在GB/T 21726—2018《黄茶》标准中，黄茶类型分为芽型、芽叶型、多叶型和紧压型。芽型黄茶多呈针形或雀舌形，造型匀整；芽叶型黄茶嫩度为1芽1叶初展或开展，呈条、扁或兰花形；多叶型黄茶外形弯曲，相对较松，含一定嫩茎梗（图11-1）。

2.形态

黄茶外形条索要从松紧、曲直、壮瘦、圆扁来区分。以芽叶揉卷成条，芽尖完整，叶尖细嫩的锋苗含量多，芽头锋锐且显露者为好；断头去尾者称短秃，品质较次，显粗松者，为品质低下；以光润平伏为好茶，外观粗糙干枯者品质差；各种嫩度的黄茶都以肥壮、身骨重实或叶片厚实者品质好。

君山银针　　　　　　　　　　平阳黄汤　　　　　　　　　　霍山黄芽

图11-1　不同地域黄茶外形

3. 色泽

黄茶外形色泽主要从颜色类型与色度、光泽度两方面评判。色度是指颜色本身的纯正、深浅，而光泽度则是以茶条表面吸收光线与反光的程度来判别。色泽需从深浅、润枯、鲜暗、匀杂等方面判断。黄茶外形颜色要求以浅黄、润、鲜、色匀为好，反之为差。嫩茶条表面光滑、显润，老茶条表面粗糙、显枯黄。

4. 整碎

黄茶要求外形整齐，匀整表明采摘、加工水平高，品质好，断碎者品质次。

5. 净度

黄茶的净度要求是洁净，不夹杂梗、籽、老片，尤其不能夹杂非茶类的物质。

（二）内质

黄茶内质审评项目与其他茶类一样，分为汤色、香气、滋味和叶底四项。

1. 汤色

汤色一定程度上反映黄茶的品质优次（图11-2）。黄茶好的汤色分别是杏黄（芽型）、黄亮（芽叶型茶）、深黄（多叶型），以明亮者为佳。

君山银针茶汤　　　　　　平阳黄汤茶汤　　　　　　霍山黄芽茶汤

图11-2 不同地域黄茶茶汤

色度：黄茶汤色要求微黄、黄亮，黄大茶茶汤呈深黄色。

亮度：指茶汤亮与暗的程度，亮者质高，暗者质次。

清浊度：正常的黄茶汤色清澈，汤色混浊是茶叶闷黄过度产生劣变的后果之一。

2. 香气

黄茶的优良香气表现为嫩香、玉米香、熟栗香或花香。普通黄茶香气高纯、带火气，部分多叶型黄茶带焦豆香和锅巴香。

黄茶评审香气，同样要注重纯异、高低、长短。传统沩山毛尖采用烟熏加工，带松烟香是正常表现。多数普通黄茶具有高火香，多叶型黄茶（黄大茶）的焦香可视为正常。

君山银针叶底

平阳黄汤叶底

霍山黄芽叶底

图11-3 不同地域黄茶叶底

3. 滋味

黄茶滋味的总体特点是醇而不涩，浓而不苦，因而受到消费者的喜爱。

黄茶的滋味也需要从纯异、浓淡、强弱、鲜陈等方面予以评定。黄茶滋味的醇厚是基础滋味，这种滋味有别于绿茶的清爽，也不似红碎茶的浓烈，黄茶注重回味，以甘甜润喉为佳。

4. 叶底

黄茶叶底从嫩度、色泽、匀度三方面来评定优次（图11-3）。

嫩度：从芽叶含量、硬软、厚薄、摊卷程度予以区分。以嫩芽多，厚、软、能摊开者为好，叶底硬、薄、卷而不散摊的为次。

色泽：看色度和亮度，要求黄亮，青绿、泛红都非好叶色。黄茶叶底暗表明品质欠佳，可能是闷黄时温度过高，时间太长造成的。

匀度：要求老嫩一致，色泽一致，叶底夹杂较老芽叶、对夹叶或单片为差。

二、常用黄茶审评术语

（一）外形审评术语

细紧：条索细长，紧卷完整，有锋苗。

肥直：全芽，芽头肥壮挺直，满披茸毫，形状如针。

梗叶连枝：叶大梗长而相连，为霍山黄大茶外形特征。

鱼子（籽）泡：茶条表面有鱼子（籽）大的烫斑。

金镶玉：指芽头为金黄的底色，满披白色银毫，为君山银针特有的色泽。

金黄光亮：芽头肥壮，芽色金黄，油润光亮。

嫩黄：叶质柔嫩，色浅黄，光泽好。

褐黄：黄中带褐。

黄褐：褐中带黄。

黄青：青中带黄。

（二）汤色审评术语

杏黄：浅黄略带绿，清澈明亮。

浅黄：汤色黄，较浅，明亮。

深黄：色黄，较深，但不暗。

橙黄：黄中泛红，似橘黄色。

（三）香气审评术语

清鲜：清香鲜爽，细而持久。

清高：清香高而持久。

清纯：清香纯正。

板栗香：似熟栗子香。

焦香：似锅巴香、浓烈持久。

松烟香：带松柴烟香。

（四）滋味审评术语

甜爽：爽口而有甜感。

醇爽：醇而爽口，回味略甜。

鲜醇：鲜纯爽口，甜醇。

（五）叶底审评术语

肥嫩：芽头肥壮，叶质厚实。

嫩黄：色泽黄里泛白，叶质柔嫩，明亮度好。

黄亮：色黄而明亮，有浅黄、深黄之分。

黄绿：绿中泛黄。

三、白茶品质要求

白茶产品的分类，既有依产地划分，也有依品种划分，还有依嫩度划分的，目前以嫩度划分的方式为主流：白毫银针以满披茸毫的单芽加工而成；白牡丹以一芽二叶为原料加工而成；传统的贡眉以小菜茶为加工原料，嫩度与白牡丹相近，但目前的贡眉与寿眉更强调嫩度低于白牡丹。随着市场需求变化，也出现了采用轻度揉捻、压制处理的白茶产品。白茶以福建产量最大，其他地区白茶也在发展。白茶品质的总体要求是形态壮实、茸毫丰富、光泽鲜亮，茶汤清亮，香甜味醇，叶底完整一致。

（一）外形

依照嫩度的不同，白茶分为白毫银针、白牡丹、贡眉和寿眉等，这些产品的外形在具有共同茶类特征的基础上，各有特点，具体见下表（表11-1）。

表11-1　各类白茶外形基本品质特点

类型	白毫银针	白牡丹	贡眉	寿眉	压制白茶饼
形态	芽针肥壮，挺直披毫	芽叶连枝，自然舒展，叶张肥嫩，毫针壮实，完整	芽叶连枝，叶张细嫩，显毫	芽叶尚连枝，有破张，尚匀含茎	圆正，松紧适度，部分含嫩茎
色泽	银白匀亮	叶面灰绿或翠绿，色调和，毫针银白	灰绿或墨绿色调和，毫针银白	灰绿、绿褐泛红尚润，尚匀整	银白透绿，或灰绿，或黄褐
茶样					

（二）内质

传统白茶内质的基本要求是汤色明亮，香气清新显毫香，滋味清鲜甜和，叶底完整，不同嫩度的白茶压制的产品应具有相应规格白茶的品质。不同类型白茶的基本品质特点见下表（表11-2）。

表11-2　各类白茶内质基本品质特点

类型	白毫银针	白牡丹	贡眉	寿眉
汤色	浅杏黄，清澈明亮	浅黄或黄明亮	黄绿，或黄亮	深黄尚亮或泛红
香气	毫香显露，清高	清新，带毫香	清纯，有毫香	纯正，或微粗或带青气
滋味	清鲜甜和	清醇带甜	醇厚，带清甜	浓尚醇
叶底	嫩绿肥软，明亮，匀整	叶张完整，黄绿明亮，叶梗叶脉微红	软嫩尚匀整，灰绿稍匀亮，带红张	叶张尚软嫩，有破张，暗绿或带红张

1. 汤色

白茶汤色以浅黄明亮、淡黄绿、橙黄明亮或浅杏黄明亮为好，红、暗、浊为劣。

2. 香气

白茶香气以毫香浓郁、清鲜纯正为上，淡薄、生青气、发霉失鲜、有发酵气为差，陈化的白茶要求香气陈纯。

3. 滋味

白茶滋味以鲜美、醇爽、清甜为上，粗涩淡薄为差，陈化的白茶要求滋味陈醇。

4. 叶底

白茶叶底的嫩度和色泽需作为重要因子加以评定。叶底嫩度以匀整、毫芽多为上，带硬梗、叶张破碎、粗老为次；色泽以鲜亮为好，花杂、暗红、焦红边为差。

四、常用白茶审评术语

（一）外形审评术语

毫芯肥壮：芽肥嫩壮大，茸毛多。

茸毛洁白：茸毛多，洁白而富有光泽。

芽叶连枝：芽叶相连成朵。

叶缘垂卷：叶面隆起，叶缘向叶背卷起。

舒展：芽叶柔嫩，叶态平伏伸展。

皱折：叶张不平展，有皱折痕。

弯曲：叶张不平展，不服帖，带弯曲。

破张：叶张破碎。

蜡片：表面形成蜡质的老片。

银芽绿叶、白底绿面：指毫芯和叶背银白茸毛显露，叶面为灰绿色。

墨绿：深绿泛乌，少光泽。

灰绿：绿中带灰，属白茶正常色泽。

暗绿：叶色深绿，暗无光泽。

黄绿：呈草绿色，非白茶正常色泽。

铁板色：深红而暗，似铁锈色，无光泽。

（二）汤色审评术语

杏黄：浅黄透绿，明亮。

橙黄：黄中微泛红。

浅橙黄：橙色稍浅。

深黄：黄色较深。

浅黄：黄色较浅。

黄亮：黄而清澈明亮。

暗黄：黄较深暗。

微红：色泛红。

（三）香气审评术语

嫩爽：鲜嫩、活泼、爽快的嫩茶香气。

毫香：白毫显露的嫩芽所具有的香气。

清新：清高新鲜。

鲜纯：新鲜纯和。

酵气：白茶萎凋过度，带发酵气味。

青气：白茶萎凋不足或火功不够，有青草气。

（四）滋味审评术语

清甜：入口感觉清鲜爽快，有甜味。

醇爽：醇而鲜爽，毫味足。

醇厚：醇而甘厚，毫味不显。

青味：茶味淡而青草味重。

（五）叶底审评术语

肥嫩：芽头肥壮，叶张柔软、厚实。

红张：萎凋过度，叶张红变。

暗张：色暗黑，多为雨天制茶形成死青。

暗杂：叶色暗而花杂。

第三节　黄茶、白茶常见品质弊病

黄茶和白茶的品质表现，也受品种、地域、季节气候、工艺和贮藏等因素影响。尤其是加工中若处置不当，品质必然出现弊病。而黄茶和白茶的特定工序，也可能产生该茶类常见的品质缺陷。

一、黄茶常见品质弊病

干茶异色：绿色、褐色、橙色和红色均不是正常的色泽。色暗者质次。

劣变汤色：因加工不当，黄茶形成橙色或红褐色汤色；汤色混浊是闷黄过度所致；茶汤带褐多系陈化质变之茶。

异味污染：在生产、贮运过程中茶叶吸附外源气味，出现不协调感，影响品质。

风味不协调：闷黄处理程度不当所致，过轻易青涩，过重则钝闷。

二、白茶常见品质弊病

红叶多或变黑：开青后置架上萎凋，萎凋过程翻动过多、过重，以致芽叶因机械损伤而红变，或因重叠而变黑。

黑霉：多见于阴雨天，萎凋时间过长，或低温长时堆放，干燥不及时的产品。

花杂、橘红：在复式萎凋中处理不当，毛茶常出现色泽花杂、橘红等缺点。

毫黄：干燥温度偏高所致。

破张多，欠匀整：干燥水分控制不当，干燥后装箱不及时，操作时缺少轻取轻放的良好规范。

青绿：常见于温度过高，失水速度快，萎凋不足，同时香味会偏青。

腊叶老梗：常见于采摘粗放，夹带不合格的原料加工的产品。

毫香不足：外观有毫但毫香不足，多因烘温控制不当导致。

滋味青涩：多见于萎凋时间不足或萎凋速度偏快的白茶。

第十二章
再加工茶审评

以毛茶或精制茶等为原料再加工后制成的茶称为再加工茶，主要包括花茶、袋泡茶、速溶茶和粉（末）茶等。

第一节　再加工茶审评方法

再加工茶的审评包括花茶审评、袋泡茶审评、速溶茶和粉（末）茶的审评，由于各品种茶的原料、加工工艺和饮用方式不同，审评方法也有所不同。

一、花茶审评

花茶是用香花和茶坯窨制而成的再加工茶，又叫熏制茶或香片。花茶品种较多，有茉莉花茶、白兰花茶、珠兰花茶、玫瑰花茶、代代花茶和桂花茶等。不同茶类适窨的香花有所差别，如绿茶适窨茉莉花、白兰花、桂花、珠兰花和代代花，红茶适窨玫瑰花，绿茶和乌龙茶适窨桂花，因此，不同香花窨制的花茶品质各具特色，一般情况下，茉莉花茶鲜灵，白兰花茶浓烈，珠兰花茶清幽，玫瑰花茶甘甜，玳玳花茶浓郁。

（一）花茶的审评方法

花茶审评包括外形、汤色、香气、滋味和叶底5个因子。先看外形，花茶的外形基本上与茶坯相同，包括条索、整碎、色泽和净度；再开汤审评，看汤色，嗅香气，尝滋味，最后看叶底，部分花茶开汤冲泡前需先将茶样中的花蕊、花瓣和花蒂等拣去。花茶的内质审评方法有单杯1次、单杯2次、双杯1次和双杯2次四种冲泡方法。

1. 单杯一次冲泡法

称取3.0克茶样，用150毫升评茶杯、240毫升评茶碗。评茶杯中注满沸水，加盖冲泡5分钟，开汤后先看汤色，再嗅香气，嗅香气时，热闻香气的鲜灵度、温嗅浓度和纯度，同时尝滋味，评滋味的鲜灵度，最后冷闻香气，评香气的持久性。此方法适用于有熟练审评技术的人员（图12-1至图12-5）。

2. 单杯二次冲泡法

一杯茶用二次冲泡，称取3.0克茶样，用150毫升评茶杯、240毫升评茶碗。评茶杯中注满沸水，第一次冲泡时间3分钟，评香气和滋味的鲜灵度。第二次泡5分钟，评香气的浓度和纯度，滋味的浓度和醇度。

3. 双杯一次冲泡法

同时称取2份同一茶样3.0克，用2套150毫升评茶杯、240毫升评茶碗。评茶杯中注满沸水，两杯同时一次冲泡，时间5分钟，把茶汤倒入碗中，再热嗅香气的鲜灵度和纯度，冷嗅香气的持久性。

图12-1　外形审评

图12-2　单杯二次冲泡的第一次冲泡

图12-3　闻香

图12-4　尝味

图12-5　叶底审评

4. 双杯二次冲泡法

同一茶样称取2份，用2套150毫升评茶杯、240毫升评茶碗。评茶杯中注满沸水，其中一份专用于审评香气，冲泡3分钟，嗅香气的鲜灵度，续泡5分钟，评香气的浓度和纯度；另一份冲泡5分钟，专用于审评汤色、滋味和叶底。

双杯二次冲泡法较前三种方法更细致，是GB/T 23776—2018《茶叶感官审评方法》列入的花茶审评方法，但此方法操作比较烦琐、耗时长，多是在规范性评茶、茶样的品质差异较小或者是审评人员意见不一致时使用。

（二）花茶的审评项目

1. 外形审评

（1）条索

看条索的细紧粗松、茶质轻重、茶身圆扁弯直，以及长秀短钝、有无锋苗和毫芽等。审评时要注意鉴别细与瘦、壮与粗、茶芽肥壮与驻芽等之间的差别。

（2）整碎

评面张、中段茶、下段茶的比重和各筛号茶的比例，看面张茶是否平伏，特别要注意下段茶的比例不能超标。

（3）色泽

看颜色、枯润和匀杂。

（4）净度

看梗、筋、籽、片等以及非茶类夹杂物的含量。

2. 内质审评

（1）香气

评香气的鲜灵度、浓度和纯度（即"鲜、浓、纯"）。香气以高锐鲜灵为上。浓度以浓重为上，当香气不易区别时，可采用二次冲泡法，第一次3分钟，嗅香，主要看鲜灵度，第二次5分钟，鉴定浓度。

（2）滋味

评茶汤的醇和、鲜爽和浓厚度。

（3）汤色

看茶汤的色泽类型和明亮度。花茶的汤色一般比素坯汤色深。

（4）叶底

看嫩度、匀度、色泽类型及其亮度，着重看嫩度和匀度。

（三）花茶审评的评分方法

花茶审评的评分方法按GB/T 23776—2018《茶叶感官审评方法》执行，按5因子审评法评分，评分审评因子及其权重的计分规定见表12-1。

表12-1　花茶感官审评因子及权重规定

审评因子	外形	内质			
		汤色	香气	滋味	叶底
权重（%）	20	5	35	30	10

二、袋泡茶审评

袋泡茶是以毛茶、精制茶为主要原料，经拼配、切（轧）碎后，采用对人体无毒无害的滤纸或其他材料制成的滤袋包装而成，以袋茶冲泡方式饮用的再加工茶。目前袋泡茶种类较多，主要有绿茶袋泡茶、红茶袋泡茶、乌龙茶袋泡茶、白茶袋泡茶、黑茶袋泡茶、黄茶袋泡茶、花茶袋泡茶和其他拼配茶袋泡茶等。袋泡茶分为普通型、名茶型和其他类型。

（一）袋泡茶的审评方法

袋泡茶审评包括外形、汤色、香气、滋味和叶底5项因子。审评先看外形，再开汤看汤色、嗅香气、尝滋味和看叶底。袋泡茶的外形评包装，冲泡时取1茶袋，将内包装袋和茶叶一并放入150毫升审评杯中冲泡开汤（不必拆开内包装袋）（图12-6），注满沸水，加盖冲泡3分钟时揭盖上下提动袋茶两次（再次提动间隔1分钟，图12-7），提动后随即盖上杯盖，至5分钟将茶汤沥入240毫升评茶碗中，依次评汤色、嗅香气、尝滋味，最后审评叶底。

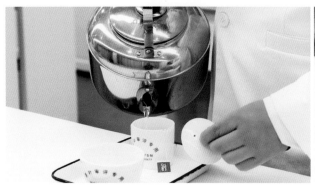

图12-6　冲泡注水

图12-7　抖袋

（二）袋泡茶的审评项目

1. 外形审评

袋泡茶的外形只评包装，不必开包破袋倒出茶叶看内含茶叶的外形，而是看包装材料、包装方法、形状设计以及包装袋是否完好等。

2. 内质审评

（1）汤色

看汤色的类型和明亮度。同一类茶叶的汤色色度与品质有较强的相关性，汤色明亮度以明亮鲜活为上。

（2）香气

香气评类型、纯异、高低和持久性。袋泡茶香气必须具有原茶的良好香气，添加了其他原料的袋泡茶，香气应协调适宜、正常能被人接受为准。袋泡茶冲泡时可能会受包装袋的影响，嗅香气时要特别注意是否有包装带来的异味。

（3）滋味

评茶汤的浓度、鲜爽度和醇正。

（4）叶底

看冲泡后滤袋有否破损，茶渣有否溢出茶袋。如有提线，检查是否从茶包上脱落。

（三）袋泡茶审评的评分方法

袋泡茶审评的评分方法按GB/T 23776—2018《茶叶感官审评方法》执行，审评因子及其权重的计分规定见表12-2。

表12-2　袋泡茶感官审评因子及权重规定

审评因子	外形	内质			
		汤色	香气	滋味	叶底
权重（%）	10	20	30	30	10

三、速溶茶审评

速溶茶是以茶鲜叶、半成品、毛茶、成品茶或茶叶副产品为原料，经浸提、浓缩、干燥等工艺制成的能速溶于水、溶解后无沉淀的再加工茶。速溶茶有纯速溶茶和调味速溶茶两类，调味速溶茶是以纯速溶茶为主要原料，辅以糖、香料或其他辅料配制而成的一类混合速溶茶。从溶解方式上分，速溶茶分热溶性速溶茶和冷溶性速溶茶两种，饮用具有快捷、方便、卫生的特点。

（一）速溶茶的审评方法

速溶茶审评因子包括外形、汤色、香气和滋味，但审评不看叶底。速溶茶审评程序为先看外形，再开汤看汤色、嗅香气、尝滋味。外形审评看颗粒、色泽和流动性等。称取0.5克速溶茶样2份，置于2只干燥、无色透明的玻璃杯中，分别用15～20℃冷开水和沸水150毫升冲泡，审评溶解性、汤色、香气和滋味。

（二）速溶茶的审评项目

1. 外形审评

速溶茶的外形审评形状和色泽。

（1）形状

速溶茶的形状有粉状、颗粒状（珍珠形和不定形颗粒）、碎片状等。不管哪种形状，颗粒直径大小、匀度和疏松度都是决定速溶性最主要的指标。颗粒状的速溶茶要求大小均匀、呈空心状，颗粒间互不黏结，具有流动性，无裂崩现象。直径小于200微米颗粒越多，速溶性越好。若结构体的疏松度为0.13克/毫升，外形最好，太过疏松容易碎，过紧溶解性变差。碎片状的外形要求片薄卷曲、不重叠。

（2）色泽

速溶茶的色泽要求与茶类对应，速溶红茶为红黄、红棕或红褐，速溶绿茶为黄绿色或黄色。色泽鲜活为上。

2. 内质审评

（1）汤色

需看汤色类型、明亮度、溶解性。冷溶速溶茶溶解性看冷开水冲泡时杯中茶汤的溶解性，汤中不得有沉淀，并兼顾沸水冲泡茶汤的速溶性。冷泡要求清澈透亮，冷溶茶溶解后出现浮面、或有颗粒悬浮或呈块状沉结于杯底的，只能作热饮用。

（2）香气

香气评类型、纯异，要求有原茶风格，无酸馊气。调味速溶茶香气要协调。

（3）滋味

滋味评类型、纯异，要求有原茶滋味，无熟汤味和其他异味。调味速溶茶风味要协调，酸甜可口。

（三）速溶茶审评的评分方法

速溶茶审评的评分方法按表12-4审评因子及权重规定计分。

表12-4　速溶茶感官审评因子及权重规定

审评因子	外形	内质		
		汤色	香气	滋味
权重（%）	10	20	35	35

四、粉（末）茶审评

粉茶是以茶鲜叶为原料，按基本茶类加工工艺制作成毛茶，再经粉碎、加工制成的粉末状再加工茶。粉茶有绿茶粉、红茶粉、白茶粉、黄茶粉、乌龙茶粉、黑茶粉以及花茶粉等产品。

抹茶是以覆盖遮阴技术栽培的茶树鲜叶为原料，经杀青、干燥、超微粉碎等特殊工艺制成的纯天然、超微细的粉末状茶产品。

（一）粉（末）茶的审评方法

粉（抹）茶审评因子包括外形、汤色、香气和滋味，粉（末）茶审评不看叶底。审评先看外形，再开汤看汤色，嗅香气，尝滋味。外形是评色泽、形态和均匀度等。外形审评完成后，称取0.6克粉（末）茶样，置于240毫升的评茶碗中，用150毫升的评茶杯，注满沸水，定时3分钟，用茶筅搅拌，依次评汤色、香气和滋味（图12-8至图12-12）。

图12-8　冲泡准备

图12-9　注水

图12-10　搅匀

图12-11　闻勺底香

图12-12　尝味

（二）粉（末）茶的审评项目

1. 外形审评

（1）形状

粉（末）茶的外形审评色泽、颗粒和均匀度。颗粒直径大小和均匀度是评定粉茶外形最主要的指标。翠绿色泽和粒径大小是决定末茶外形最主要的指标。粉（末）茶要求颗粒大小均匀、细腻，颗粒间互不黏结，无结块现象。

（2）色泽

绿茶粉和末茶以色泽翠绿、鲜活，颗粒细腻均匀为上。红茶粉色泽红黄或橙红，黄茶粉色泽黄绿，乌龙茶粉色泽黄绿、橙黄或浅橙红，黑茶粉色泽黄褐或红褐。

2. 内质审评

（1）汤色

审评看汤色的类型、浑浊度和沉淀物颗粒大小。

（2）香气

评香气的类型、高低和纯异。要求有原茶风格，无异气。

（3）滋味

评滋味的类型、浓度和纯异。要求有原茶滋味，无异味。

（三）粉（末）茶审评的评分方法

粉（末）茶审评的评分方法按GB/T 23776—2018《茶叶感官审评方法》执行，审评因子及其权重的计分规定见表12-5。

表12-5　粉（末）茶感官审评因子及权重规定

审评因子	外形	内质		
		汤色	香气	滋味
权重（%）	10	20	35	35

第二节　再加工茶品质要求

再加工茶品质的形成与茶树品种、生长条件、栽培技术、加工工艺等众多因素有关。我国的再加工茶均有其各自的品质特征，主要是原料和制法不同，使其原料中的主要化学成分，特别是茶叶中的呈味物质发生化学反应，从而形成不同风格的再加工茶。

一、花茶品质要求

（一）茉莉花茶

1. 茉莉花茶基本要求

品质正常，无劣变、无异味、无异嗅，不得含有非茶、非花类夹杂物和任何人工合成的添加剂。

2. 特种茉莉花茶

（1）外形

特种茉莉花茶外形比较丰富，有造型茶、大白毫、毛尖、毛峰、银毫、春毫和香毫等。① 造型茶为针形、兰花形或其他特殊造型，要求形状特征明显，色黄褐。② 大白毫外形肥壮，紧实，满披白毫，黄褐银润。③ 毛尖外形毫芽细秀，紧结平伏，白毫显露，黄褐油润。④ 毛峰外形紧结，肥壮，锋毫显露，黄褐润。⑤ 银毫外形紧结，肥壮平伏，毫芽显露，黄褐油润。⑥ 春毫外形紧结，细嫩平伏，毫芽较显，黄褐油润。⑦ 香毫外形紧结显毫，黄褐润。各类茶均要求洁净、匀整。

（2）内质

特种茉莉花茶香气总体要求鲜灵浓郁，滋味鲜醇或浓醇鲜爽，汤色嫩黄、黄绿或黄亮，清澈明净或明亮，叶底嫩匀绿亮。但由于窨制过程中配花量、配窨次数的不同，香气有所差异。① 造型茶香气鲜灵浓郁，持久；滋味鲜浓醇厚；汤色嫩黄、清澈明亮；叶底嫩黄绿，明亮。② 大白毫香气鲜灵浓郁，持久悠长；滋味鲜爽醇厚，甘滑；汤色浅黄或杏黄，鲜艳明亮；叶底肥嫩多芽，嫩黄绿，匀亮。③ 毛尖香气鲜灵浓郁，持久清幽；滋味鲜爽甘醇；汤色浅黄或杏黄，清澈明亮；叶底细嫩显芽，嫩黄绿，匀亮。④ 毛峰香气鲜灵浓郁，高长；滋味鲜爽浓醇；汤色浅黄或杏黄清澈明亮；叶底肥嫩显芽，嫩绿匀亮。⑤ 银毫香气鲜灵浓郁；滋味鲜爽醇厚；汤色浅黄或黄，清澈明亮。⑥ 春毫香气鲜灵浓纯；滋味鲜爽浓醇；汤色黄明亮；叶底肥嫩，黄绿匀亮。⑦ 香毫香气鲜灵纯正；滋味鲜浓醇；汤色黄明亮；叶底嫩匀，黄绿明亮。

3. 定级茉莉花茶

定级茉莉花茶有烘青茉莉花茶和炒青茉莉花茶两类，是以不同等级烘青或炒青茶坯和茉莉鲜花为原料加工而成不同级别、不同规格的茉莉花茶。定级茉莉花茶分特级、一级、二级、三级、四级和五级共六个等级。

（1）烘青茉莉花茶外形

特级茶外形细紧或肥壮，有锋苗，有毫，色绿黄润。一级茶紧结有锋苗，色绿黄尚润。二级茶尚紧结，色绿黄。三级茶尚紧，色尚绿黄。四级茶稍松，色黄稍暗。五级茶稍粗松，色黄稍枯。匀整度、老嫩度符合原料级别要求。

（2）烘青茉莉花茶内质

特级茶香气鲜浓持久；滋味浓醇、爽；汤色黄亮；叶底嫩软匀齐，黄绿明亮。一级茶香气鲜浓；滋味浓醇；汤色黄明；叶底嫩匀，黄绿明亮。二级茶香气尚鲜浓；滋味尚浓醇；汤色黄尚亮；叶底嫩尚匀，黄绿，亮。三级茶香气尚浓；滋味醇和；汤色黄尚明；叶底尚嫩匀、黄绿。四级茶香气香薄；滋味尚醇和；汤色黄、欠亮；叶底稍有摊张，绿黄。五级茶香气弱；滋味稍粗；汤色黄较暗；叶底稍粗大，黄稍暗。

（3）炒青茉莉花茶外形

扁平、卷曲、圆珠或其他形状茶色泽黄绿或黄褐润。特级茶紧结显锋苗，绿黄，润。一级茶紧结，绿黄，尚润。二级茶紧实，绿黄。三级茶尚紧实，尚绿黄，有筋。四级茶粗实，黄稍暗。五级茶稍粗松，黄稍枯，尚匀。匀整度、老嫩度符合原料相应要求。

（4）炒青茉莉花茶内质

扁平、卷曲、圆珠或其他形状茶香气鲜灵浓郁，持久；滋味鲜浓醇爽；汤色浅黄或黄明亮；叶底细嫩或肥嫩匀，黄绿明亮。特级茶香气鲜浓纯；滋味浓醇；汤色黄亮；叶底嫩匀或黄绿明亮。一级茶香气浓尚鲜；滋味浓尚醇；汤色黄明；叶底尚嫩匀，黄绿尚亮。二级茶香气浓；滋味尚浓醇；汤色黄尚亮；叶底尚匀黄绿。三级茶香气和滋味尚浓；汤色黄尚明；叶底欠匀绿黄。四级茶香气较弱；滋味平和；汤色黄欠亮；叶底稍有摊张，黄。五级茶香浮；味较粗，汤色黄稍暗。

（二）其他花茶

1. 其他花茶基本要求

品质正常，无劣变、无异味、无异嗅，不得含有非茶、非花类夹杂物和人工合成的添加剂。

2. 其他花茶外形

其他花茶品种较多，包括白兰花茶、珠兰花茶、玫瑰花茶、玳玳花茶和桂花茶等，条形茶外形细紧、长秀、色润、匀整，具有与该产品特色相匹配的外形。

3. 其他花茶内质

茶和花的香味融合协调，具有与产品特色相匹配的汤色，汤色明亮，叶底嫩匀。

二、袋泡茶品质要求

（一）袋泡茶基本要求

品质正常，无劣变、无异味、无异嗅，不得含有与原料无关及其他任何人工合成的添加剂。

（二）袋泡茶外形

滤袋完整、无破裂，无霉变，提线不脱落。

（三）袋泡茶内质

除花茶袋泡茶外，茶的香气纯正，滋味平和，花茶有花香。绿茶袋泡茶滋味平和，汤色绿黄。红茶袋泡茶滋味尚浓，汤色红。乌龙茶袋泡茶滋味醇和，汤色橙黄或橙红。黄茶袋泡茶滋味醇和，汤色黄。白花袋泡茶滋味醇正，汤色浅黄。黑茶袋泡茶醇和，汤色褐红或橙黄。叶底茶袋无破裂，不溃破，不漏茶。

三、速溶茶品质要求

（一）速溶茶基本要求

品质正常，无劣变、无异气味，无杂质。

（二）速溶茶外形

速溶茶的形状特征明显，不结块，溶解性好，颗粒均匀，疏松度好，颗粒间互不黏结，具有流动性，无裂崩。碎片状速溶茶片薄卷曲、不重叠。茶色，应具有与原料相匹配的色泽，鲜活，速溶红茶红黄、红棕或红褐色，速溶绿茶黄绿或黄色。

（三）速溶茶内质

汤色明亮，溶解性好，无沉淀。无异气味。香气和滋味具有原茶风格，无酸馊气，无熟汤味和其他异味。调味速溶茶香气和滋味要协调、可口。

四、粉（末）茶品质要求

（一）粉（末）茶基本要求

品质正常，无劣变、无异气味、无霉变，无非茶类物质。

（二）粉（末）茶外形

粉茶颗粒大小细匀，具有与原料茶相对应的色泽，绿茶粉色翠绿、绿或黄绿，红茶粉色泽红黄或橙红，黄茶粉色泽黄绿，乌龙茶粉色泽黄绿、橙黄或浅橙红，黑茶粉色泽黄褐或红褐，不结块。末茶颗粒细腻，翠绿鲜亮，活，不结块。

（三）粉（末）茶内质

具有与原料相对应的汤色、香气和滋味，茶汤有悬浮茶粒子，底部沉淀，香气纯正、滋味醇正，无异气、味。无异常滋味。末茶汤色翠绿、鲜活、亮，清香显或有海苔香味，滋味醇爽清鲜。

第三节　再加工茶常见品质弊病

再加工茶的品种较多，加工工艺比较繁复。在再加工茶加工制作过程中，稍有不慎就有可能产生对品质不利的影响。在审评过程中，必须掌握再加工茶最常见的品质弊病，判断出生产过程中产生品质弊病的原因，以提高再加工茶的品质。

一、花茶常见品质弊病

花瓣量超标：对花茶标准含花量控制不当。

夹有花蒂或非茶类夹杂物：采花不规范。

透素：香气或滋味中茶坯的品质特征较明显。

透兰：透兰又叫透底，茉莉花茶香气中透出打底的玉兰花香味。

水闷味：窨制过程中通花散热不当。

花蒂味：鲜花质量差，僵花多，产生花蒂味。

茉莉花茶汤色泛红：素茶为陈坯或窨制过程有热堆现象。

香浮、香薄：下花量不足，鲜花护理不当或拌和不均匀。

霉气味：含水量过高或贮存不当产生霉变。

花香不协调：鲜花与茶坯搭配不当。

二、袋泡茶常见品质弊病

破袋：干茶和叶底包装袋破裂。

提线脱落：提线与茶包分离。

异气味：包装袋材质不符合要求，有异气味，带入茶中。

霉味：含水量过高或贮存不当产生霉变。

茶汤浑浊：袋内茶叶原料过细，颗粒物落入到茶汤中。

漏茶：冲泡时茶渣漏出茶袋。

茶夹袋：茶袋包中茶叶钻夹于茶袋包的夹缝或边缘处。

三、速溶茶常见品质弊病

外形不均匀或不规则：加工时造型技术控制不当。

颗粒黏结：颗粒间相互粘连。

流动性不好：颗粒间流动性差。

茶汤浑浊：溶解性不好，茶汤不亮。

杂味：多由提取时提取液的气味带入。

霉气：贮存不当发霉。

酸馊气：茶叶含水量高，加工不当、变质所出现的不正常气味，馊气程度重于酸气。

熟汤味：加工技术不当，茶汤入口不爽，带有蒸熟或闷味。

焦气味：干燥过度。

四、粉（末）茶常见品质弊病

1. 粉茶

颗粒过大：粉碎设备不符合要求或粉碎时间不够。

结块：水分含量高使粉体结成块状。

霉气：贮存不当发霉。

异气味：贮存不当，茶叶吸附异杂味造成。

2. 末茶

除具有粉茶品质的常见弊病外，末茶的常见弊病还有以下两种。

色泽偏黄：原料鲜叶不符合要求或加工中叶绿素损失大。

香气清鲜度不够：加工过程中杀青、干燥技术控制不当。

第十三章
茶饮的创新设计

随着时代的变迁和需求的变化，作为一种饮料，茶叶的消费方式和产品形态不断发生着迭代和巨大变化，各种新型的茶饮产品不断涌现。了解和学习茶饮创新的变化趋势、新型茶饮特点与设计方法、产品运营模式等知识，对茶饮的创新和新产品创制，以及进一步拓展茶叶市场等都具有重要的意义。

第一节　茶饮创新现状与趋势

自古以来，茶就是一种健康饮品，是中国人心目中的国饮。随着时代变迁和消费习惯的变化，茶饮的消费模式发生了巨大的变化。

一、茶饮创新现状

饮茶方式随时代变迁和需求而变化，在中国先后形成了三大类不同的茶叶消费方式。

1. 传统的"沏泡热饮"

传统茶源自中国，悠久的中国茶文化和历史造就了六大类中国茶及其繁多的花色品种，但就饮用方式而言，基本为"沏泡热饮"，以单纯的清饮为主，少量混合饮用，这是茶饮的第一种阶段，也是最传统的饮茶方式。

2. 液态罐（瓶）装即饮茶饮料

20世纪70到80年代，以美国的调味茶饮料和日本的纯茶饮料为代表的现代液态即饮茶饮料开创了茶叶饮用的新时代，创立了一种工业化、标准化生产的，可随时饮用的茶饮新方式，突破了传统茶叶饮用的地域、环境和条件的束缚，显著拓展了茶叶饮用范围和适宜人群。中国液态茶饮料从2000年的85万吨发展到2020年的1500万吨，增长了近18倍，成为一种与传统中国茶叶消费不同的饮用方式。

3. 新式茶饮

2010年后，随着人们对美好生活需求的提高及生活节奏的不断加快，年轻消费者已不满足于茶的传统"沏泡热饮"方式和同质化、无个性的液态罐（瓶）装即饮茶饮料产品，对饮品的"天然""健康""方便"和"时尚"等都有了更高要求。2015后，随着互联网、物联网以及各种新型商业模式的创新，具有天然材质、时尚设计、现场制作和方便即饮等特点的新茶饮脱颖而出，新型茶饮企业不断涌现，形成了与传统消费方式和液态即饮茶饮料完全不同的新茶饮消费模式。2019年，中国的新茶饮门店已达到50万家，年消耗茶叶近20万吨，成为茶叶消费新的方式。

二、茶饮创新趋势

新式茶饮作为茶叶消费的新途径之一，正在也必将发生不断的创新和改变。

1. 食材天然化、绿色化

随着人们的物质生活从数量型、温饱型向质量型、健康型的转变，作为具有健康概念的茶饮消费必将走向更为天然、绿色的方向，特别是材质将会选用更为健康的天然、绿色、安全的原材料，"低糖、零脂、轻体"的健康理念将更加吸引消费者，呈现出更具竞争力的市场表现。

2. 产品品质个性化、特色化

我国地域辽阔、民族众多，各地的消费习惯、消费文化和消费水平都不相同，因此产品的多样化和个性化永远是产品设计的主题。随着茶饮市场的不断细分，产品将更趋多样化，针对不同地域、性别、年龄的差异化需求，不同特色的、个性化的茶饮产品将不断涌现。

3. 外观设计时尚化、方便化

茶饮市场消费的主力军主要是年轻一代，而时尚化、方便化的设计永远是年轻人追求的产品元素，因此如何将茶文化元素、美感及方便化设计有机融合到产品中，满足消费者的需求，将是茶饮产品的重要发展趋势。

4. 产品制造高质化、标准化

食材天然化、绿色化必然对茶饮的加工技术提出更高的要求。考虑到茶叶极易氧化劣变，液态茶饮料的高保真制备和贮运保鲜等技术上亟待创新与突破；目前新式茶饮产品较好地解决了人们对天然食材、现调现饮和美观设计的需求，但产品的人力成本高、产品标准化程度低以及卫生等问题困扰着新式茶饮企业。因此，利用现代智能化科技有效解决制备和贮运保鲜技术以及人力成本高的问题，从全产业链考虑原料的稳定性和解决产品设计的个性化与标准化问题是今后必须解决的两大瓶颈问题。

5. 产业链多元化、融合化

随着茶饮市场的不断扩大，茶饮产业链与涉及面将日益扩大，将形成一个较为独立的茶产业消费领域。一方面会将相关的专用茶叶生产、茶饮产品设计和茶饮制造密切联系起来，另一方面茶饮将与咖啡、酒、食品等相关食品、饮料相互融合形成更多特色的产品，另外还会通过与各种线上销售渠道展开合作，解决市场的对接问题。

第二节　新式茶饮主要类型与特点

新式茶饮是在传统茶叶消费和工业化茶饮料基础上，为适应新时代天然、健康、时尚、方便的消费新需求而发展起来的，创制出的产品种类迭代和发展变化很快，不同品牌的产品名称也各不相同，主要有水果茶饮、蔬草茶饮、果奶茶饮、奶制茶饮、奶盖茶饮、冰沙茶饮、鸡尾茶饮、气泡茶饮、冷萃茶饮等，但总体而言，主要有新式奶茶系列、水果茶系列、混合茶系列、新式纯茶系列、末茶系列等几大类产品。

图13-1　奶盖茶

图13-2　新式水果茶

一、奶茶系列产品

新式奶茶系列产品是以发酵的红茶、乌龙茶等茶叶为主要原料，配以鲜奶或奶粉、珍珠粉圆、布丁、椰果等材料，经现场加工而成的饮品。主要产品有阿萨姆奶茶、大吉岭奶茶、珍珠奶茶、蛋糕奶茶、炭烧奶茶、黑糖抹茶牛乳、红茶拿铁、幽兰拿铁等产品。产品主要采用优质茶叶和鲜奶等材质经现场直接加工而成，具有茶味浓郁、奶香持久、口感爽滑且香醇浓厚的特点，既降低了茶汁的苦涩强度，口感更加柔和，又解决了牛奶后味腻口的问题。有的产品还将牛奶、芝士、动物奶油等打成奶沫覆盖在茶汤上面形成"奶盖"，既可将奶汁和茶汤分开饮用，也可以混合饮用，好喝也好玩，因此受到了年轻人，特别是女性消费者的喜爱（图13-1）。

二、水果茶系列产品

新式水果茶系列产品以各类具有特色香气的茶叶为主要原料，搭配相应的特色水果或混合水果，经现场加工和美化、设计包装而成。主要产品有四季春、水果茶、百香果茶、金菠萝、多肉车厘、多肉葡萄、满杯香水柠、霸气绿宝石等各类花色产品。与以干花和干果为主要原料的传统花果茶不同，新式水果茶主要采用西瓜、苹果、菠萝、柠檬、百香果、雪梨、红枣、柑橘、香蕉、椰子、草莓、杨梅等有高香或特色风味的新鲜水果为原料，搭配特色香型的绿茶、红茶、乌龙茶、白茶等茶叶，经现场配制加工、美化设计而成。水果茶既可柔化茶的苦涩味，又可增加茶风味的丰富性和多样性，同时具有更好的外观美感，非常适合对茶叶苦涩味有抵触的、对色泽和外观特别讲究的年轻人、儿童的饮用（图13-2）。

三、混合茶系列产品

以相配套的茶和花、果蔬等为主要材料，配以奶、芝士、可可、咖啡、酒等进行增味，经现场调制和美化设计包装而成。主要有桂花乌龙、玫瑰乌龙、白桃乌龙、玉露茶后、樱花乌龙等以花和茶叶组合而成的花茶饮系列，蔬果茶、草本茶、菌菇茶等蔬草茶饮系列，以及酒或饮料、果汁、汽水加入茶汤混合而成的鸡尾茶饮系列等产品。混合茶改善了传统茶叶香气浓郁度和丰富度不足的缺憾，具有较高的视觉美感、别具新意的口感和丰富的营养价值，风味、外观色彩更为多样，对年轻人的吸引力非常大（图13-3）。

图13-3 蔬草茶

四、纯茶系列产品

以优质特色的绿茶、乌龙茶、花茶等为主要原料，通过现场手工泡制和外观美化设计而成。主要产品有纯绿茶、纯四季春、纯金兰乌龙、纯金凤茶王、冷泡冻顶乌龙、冷泡阿里山初露、冷泡凤凰单丛等各种特色纯茶产品。这些产品主要选择香气浓郁、滋味鲜爽或醇爽的茶叶为原料，采用长时间冷泡或快速热泡的特殊制作方式，现场加工出香气独特、浓郁和滋味鲜醇可口的特色茶汤，适合对纯茶苦涩感和热量摄入量比较敏感的人群饮用。既解决了口感需求，也解决了因为高蛋白、高糖等可能带来的健康问题，是今后新茶饮一个重要的发展趋势。

五、末茶系列产品

作为一种特殊外形和风味的茶产品，末茶近些年在新式茶饮领域也得到了快速的发展。这类产品以色亮绿、味鲜醇、特色香为特点的末茶为主要原料，通过添加鲜奶、奶酪、动物奶油、糖浆以及可可、冰块等各种辅、配料，通过搅拌、打奶、冰块打碎等特殊的加工方法，并经过外观美化设计处理而成。

图13-4　末茶拿铁

末茶系列饮品主要有末茶拿铁、末茶星冰乐、末茶可可、末茶牛乳等产品。这类产品既具有末茶的特殊色泽和风味，又解决了奶制品的口感厚腻的问题，形成了口感和外观都比较特殊的一类产品（图13-4）。

此外，还有冰沙茶饮、气泡茶饮、冰萃茶饮等别具特色风味和外观的新式茶饮产品。

第三节　茶饮创新设计原则与主要元素

要实现茶饮产品的创新，必须根据茶叶自身的特点，顺应未来茶饮消费的发展趋势，了解和学习茶饮产品的设计原则和主要元素。

一、茶饮创新设计的主要原则

不论是传统茶饮料，还是新式茶饮料，好的茶饮需要在色、香、味、形等各方面有全新的创新设计，以适应食材天然化、产品个性化、设计时尚化、使用方便化的新时代饮品需求。

1. 食材天然、绿色

尽量采用茶叶或原汁原味的茶提取物、鲜奶、水果等天然、绿色的材料，减少合成香精香料、食品添加剂以及高糖、高脂等高热量食品配料的使用。

2. 色香味品质协调、融合

茶饮与传统茶的区别主要在于茶汁及与其他添加配料的调制过程，其个性化特色和多样性更明显，可适应不同人的需求，但同时会带来高脂、高糖和色、香、味、形不协调等问题。因此，多种材料间的品质协调与融合拓展是必须遵循的原则。

3. 产品个性化

不同茶叶及配料的有效成分浸出及理化特性各不相同，应根据产品设计目标的需要，对不同产品和材质采用差异化的制作方法，进行个性化分类加工，以创制出最佳、最有特色的产品。

4. 外观设计时尚

随着生活水平的提高，人们对产品精神文化和方便时尚的需求日益增长，如何将传统茶文化和现代时尚设计、方便使用设计等作为产品特色的一部分将日益成为茶饮创新的重要组成部分。

二、茶饮设计主要创新元素

新茶饮创新的关键在于有好的创意，主要可以从材料选择、配方设计、制作工艺和外观及包装方式等方面进行考虑。

1. 创新材料

茶饮材料主要包括茶叶（或茶提取物）和水果、奶、糖和食品添加剂等配料。中国有绿、红、青、黄、黑、白等六大类及其花色品种繁多的茶叶，根据目标产品设计需要，可通过对特色香气、滋味和色泽的茶叶以及特色水果、奶、糖等配料的选择，对茶饮产品进行创新。如我国许多特色乌龙茶、花茶等具有明显的风味差异性，可以采用这些材料创制出风味明显不同的茶饮产品。另外，应尽量选择天然、绿色、低热的配料，以适应今后茶饮消费的天然化趋势。

2. 创新配方

配方是茶饮品质的关键，选择合适的茶叶，搭配相适应的花、果、奶等配料，形成与众不同的茶饮产品，是创新茶饮的重要技术手段，其中茶叶、配料及其配比等是主要考虑因素。既可以选择一种特色茶叶，也可以混合几种茶叶，优势互补，实现茶叶品质的特色化；还可以对茶叶进行烘焙等特殊处理以实现产品的与众不同；配料的选择应根据整体产品需要，选择与之风味、色泽等相适应的材料，要考虑茶叶及配料间的适应性和协调性，最好是能相互提升。如红茶配玫瑰花，绿茶配茉莉花。

3. 创新制作

制作是茶饮品质形成的关键技术环节。与好茶需要好的冲泡技艺一样，同样的材料和配方，采用不同的制作方法，也会形成不同的品质。茶叶冲泡工艺（温度、时间和方式）、配料的处理方法和产品制作的程序、调制方法等都是创新茶饮的重要因素。新茶饮调制方法主要有雪克法、调和法、搅拌法、分层法等，其中传统冰饮水果茶、奶茶常采用雪克法调制，热饮常采用调和法，果肉冰茶系列常采用搅拌法，而奶盖茶、气泡茶饮系列常采用分层法。另外，茶叶冷泡的风味与传统热泡的品质差异极大，冷泡茶鲜爽、淡雅的品质特点已逐渐为部分消费者所喜爱。

4. 创新外观设计

产品外观的时尚文化与外观设计是吸引现代人特别是年轻人的重要技术手段。很多品牌通过这一手段吸引年轻消费者，注重外观设计是新式茶饮与传统茶饮产品的重要区别之一，各式各样让人爱不释手的新茶饮设计是其成功的重要因素。

第四节　茶饮创新案例分析

近些年来，具有天然、健康、时尚、方便等特点的新式茶饮得到了快速发展，一批品牌企业脱颖而出，成为传统茶叶、工业化茶饮料之后的茶饮消费新模式。剖析新式茶饮运营的典型案例，总结和了解新茶饮运营模式，可以更好地促进新式茶饮产业的进一步发展，实现茶饮产业的转型与创新。

一、新式茶饮发展的主要模式

2015年以来，为适应新时代天然、健康、时尚、方便等消费新需求，喜茶、奈雪的茶、Coco、茶颜悦色、乐乐茶、一点点等一批新式茶饮品牌企业脱颖而出，一大批门面店雨后春笋般涌现出来。2019年新式茶饮门面店达到了近50万家，市场销售额达到400亿～500亿元。但其发展模式基本以直营连锁和快速加盟连锁孵化等两种线下运营方式为主。今后，随着互联网、物联网的不断发展和完善，新式茶饮的线上业务发展空间也同样巨大。

1. 直营连锁模式，品牌个性鲜明

店面均为直营门店，总公司负责所有门店的运营、研发、物料等几乎所有工作，各门店的整体风格与产品品质不会相差较大。典型代表是喜茶、奈雪的茶、乐乐茶等品牌，该模式重在建立高端的品牌形象，稳扎稳打、逐渐拓展。如喜茶，目前全国近400家门店，均为总部直营，保证产品质量与品牌口碑，品牌定位为新中式茶饮风向标，创新个性、风格鲜明，用创新的元素呈现产品，定位灵感之茶。

2. 快速加盟连锁孵化模式，消费者接受面广

总部主要提供茶饮制作配方和购买物料渠道，稳定统一的出品，餐牌变化较小，餐牌中的饮品都经过客户的严格挑剔，拥有很高的消费者接受度和强大的群众基础。典型品牌是都可、一点点、古茗等，该模式重在拓展市场，市场规模可以得到快速扩张。如Coco都可茶饮，创立于2010年，现门店数已突破3000家，是台湾奶茶品牌进入内地较早并发展成功的品牌之一，产品定位为传统老牌台式奶茶品牌，消费人群针对12岁以上的学生、年轻人，品牌基准定位较低，客户群基数大。

二、案例分析

新式茶饮是在传统茶叶消费和工业化茶饮料基础上创新发展而来的茶饮品呈现新模式，从产品设计、原料要求、市场定位和销售运营等方面都进行了创新。因此，传统的茶叶、产品设计和加工方式都需要重新构建，为新型企业的发展提供了巨大的机遇。其中有两类典型企业得到了快速的发展，一类是以新茶饮直营（或加盟）企业，另一类是支撑第一类企业发展的服务型企业。下面主要介绍两类相关企业的发展。

1. 新茶饮直营企业——奈雪的茶

奈雪的茶创立于2015年，以20～35岁年轻女性为主要目标群体，产品主要有霸气鲜果茶、霸气芝士鲜果茶、霸气冰激凌鲜果茶、宝藏鲜奶茶、芝士茗茶、茗茶、冷泡茶、大咖系列等系列产品。2015—2016年的创业初期，产品深耕深圳、广州区域。2017年12月起，奈雪的茶开始走出广东地区，向全国范围扩张，正式开启"全国城市拓展计划"。截至2019年12月底，直营门店已达297家，单店月营业额平均都在100万以上。

该企业瞄准新茶饮市场快速发展的契机，企业拓展一直秉承"谨慎选址，精品开店"的原则，采取连锁的直营门店运营模式，不接受任何形式的加盟。

2. 新茶饮服务支撑企业——深圳市意利商贸有限公司

深圳市意利商贸有限公司创立于2007年，主要服务华南饮品市场，2010年开始服务于全国饮品市场，先后在上海、武汉等地开设分公司。加工和销售各类饮品专用茶叶及其产品开发服务。至2019年，服务了全国70%的茶饮品牌，成为喜茶、奈雪的茶、美心茶狼、鲜语、许留山、尊宝比萨、茶颜悦色、丧茶等新茶饮品牌的合作商。

该企业主要依靠自身对国际茶叶原料掌控的优势，瞄准新茶饮发展趋势，为新茶饮企业提供两种支撑服务：一，提供新茶饮市场需要的产品解决方案；二，提供合适的茶叶及其配料等原料。重点通过原材料选择、加工形成增值的原料产品，与产品设计与技术服务形成良性循环。企业从茶叶进口贸易做起（合作茶园遍布印度、肯尼亚、斯里兰卡等产茶国），紧紧抓住茶饮行业转型发展的新动态，逐渐开始涉足茶饮品行业，专注于相关茶叶拼配与产品开发，为茶饮品牌、餐饮行业、酒店行业、烘焙行业等领域提供具有可操作性、可落地性、可增值性的饮品解决方案，为连锁大客户、独立小客户、集团分公司等提供有竞争力的产品和服务，通过持续的努力取得了较大成功。

第十四章
茶会组织

茶会与雅集，是茶文化在社会生活及人际交往中的一种体现形式。无论是"琴棋书画诗酒茶"，还是"柴米油盐酱醋茶"，茶所具备的包容性、互融性，使茶成为社交场上的润滑剂，创造出和谐的氛围，协调甚至增进了人与人的关系。茶会也日渐成为一种内涵丰富、形式多样、互为认同的新型茶文化活动方式。

第一节　茶会的创新设计

以茶聚会，从魏晋伊始，兴于唐，盛于宋，流行于明清，延及今日，是历代茶人展现自身品位、培育协作意识、取得社会认同的重要手段。在千百年的发展历程中，茶会一直体现出强烈的时代性，在传统的以茶待客、以茶会友、以茶联谊、以茶为媒的习俗中不断发展，不断进步，各种以茶聚会的活动越来越多，茶会形式也不断创新。

一、主题的创新

茶会主题以优秀的传统文化为根基，注重创新和升华，不断学习、认知、过滤、精进，从而创造出适合时代的茶会与雅集。

1. 主题符合时代精神

茶会主题既可以从大到小，也可以小见大。茶会旨在传播科学知识，弘扬真、善、美的正能量，弘扬社会主义核心价值观，展现文明和谐、积极健康的社会风貌。

2. 主题符合茶道精神

茶会主题又应符合并体现茶道精神。无论是庄晚芳先生提出的"廉、美、和、敬"四德，还是周国富先生提出的"和、敬、清、美、乐"，或吴振铎先生提出的"清、敬、怡、真"四义，都是对茶道茗理的概括和归纳，体现了茶的精神价值。

3. 主题具融合性

茶会的主题可以兼容，并列的主题因其相似的本质特征，能使茶会的内容更加丰富，既节省时间和空间，又表现出明确的目标指向。如以财富和企业经营为主题的"财智茶会"，是邀请相关人士分享成功案例、探讨财智话题的一种茶会形式。很多企业的年度总结会、新品发布会、客户答谢会，也会采取这种形式。

文人雅士的主题沙龙、都市人群的休闲社交集会、企业年度茶话会、艺术界音乐茶会、文玩鉴赏茶会、四序雅集、二十四节气茶会、行走茶会、静修茶会、家庭茶会、婚庆茶会……不论是哪种形式、何种内容的茶会活动，"茶"都是社交媒介，联系着人和事，发挥其独有的社会功能。

二、形式的创新

随着饮茶逐渐成为一种社会风尚，大大小小的茶会也随之出现在人们生活中，同学亲友间自由松散的茶话会、志同道合者的雅集、还有电影、电视等媒体中不断出现的茶饮场景等，都反映了茶饮文化的流行，也促使茶会形式不断发展创新。

图14-1　无我茶会（拍摄：陈钰）

图14-2　百家茶汤品赏会

无我茶会（图14-1）、百家茶汤品赏会（图14-2）、茶汤作品欣赏会等各种新时代雅集茶会形式异彩纷呈。大体上，现在比较流行的茶会形式有茶席式、宴会式、流觞式、环列式、礼仪式五种类型。

1. 茶席式茶会

茶席式茶会是最为常见的茶会形式，核心是设置茶席招待客人。根据茶席所处的场地不同分为三种形式：① 在室内茶桌上设置泡茶席招待客人；② 在庭院或者户外席地设置茶席招待客人。

茶席式茶会可以根据参与者多少，决定茶会规模（图14-3）。

图14-3　茶席式茶会（拍摄：陈涛）

2. 宴会式茶会

宴会式茶会是为了庆祝有意义的事情或招待来宾而举办的大型茶会。宴会式茶会可以设置许多茶席，每个茶席同时冲泡相同或者不同的茶，称为"茶席个别供茶式"；也可以全场只设置一个总茶席，统一供应各种茶水、点心，为"统一供茶式"。

图14-4　宴会式茶会—丰收茶会（拍摄：高申）

宴会式茶席就座比较自由，大家可以游走于会场中，观赏各茶席或找朋友聊天。这种茶会客人多、场面大，茶往往并不是主角，一般用于企业年会、客户答谢会、产品推介会（图14-4）。

3. 流觞式茶会

这是由"曲水流觞"演变而来的一种茶会形式，也称"曲水茶会"。流觞式茶会举办地有室内复制再造的曲水景观，也有室外自然的曲水景观。大家围坐曲水两侧，事茶人集中于上游泡茶，将泡好的茶用茶盅盛放，然后将茶盅与茶点放入可以漂浮水面的羽觞，任它顺流而下，大家可以随意取饮、取食。茶会进行到一半时，又会有载着纸笺的羽觞顺流而下，参加者自取，然后按照纸笺上面的要求完成任务，或吟一首诗，或唱一首歌，或讲一个故事，或回答一个问题，或做一件事等。这样形式的茶会，适用于人数不多、规模不大、与会者品位相近的小型雅集（图14-5）。

图14-5 流觞式茶会（拍摄于华巨臣茶博会）

4. 环列式茶会

这种茶会得名于茶会场面设计，茶席座次环列成圆圈成方形，不论泡茶者还是饮茶者，依席而坐。既可布桌席，亦可以地为席，席次与座次通常抽签决定，如毕业茶会、无我茶会等。如果是主题茶会，则围绕主题选择茶品、铺设茶席、编排节目；如果是无主题茶会，则茶席、茶品、泡法皆可随意。这种形式既可用于室内，也可用于室外（图14-6）。

图14-6 环列式茶会（拍摄：陈钰）

5. 礼仪式茶会

还有一些茶会，举办时比较严谨，会有很多标准化的仪式。通常用这种茶会来表达某种特定的意义。

如以"四序茶会"来表达人们遵循春、夏、秋、冬四季运转的自然规律（图14-7），领悟茶道和礼仪，修正身心的美好愿望。这个茶会不仅在布局上有一定的讲究，还会有行香、行花、行茶等礼法。

图14-7　礼仪式茶会—冬韵

第二节　国内外代表性茶会

中国文士阶层素有"以文会友"的优秀传统，"或十日一会，或月一寻盟"的雅集现象是中国文化艺术史上的独特景观，并被传承，至今不绝。中国禅茶茶会也是中国茶文化的重要内容，具有重要意义。此外，日本茶道会、英式下午茶会各具特色，丰富着茶会的形式。

一、中国古今文人雅集

传统的文人雅集带有很强的游艺功能与娱乐性质，以以文会友、切磋文艺、娱乐性情为基本目的，绝大多数文人雅集最突出的重要特征是随意性，但也不排除一些雅集带有网罗朋士、扩大势力的目的。

中国历史上较著名的文人雅集有魏晋"竹林七贤雅集"、西晋"金谷园雅集"、东晋"兰亭雅集"，唐代"滕王阁雅集""桃花园雅集""琉璃堂雅集"，元末"玉山雅集"，明代"杏园雅集"等，大多数都是以创意诗文为主。史上政治色彩浓郁的雅集，有唐代"香山九老会"，北宋"西园雅集"等。

1. 雅集的发展

雅集，是当今茶会的前身，本来是专指古代文人雅士吟咏诗文、议论学问的集会。雅集内容以游山玩水、诗酒唱和、书画遣兴和文艺品鉴为主，但其核心是"吟咏诗文"，也就是指在雅集现场因时、因地、因主题而吟咏、唱和、创作古体诗词。

历史上有名的雅集多为文人雅士们举办，有茶宴、茶汤会、斗茶会等主题，有园庭茶会、社集茶会、山水茶会等形式。梁孝王刘武的梁苑之游始见萌芽，汉末（汉献帝时代，190—220）"建安七子"为首的文士们邺下聚会，云游宴饮，诗酒酬唱，首开雅集先河。

从魏晋时期开始出现的品茗宴、茶果宴、分茶宴等，为以后的茶会类型奠定了基本框架。到了唐代，以文人阶层为主流的品茗宴进一步扩大了文化内涵，更加注重于茶会的审美移情作用，山水成为茶会的当然配角。更有百丈禅师，把茶融入礼法，制定了《百丈清规》，固定茶汤会的名目、规则、礼法，特别能够表现茶会文化之经典意味。

茗战、茶百戏、水丹青、绣茶等美丽雅致的名词，则是宋代斗茶会风行的杰作。从皇室官家到缙绅布衣，高度热衷于各种斗茶会，最大限度地显示了茶的生命力。宋人追求泡茶的技艺，进一步提升了茶汤的观赏价值，丰富社会娱乐生活，满足人们精神享受。

明代废团兴散的国政以及瀹饮法的流行，带来茶饮方式的改变，也让茶会变得更加日常。在家庭居住的建筑结构上，出现了专门的茶室——茶寮，茶人们在家中就可以品茗聚会，文人墨客也以邀友在自家品茗、赏花、赋诗、绘画、玩古为风雅之事，这都是饮茶活动正式进入日常生活的表征。明清时期形成的园庭茶会、社集茶会、山水茶会、明心茶会，继承了前代文人茶会的本质，形成了稳定的文人集团。饮茶生活已经成为一种艺术审美的过程和人格修养的方式。

清代最著名的雅集茶会，当属宫廷茶宴。仅乾隆时期，重华宫就举办过43次"三清茶宴"，主要内容是饮茶作诗。

2. 雅集的特点

雅集是茶文化在社会生活及人际交往中的体现。从内容到形式，雅集都有着明确的价值指向，有规定的仪式，有特定的组织者，有审美的意蕴。

融入诗词歌赋、焚香插花等艺术形式的文人雅集茶会，寄情于山水游赏、寻泉探茗的文人山水茶会，推动了同时期文人茶会的发展，也影响着文人的饮茶生活。他们一有空闲，就会约三五知己，到绿郊山野，与松风竹月为伍，烹泉煮茗，吟诗作对。通过吟咏诗文、焚香、挂画、瓶供、抚琴、礼茶等艺术形式陶冶情操。既然是雅集，必须有雅人，有雅事，还要有雅兴，明文震亨所言"有明中叶，天下承平，士大夫以儒雅相尚。若评书、品画、瀹茗、焚香、弹琴、选石等事，无一不精"概括了文人雅集的基本活动配置。

（1）诗书

古代正统的雅集都是吟诗作文、挥毫泼墨唱主角，虽然现场也有其他雅文化元素，如琴、棋、茶、酒、香、花等参与，但只是配角。文人们将茶引入吟诗、作书、赏画、抚琴、弄棋等清雅活动中去，无疑是怡情养性的一大乐事。雅集过后，文人们的诗文往往结集成章，如兰亭雅集后形成的《兰亭集》及王羲之的书法《兰亭集序》，成为旷世佳作。

（2）佳茗

文士雅集，友朋共饮。烹、煮、煎、泡、点，各种冲茶技艺；杯、盏、碗、壶、炉、洗、瓶，诸多品茶器具。烹茶用水与佐茶果品、点心都着实讲究。但"嫩芽香且灵，吾谓草中英"（郑遨），"从来佳茗似佳人"（苏轼），好茶是文人雅集的首选。

（3）雅客

明代徐渭在《煎茶七类》中说到人品、品泉、烹点、尝茶、茶宜、茶侣、茶勋七者互佐。雅集的参与者非常讲究"素心同调，彼此畅适"（明许次纾《茶疏》），最好是"鸾俦鹤侣，骚人羽客"（明朱权《茶谱》），"高流大隐，云霞泉石之辈，鱼虾麋鹿之俦"（明徐渭《煎茶七类》）。

（4）雅境

雅事活动需要特定的时间与空间。文人雅集特别注重意境的营造，多以"清风明月、纸帐楮衾、竹床石枕、名花琪树"为良友。"或会于泉石之间，或处于松竹之下，或对皓月清风，或坐明窗静牖"（明许次纾《茶疏》），"竹下忘言对紫茶，全胜羽客醉流霞。尘心洗尽兴难尽，一树蝉声片影斜"

（唐钱起《与赵莒茶宴》）。

明代冯可宾提出适宜品茶的条件："无事、佳客、幽坐、吟咏、挥翰、徜徉、睡起、宿醒、清供、精舍、会心、赏鉴、文僮。"他还提出了不适宜品茶的"茶忌"："不如法、恶具、主客不韵、冠裳苛礼、荤肴杂陈、忙冗、壁间案头多恶趣。"（冯可宾《岕茶笺》）

徐渭在《秘集致品》中也对茶境做了概括性的说明："茶宜精舍，宜云林，宜瓷瓶，宜竹灶，宜幽人雅士，宜衲子仙朋，宜永昼清谈，宜寒宵兀坐，宜松月下，宜花鸟间，宜清泉白石，宜绿鲜苍苔，宜素手汲泉，宜红妆扫雪，宜船头吹火，宜竹里飘烟。"

（5）焚香

古代文人把焚香、点茶、挂画、插花并称为文人四艺或"四般闲事"，焚香与品茶自古相陪。

明代徐燉在《茗谭》写道："品茶最是清事，若无好香在炉，遂乏一段幽趣；焚香雅有逸韵，若无名茶浮碗，终少一番胜缘。是故，茶香两相为用，缺一不可。"

屠隆《考槃余事》中有："香之为用……焚之可以清心悦神……焚之可以畅怀舒啸……啜茗味淡，一炉初热，香霭馥馥撩人，更宜醉筵醒客。"

（6）听琴

琴最初用于祭祀、朝会、典礼，后融入民间，在文人雅士中风靡。茶人们倾心于在悠悠琴声中轻嗅那一盏茶汤，在茶烟氤氲中陶醉。似白居易一般抱着"琴里知闻唯渌水，茶中故旧是蒙山"情怀的文人，不在少数。

（7）博古

博古泛指古代所有吉祥、珍贵器物，如古铜、瓷器、玉山子、珐琅等质地的炉、瓶、樽、钟、鼎、彝、器，碑碣石刻、今古文字等。除了吟诗作画，后来的赏鉴金石也成为文人雅集的一项主要活动，易东华认为，"元明以来，金石须臾未曾缺席于园林胜景和文人的雅集"。博古、鉴古、玩古，也是文人雅集怡情怡性的重要内容。

（8）盆玩（赏花）

盆玩即盆景，源自造园艺术，它在盆器中以山石、植物为材料，附以水、土栽培修葺，再现自然间的山水景致，更可以景抒怀，以一方浓缩的小天地，表达深远意境。

茶人的茶台上，少不了清幽的梅、兰、竹、菊、苔做陪衬，也有很多文人偏好对花饮茶，"昨日东风吹枳花，酒醒春晚一瓯茶。"（唐李郢）

（9）弈棋

下棋也是古代文人爱好的一种游戏休闲形式，雅集也好，日常生活也罢，总喜欢弈棋之风雅，明代佚名画家所绘的《十八学士图》虽然演绎的是唐太宗及秦王旧邸十八学士的故事，但其反映的情景却是明人的活动。这组四幅连作，展现了燃香、弈棋、展书、观画等赏玩活动，均可算作雅集中的雅事。

3. 现代雅集茶会

传统的文人雅集茶会，表达的实际上是一种中国式美学生活。诗词歌赋、琴棋书画、山川风物、才子佳人，茶与水的相逢，花与香的缠绵，人投身于其中，用心与茶、花、器、水、景、物进行对话，在烦忧匆忙的尘世中，寻得一席、一地、一时、一境，或独啜，或对饮，或友聚，观照自我，领悟人生，以茶会友，纵享惬意，这种古典的、中式的美越来越得到现代人的认可与推崇。

（1）主题

茶会主题更丰富：以时令、节气为主的四时茶会；以欣赏音乐、美术、香道等为主的雅集；以禅意、静观为主的清修雅集；以有特殊纪念意义的事件为主题的茶会等。

（2）宗旨

重在意境、主旨、雅趣。

重在佳境、良器、清友、真茶、好水的和谐。

重在习茶、敬茶、爱茶、以茶会友、以茶行道、以茶修心的初心。

（3）组织

场地落实、内容设计、方案制定、现场布置、综合协调、后期总结等环节完备细致。

这部分在"主题茶会组织"一章有详细介绍，此处不赘述。

二、中国古今禅茶茶会

当今的禅茶茶会起源于从唐代开始流行的寺院茶筵。因为茶对于修行僧人而言，可伏睡魔、涤身心、荡昏寐等，除了以茶驱困意，僧人也以茶敬佛，以茶礼佛。因而寺庙崇尚饮茶，广植茶树，制定茶礼、设茶堂、选茶头。随着饮茶风气的普及，唐代文人以茶代酒的清雅"茶宴"风尚进入寺院以后，演变为"茶筵"（图14-8）。

图14-8 禅茶茶会（赵晔 提供）

寺院茶筵以茶为主，在饮茶的同时还以相应的食品款待宾主。唐宋时期寺院茶筵的功能主要以联系僧俗内外的感情为主，有时作为参禅说法的场合。

我国第一部佛门茶事文书——怀海禅师《百丈清规》以法典的形式规范了佛门茶事、茶礼及其制度，规则明细，思想深沉，从而使茶与禅门结缘更深。当时寺院茶会的类型有民俗茶会，即清明、端午、中秋、春节等四序茶会；有列职茶会，即新旧僧人职务交接的茶会；有大众茶会，是僧人与施主交际的茶会。

在宋代以后的各种《清规》中，记载着一种"茶汤会"，这种"茶汤会"的参加者限于寺院僧侣，功能则在于"辨上下之等威"，通过一套烦琐的礼节来确定僧人在寺院生活中的尊卑位次，强化僧人的自我身份认同。其实这种禅宗的清规，正是始于唐代怀海禅师的《百丈清规》，以规约的方式对禅宗"农禅并举"的生活进行种种细致的规定。现存最古老的清规典籍是宋代宗颐编集的《禅苑清规》。

在宋代寺院中，"茶"和"汤"是有区别的。《禅苑清规》中说明，寺院在接待官员时，"礼须一茶一汤"。寺院中的茶和汤虽有区别，但举行茶会或汤会的礼节却大致相同，在《禅苑清规》中泛称为"赴茶汤"，茶会或汤会的榜文也统称为"茶汤榜"。

宋代的寺院茶会的位次是事先安排妥当的。

茶会首先要张贴茶榜，茶会举行时要击"茶鼓"以召众。在茶会程序中，主持人烧香行礼之后，"转身叉手依位立，次请先吃茶，次问讯劝茶，次烧香再请，次药遍请吃药，次又请先吃茶，次又问讯劝茶，茶罢略近前问讯收盏橐，次问讯离位。"

从出茶榜、茶状，敲击茶鼓、茶板，到烧香、行茶、浇汤、劝吃茶、行茶药、谢茶，经过这一套烦琐的礼节，才算是完成了一次茶会的完整流程。

"茶筵"和"茶会"的不同之处有以下几点：

① 从时间段上看，"茶筵"起源于唐五代的禅宗（最早的"茶筵"记载多与唐五代的著名禅师有关），"茶会"则应出现于宋代（"茶汤礼"主要见于宋以后编著的禅门清规）。

② 从形式上看，"茶筵"除饮茶之外还提供食品，"茶会"则以"茶药"作为辅食。茶筵起于唐，由文人茶宴转化而来，形式较为自由；茶会盛于宋以后，模仿世俗社会的礼制，有严格的礼仪要求，尤其是禅茶茶会有特殊的仪轨。

③ 从功能上看，"茶筵"用以联络宾主感情，参加者不限僧俗，礼法要求比较宽松；"茶会"则有较强的礼仪规定，借以强调和暗示寺院的生活秩序，参加者限于寺院僧人，如接待外客，则有另一套礼仪。茶筵侧重于在朴实无华、与天地人融合的过程中，追求一种高尚的精神境界。

现代寺院茶会主要有雅集、大型文化活动、接引众生等。其中接引众生的茶会意在普茶共欢，伴随开示。

又如灵隐寺的"云林茶会"以"慈悲、包容、感恩"为主题，参与者听闻佛学院法师开示主题，品香茗、聆佛音、悟禅意。

比如"天下祖庭黄梅五祖寺第十一届世界禅茶文化交流大会"，其主题为"从心来"，主要活动内容有世界禅茶书画展开幕典礼、世界禅茶文化交流大会开幕式、禅茶文化学术交流大会（"宗门茶事"国际论坛）、世界茶人联谊会、茶供祈福法会、"天下祖庭·百家茶席"禅茶会。大会期间，寺内举行"安详禅茶自在品""从心来·这一碗"施茶及自助茶席活动。

三、日本茶道茶会

日本茶道是在"日常茶饭事"的基础上发展起来的，它将日常生活行为与宗教、哲学、伦理和美学融为一体，成为一门综合性的文化艺术活动。

（一）日本茶道茶会流程

① 客人经过露地。

② 洗手、漱口。

③ 进入茶室。

④ 主人迎候。

⑤ 鞠躬致礼、落座。

⑥ 主人回水屋取风炉、茶釜、水注、白炭等器物，宾客欣赏室内名人字画、插花等装饰、摆设。

⑦ 主人点炭，点香。

⑧ 客人品尝时令茶点、湿糖点。

⑨ 主人煮水，主人再次退回水屋，众宾客散往花园。

⑩ 主人备齐所有茶道器具时，宾客们再重新进入茶室，茶道仪式正式开始。

⑪ 点茶。

⑫ 敬茶。

（二）日本茶道茶会的特点

日本茶道茶会有如下特点。

1. 礼法严谨

日本茶道茶会具有固定风格的活动和形式。整个茶会，主客的行、立、坐、送、接茶碗、饮茶、观看茶具，以至于擦碗、放置物件和说话，都有特定礼仪。

2. 艺术性强

日本茶道茶会具有较强的艺术性，体现于很多细节，如：

① 凹间的挂轴。凹间的壁面多用土或纸装饰，素色淡雅，其上悬挂着装裱精美的书画挂轴。

② 茶室一定有插花，追求纯真、质朴、清灵、脱俗，使茶席或茶会透出生命的灵性。

③ 代表时代的五种茶碗：天目、井户、志野、乐烧、京烧五种茶碗以供欣赏。

3. 设立专门茶室

"茶室"是近代人创造的新词，在室町时代常用"喫茶之亭""会所""茶汤间""茶礼席""茶屋"等代称。日本茶室以素淡萧索为样风，追求自然天成，体现出"侘寂美学"原则。"茶室"实质是由"露地、待合、本席、水屋、厨房"等茶事所需的一连设施共同构成的。整个茶室的氛围对宾客理解茶道尤为重要，所以对茶室的大小、柱子、地框、壁色、天井、窗、出入口等处的设计都十分讲究。

"露地"是指茶室附属的庭园，一般都会设计"飞石、蹲踞、腰挂、石灯笼"。"露地"本为町家房舍间连通的小路。踏上"露地"，意味着与外界中断联系的第一步。

茶室里分凹间、客座、点前座、地炉等基本格局，以"地炉"为中心，左边是水屋，放茶具和清洁用具。

四、英式下午茶茶会

传统的英式下午茶茶会非常讲究，精致的茶品、精美的茶器、美味的点心，缺一不可。

英国人喜欢选择极品红茶，配以中国瓷器或银制茶具，摆放在铺有纯白蕾丝花边桌巾的茶桌上，并且用小推车推出各种各样的精制茶点。当然，茶是绝对的主角。专用下午茶有大吉岭、伯爵茶、锡兰茶、正山小种等红茶。一般都是直接冲泡茶叶，再用茶漏过滤掉茶渣才能倒入杯中饮用。

茶具则包括细瓷杯碟或银质茶具，茶壶、过滤网、茶盘、茶匙、茶刀、三层点心架、饼干夹、糖罐、点心盘、奶盅瓶、水果盘、切柠檬器等，一应俱全。此外还要备有果酱、奶油，以及叉子、餐巾、托盘垫等器物，这些茶具的摆设也有严格的要求。

英式下午茶的点心通常是三层塔。第一层，就是最下面一层，放置咸味的各式三明治，有黄瓜、蛋黄酱加水芹、烟熏三文鱼和奶油芝士、鸡肉、火腿和黄芥末等口味；第二层，即中间一层，是司康饼，可搭配奶油和果酱；第三层，为最上面一层，摆着甜点，是最贵的、最甜的，一般会做得非常小。茶点的食用顺序应该从下层往上，遵从味道由淡而重、由咸而甜的原则。

下午茶也非常讲究礼仪。在维多利亚时代，出席下午茶会，男士着燕尾服，女士则着蕾丝长礼服。现在每年在白金汉宫的正式下午茶会，男性来宾仍需着燕尾服、戴高帽及手持雨伞，女性则穿洋装，且一定要戴帽子。

第三节　茶会礼仪

茶会礼仪，是指人们在各种茶会活动中应遵循的礼仪。明末冯可宾在其《岕茶笺》里指出了与茶不合时宜的七条禁忌："不如法，恶具，主客不韵，冠裳苛礼，荤肴杂陈，忙冗，壁间案头多恶趣。"实则就是关于茶会礼仪的要求。

"不如法"，是指个人行为与茶会规则相背离，泡茶和品茶不得要领等。

"恶具"，指的是不吉利、不清洁、不完整的茶具，不适合泡茶、品茶的器皿。

"主客不韵"，指的是主人与客人衣着不雅、谈吐粗俗等。

"冠裳苛礼"，是指喝茶时，衣着不朴素随意，故意身着官服或太过严肃的服装，拘泥于官场和商场的寒暄与严格礼仪。

"荤肴杂陈"，是指把有腥膻味、异味的食品和饭菜与茶放置在一起。

"忙冗"，是指在茶会上过于急迫、邋遢，或忙于他事，无心泡茶或品茶。

"壁间案头多恶趣"，指的是茶室或茶席布置不雅、格调趣味不高、低俗无聊等。

古人的这些禁忌在今天依然有指导作用。无论是事茶人，还是品茗者，都应遵从茶事基本礼仪。尤其是组织茶会、参与茶会者，更应该明晰茶会规则，遵守茶会礼仪。

一、组织者的礼仪

1. 茶会准备礼仪

茶会准备礼仪是指茶会组织者在茶会准备阶段应遵循的礼仪。

（1）邀请参加者、准备茶会

邀请的对象都通知到；准备足够的席位；若用台卡，绝不可遗漏宾客。

（2）甄选适宜的茶叶

一场专门的茶会，茶叶的品质非常关键。一般性茶会，可根据不同地域、不同饮茶习俗、不同季节时令准备茶品。若是以品鉴茶叶、茶汤为主的茶会，则要事先准备好有代表性的茶叶，单独包装好。盛放与开启茶包的器具要事先备好，并有充足的数量。

（3）甄选适宜的茶具

根据茶类茶品、季节时令、品饮人员选配茶具。确保茶具干净、整洁，不要有破损或裂纹。从卫生健康角度考虑，可尽量选用带柄的茶壶与茶杯。茶具的质地，可以是陶质或瓷质、玻璃等，不要用一次性纸杯、塑料杯，也不要用热水瓶替代茶壶。使用玻璃茶具，要特别注意安全。为避免出现茶席上的品杯不够客人使用的情况，一般还要多备部分品杯。

（4）事茶者的仪容端庄

仪容通常是指人的发式、服饰、面容和表情的总和。茶人仪表应该符合茶之恬淡平和的自然气质，重在体现内在美。事茶者可着淡妆；服饰要整洁、端庄、稳重、素雅；头发清爽整洁，双手指甲修饰齐整、干净；坐立行走仪态得体；行茶手法规范优雅；奉茶之礼周到细致。

（5）事茶者仪态自然

事茶者仪态的总体要求是：头部不可偏侧，身躯宜中正而不偏，两臂关节均需放松，特别是腕关节放松，双肩平衡，肘关节下坠不外翻。目光平视、平和，表情安详。气沉丹田，气息绵长、均匀。

（6）筹备需未雨绸缪

充分考虑品茗者的需求。品茶会的安置要有当地特征，充分考虑时间、天气、场地等因素。

整体布置要周到、稳妥。茶叶和茶具的准备，遮阳、避雨措施，特殊座位设置，急用药品备置等，都应指定专人负责。

不同形式的茶会有不同程度的准备方案。一般来说，品茗会比较严肃、典雅，程式更明确，各项准备措施务必精细。文娱、消遣性强的茶话会、音乐茶座，则比较随意一些，可加摆糖块、瓜子、水果等。音乐茶座愈加自在、生动，乐曲准备比茶更重要，有时也可以增加一些饮料。

2. 茶会进行时的礼仪

茶会进行中，迎宾、泡茶、奉茶、斟茶、送别，各个环节和阶段，都有要注意的礼节。

（1）迎宾礼

茶会组织者或者主持人应热情指引应邀者入席并表示感谢，讲明举行茶会的意图和内容，简明而清晰地介绍品茗者。迎宾者待人接物的综合素质与气质、形象等同等重要。

（2）奉茶礼

茶会奉茶的时机要根据茶会形式来决定。如果是大会式的、全场统一安排奉茶，那么在品茗者就座后，就可以奉茶了。如果是商务洽谈茶会，开始洽谈之前就应该奉茶。如果是茶席式茶会，通常是主持人宣布茶会开始后，泡茶者开始面对面泡茶、奉茶、行鞠躬礼。注意奉茶次序：奉茶时，可以按先主宾后主人、先女宾后男宾、先主要客人后其他客人、先长者后晚辈的次序进行。茶席式茶会也可以依照就座顺序奉茶。

（3）斟茶礼仪

斟茶时一般斟七分满即可，千万不要把茶水斟得过满，以免茶水溢在桌上或洒在客人衣服上。要随时留心客人杯中茶水存量，随时续水。续茶时不要厚此薄彼，不能只给一小部分人续，而冷落了其他客人。客人留杯时间较长的，要重新斟茶。

3. 送别礼

茶会结束时，组织者代表应站在门口恭送道别。对特殊嘉宾安排专人专车接送。

二、参与者的礼仪

参与茶会的人也要注意自己的言行举止，体现素质与修养。

1. 守时

接受了邀请，就要赴约，特殊情况除外。一般来说，茶会是以人头来排定座位的，特别是茶席式茶会，几个人来、喝几杯、泡几道茶，决定了茶法，泡茶师会据此来做预算和安排。被邀请人没法出席时一定要提早告知邀请人，不可临时爽约。准时与会，签到后安顿好手提袋、外套等，认真阅读茶会的约定，并服从茶会工作人员的安排。

2. 守则

茶会进行过程中，遵从茶会的规则，如茶会要求止语，尽量不要喧哗或与熟人一直聊天。茶会进行中不能随意拍照或离席走动，以免影响茶会的秩序与他人情绪的安定；不要接打电话，实有必要，可离席出去接打。提前离开要打招呼、致歉。

3. 着装得体

组织方会在邀请函上注明该场茶会的着装要求，如：隆重礼服、盛装装束、较正式服装、茶服等，参加者应该认真了解茶会性质，选择合适的服饰。特别是参加席地而坐的茶会，不宜穿超短、超透、超窄、超紧身的服装。长发尽量梳拢。不要浓妆艳抹，不要使用香水。

4. 举止大方

入席前，要询问或寻找自己在茶席的落座位置，对号入座。落座后，主动向席主和其他宾客问好。坐时要安稳，不要前后摇摆、左右倾斜，腿脚不要抖动，不要伸直或叉开双腿，不要把小腿架放在膝盖上。茶会开始后，手机要关机或调到静音状态。如有急事接听电话，必须轻声离席，在声音干扰不到茶会的地方接听电话、处理私事。茶会进行过程中，在座的人员尽量不隔席、隔人大声讲话，相邻人员如需交流，声音以不影响到第三个人为佳。除非急需，中途一般不要随意离席，如有特殊情况，轻声致歉后悄悄离开即可，不要大声喧嚷、影响茶会进程。

5. 用心品味

事茶者有心准备一切，被邀者要用心细细去体会。每一杯茶要细品，茶点、茶席、茶花等要用心去欣赏，沉浸式体验茶会主题与内容，享受茶会时光。

6. 讲究分寸

不要到任何一个茶会现场都拿出自己最得意的品杯使用。不要主动要求换茶，泡茶师都有一套茶谱，会在适当时候进行泡茶、品茶、闻茶香、传递茶器观赏、看茶底等程序，听候泡茶师的安排。不要问茶的价格与好坏。尊重泡茶师和旁边茶友的领地，不要"越界"，不随意动用茶桌上的茶具。有特殊饮食习惯应该提前告知。把每一杯茶喝完，不要喝半杯倒掉半杯。实在喝不了的茶，也不要当着主人的面随意倒掉，可以表示歉意。善始善终，平心静气。即使手里是最后一杯茶了，也不要一喝完放下茶杯马上就走。泡茶师还没有停下来，品茗者也不要轻举妄动，直至真正完毕，泡茶师会与大家行礼致谢、道别。品茗者应该也回礼致谢、道别，此时才是告辞的时候。

7. 找准位置

注意座次顺序。以泡茶者右手为尊，按辈分高低绕着茶桌往左坐。

第四节　案例分析

以下以两场茶会为例，具体分析茶会的各项事宜。

一、百家茶汤品赏会

"百家茶汤品赏会"是由中国茶叶学会于2015年在青岛首创的一种新型茶会形式（图14-9），人们从泡茶、奉茶、喝茶的整个过程中欣赏茶道之美，体味茶道的内涵。一般是由一至多张茶席联合组成。

1. 茶会主题

"静·雅·和"。

2. 茶会目的

倡导全民饮茶，引领茶叶消费，促进茶产业健康科学发展；引导关注茶汤，体现茶道本质之美；进一步繁荣中华茶文化，促进中华茶文化科学、健康发展；弘扬"廉、美、和、敬"的中国茶德思想，倡导品质生活，构建和谐社会。

图14-9　百家茶汤品赏会·青岛

3. 茶道演示者团队

45位国内知名专业茶师。茶师分别来自马来西亚、日本，以及中国香港、台湾、浙江、福建、上海、海南、广东、广西、云南、四川、天津、河南、湖南、湖北、山东、辽宁、江苏、江西、贵州、陕西等地。

4. 茶品

本次茶会的茶品由茶师自己选择安排，各具特色，风格突出，品质优异，涵盖绿茶、白茶、黄茶、乌龙茶、红茶、黑茶六大茶类以及再加工茶，许多茶品曾在"中茶杯"等各类茶叶评比中获得优异的成绩，包括西湖龙井、碧螺春、庐山云雾、安吉白茶、崂山绿茶、平阳黄汤、滇红、川红、海南工夫红茶、宜红、佛手、武夷正岩、凤凰单丛、冻顶乌龙、白毫乌龙、安化黑茶、六堡茶、古树普洱、茉莉花茶、桂花龙井等特优名茶和老茶。现场另有来自云南、湖北、广西的3位茶道演示者分别将傣族茶、土家烤茶、红瑶煮茶带给了大家。不同的品饮方式，丰富了大众对茶品的认识与了解。

5. 茶席

45席茶席源自45个创意。每一位茶道演示者通过茶席设计与布置的各个细节诠释自己对于茶道的理解。45席各具特色的茶席，或朴素精简，或低调朴质，或清新自然，或富有禅意，充分展示了茶席之美，体现了茶艺美学。

6. 音乐

茶会以聆听中国著名笛子演奏家陈杭明先生的《美好时光》开场，一曲轻松美好的曲子，让大家放松、放下、静心，带领现场的所有品茗者慢慢走入曼妙的茶境。品茗期间，现场没有任何音乐，茶道演示者用心侍茶，品茗者用心品茗，现场近300人专注于茶汤。中场休息后，一曲《但愿人长久》的低吟浅唱，将现场的观众带入安静、轻松的下半场，继续用心品茗。

7. 主持词

茶会全程，主持人言语精炼简洁："时光如水，相聚的时光总是短暂的，在这一个多小时的时光里：我们关闭手机，暂离纷扰的世界；我们止语，给自己留下片刻的清净；我们用茶交流，用心交往，体悟茶之美。""慢慢品，欣赏啊！"简洁的开场白，引导嘉宾体悟"静·雅·和"的主题，沉浸在对一杯单纯的茶汤的关注中，浅浅一啜，回味深深。终场也是非常简单的小结语，再次"慢慢品，欣赏啊！"向大家道别，体现出静雅之境，令人意犹未尽。

8. 品茗者

活动规模巨大，现场邀请了225名品茗者，包括青岛当地政府、商界、文化界等各领域人士110余名，充分调动当地的饮茶氛围；另有来自北京、上海、浙江、安徽、福建、江苏、江西、湖南、湖北、四川、重庆、贵州、云南、广东、广西、河南、陕西、天津等18个省市的茶界专家、领导、茶叶企业代表、广大爱茶人士，以及央视等媒体代表共110余人。

9. 茶会意义

展现茶品、茶艺、茶人的多样性；普及茶叶的冲泡技艺和品赏方式；注重茶汤的品质与表现；倡导全民科学饮茶，促进茶产业的可持续发展。

10. 茶会特性

这是一种新型的茶会形式，品茗期间，现场没有任何音乐，茶道演示者用心侍茶，品茗者用心品茶，现场近300人均专注于茶汤。以淡雅朴素的会场布置，突显茶香静雅之境，以丰富的茶品、精湛的技艺、专家示范引领，体现"百家"特色，以关注茶汤为重点，引导广大茶业界内外人士弱化茶艺中表演的成分，以沏出一壶美味的茶汤、充分展示茶本身的优点与特色为主要目标。突出了"百家"（专家引领、百花齐放）、"茶汤"（茶汤为茶道的核心）、"品赏"（品饮与欣赏、物质与精神享受）三个重点。

11. 茶会组织流程设计

① 茶道演示者甄选。

② 品茗者邀请。

③ 报到处设置（含客人席次抽签等工作）。

④ 净手台设置。

⑤ 会场布置。

⑥ 茶道演示者休息室设置。

⑦ 司仪确定。

⑧ 会程表确定。

⑨ 入场、参观茶席（钟声一下，入座、止语；钟声三下，事茶者入席）。

⑩ 现场音乐表演。

⑪ 茶汤作品欣赏1（钟声一下，品鉴结束）。

⑫ 中场休息（钟声一下，入座、止语）。

⑬ 现场音乐演奏。

⑭ 茶汤作品欣赏2（钟声一下，品鉴结束）。

⑮ 交流感言。

⑯ 颁发证书，全体人员合影留念。

⑰ 茶会结束，观众与茶道演示者自由交流，有序退场。

⑱ 颁发证书，全体人员合影留念。

⑲ 茶会结束，观众与茶道演示者自由交流，有序退场。

12. 茶会细则

涵盖茶会的形式、场地规划、会场环境、场次、进场方式、茶会流程、泡几种茶、几道茶、茶会程序提示法、着装规定、会场礼节、入场券、茶道演示者简介、茶道演示者的席次、品茗者的席次与座位、泡茶席次标示法、茶会进行间、泡茶席设置、茶具、茶叶、茶食、泡茶用水、茶谱的提供、工作人员、中场休息时间、时间进度、茶会的结束、茶道演示者与品茗者的交流时间、收费及付酬等细节的考虑、设置等。

二、谢师毕业茶会

茶会已经成为人们崇尚美、追求美、表达美、阐释美、传播美的一种生活方式。此处以"中国茶叶学会第五届茶艺师资班感恩谢师毕业茶会"为例分析。

图14-10 主题背景

1. 茶会主题

茶会主题为"让世界充满爱"（图14-10）。

中华茶文化蕴含了儒释道的精髓思想，"仁爱"是儒家的核心思想之一，也是中华茶道的内核之一。师生们将"爱"融于这杯茶中，回首习茶之路，展示学习成果，畅想传承之梦。爱，有一种神奇的力量，如春风一般和煦，如阳光一般温暖，是包容，是陪伴，是执着，是坚守。爱，是一道绚烂无瑕的光芒，给人勇气和自信，指引我们未来的路。

2. 茶会时间、地点

2019年11月26日上午，中国农业科学院茶叶研究所。

3. 活动流程

① 嘉宾签到。

② 暖场视频。

③ 嘉宾介绍。

④ 领导致辞。

⑤ 自创茶艺演示。

⑥ 颁发证书。

⑦ 教师寄语。

⑧ 合唱《让世界充满爱》。

4. 茶会特点

茶会主题是"让世界充满爱"，爱是核心主题词，背景板上可以找到无数关于爱的词汇：和爱、敬爱、礼爱、友爱、博爱、忠爱、慈爱、仁爱、孝爱、心爱、可爱、惜爱、热爱等，有点意识流的词语，也体现出新一代师生们传统与创新的思想火花碰撞。

会场以"爱"为主题，设置9席，分别为敬爱、博爱、仁爱、忠爱、礼爱、孝爱、和爱、慈爱、友爱，采取环列式围成一个心形。每一席以雅致的浅灰为底色，以代表爱与力量的粉色为桌旗，寓意着茶艺师资班全体师生希望借由一盏茶来传递爱的心意（图14-11）。

茶会的主要内容是通过茶会策划、茶席创作、茶叶冲泡、茶艺演示，展示学员一年来在茶叶专业知

图14-11　"让世界充满爱"茶会细节

识、茶艺技能操作、茶文化知识、茶会组织、茶德师德、培训技能、人文艺术修养等方面的综合成绩。

三个主题茶艺《遇见茶》(图14-12)、《给母亲的一封信》(图14-13)、《茶赞中国》(图14-14)分别述说了爱茶爱岗、爱人爱家、爱国家的故事,展现了从"小爱"到"大爱"的当代茶人情怀。

茶会在《让世界充满爱》的合唱中落下帷幕,"同风雨,共追求,珍存同一样的爱……"中国茶"爱"的文化力量,随着一批批茶艺师资班的学员,传递到全世界。

与人有益的茶会,是未来的喝茶方式。

我们相信,中国式美好茶生活,一定会成为全球人类共同追求、共同践行的生活方式。

图14-12 茶艺演示《遇见茶》

图14-13 茶艺演示《给母亲的一封信》

图14-14 茶艺演示《茶赞中国》

第十五章
培训开发

本章重点阐明培训的概念，厘清培训与教学、培训与演讲的关系。着重介绍培训课程开发和课程精彩呈现，这是培训成功与否的关键。本章还介绍了培训效果评估、招生与培训服务的具体方法，以期为茶艺培训开发提供思路和方法。

第一节　培训概述

　　培训与教学、培训与演讲常混为一谈，它们有相同之处，但更有不同之处。明确培训的概念，有利于培训开发与课堂呈现，获得更佳的培训效果。

一、培训与教学

　　培训与教学，在目标与对象、范围与方法、时间安排、内容设计、师资要求方面均有差异。培训以学员为中心，目标是掌握技能、开发潜能，培训的方法有传授式和参与式，范围为针对特定岗位或职业，内容强调实用性知识、技能或态度，时间短、灵活，对师资的要求较高，培训师既要有丰富的理论知识，又要有丰富的经验、人生阅历、新思维、新观点。而教学则以学生为中心，目标是增长知识，方法相对单一，以传授为主，范围为某一个学科或领域，在内容设计上强调系统性，学习的时间周期比较长，教师的知识比较丰富（表15-1）。

表15-1　教育与培训

项目	教育	培训
对象	学生	学员
目标	增长知识	掌握技能、开发潜能
方法	传授式	传授式和参与式
范围	某个学科或领域	针对特定岗位或职业
内容	系统性知识	实用性知识、技能或态度
时间	周期长	灵活多样，以短期为主
师资	知识丰富	知识+经验+阅历+思维+观点

二、培训与演讲

　　培训与演讲的差异较大。通过培训，学员能立即掌握技能与技巧，并在实际工作中尽快运用。而演讲是讲清道理，分享经验，明确应该干什么（表15-2）。

表15-2　演讲与培训

项目	演讲	培训
目标	讲清道理	掌握技能与技巧
对象	以演讲者为中心	以学员为中心
内容	分享经验	提高学员能力
成效	你应该这样	立即掌握

三、培训的概念

培训是以学员为对象，以掌握某种知识、技能为目标，在较短的时间内，提升个人的能力与素质的培养与训练的方式。

茶艺培训以知识与技能为主要内容，以热爱茶的人们为对象，以泡好一杯茶为核心，通过培训提高人们的技能与修养，藉此享受茶的美好生活，是将茶文化融入人们生活的有效途径。

第二节　培训课程开发

优质的课程内容是茶艺培训的核心，因此，培训课程的设计对茶艺培训的高质量发展尤为重要。

一、课程开发原理

课程的开发要遵循管理学的原理。

一是木桶理论。木桶理论也称"短板原理"，也就是说一只木桶内能够容纳的水量，并不取决于桶壁上最高的那块木板，而恰恰取决于桶壁上最短的那块木板。

二是大树法则。有时也称"关键因素法则"，指的是在一片树林里，远远望去，一眼看到的就是那棵长得最高的树。它说明了关键因素的重要性，决定事物发展的、具有竞争优势的就是关键因素。

木桶原理解决了短板问题，只能达到一般水平；要想有更大的优势，必须依靠大树法则。也就是说，在课程的设计过程中，必须要把握好不同学员的知识和技能基础，合理安排课程内容及深浅程度，既要将必需的知识、技能要点传递给学员，又要发挥课程特色，使之具有吸引力。

二、需求调研和目标设定

在课程设计前，必须要调研清楚一个问题：课程要传递给学员哪些知识和技能。学员的需求以及培训的内容与课程设计和开发的目的紧密相连，把握好两者的关系，才能够很好地呈现出精彩的培训课程。

一般来说，在制订培训课程的目标时，应遵循SMART原则，具体内容如表15-3所示。

表15-3　制订培训课程目标原则

原则	说明
S（specific）	明确性，即用具体的语言清楚地说明要达到的行为标准
M（measurable）	可衡量性，即应该有明确的标准作为衡量达到目标的依据

续表

原则	说明
A （attainable）	可达成性，即根据学员的素质、茶行业从业经历、对涉茶相关知识的了解程度等情况，以实际需求为指导，设计切合实际、可达到的目标
R （realistic）	实际性，即在目前条件下是否可行、是否具有可操作性、是否具有意义
T （time-based）	时限性，即目标是有时间限制的，没有时间限制的目标就无法考核，甚至会使考核结果不公正

三、课程体系

课程体系的建立是课程框架结构搭建的关键。完善的课程体系具有很强的逻辑性，既有利于学员吸收、消化课程信息，也有利于授课教师的讲解和传授。茶艺培训的课程体系可以有多种划分方法。例如茶艺馆中，针对内部员工开展培训，可以根据不同员工工作职责建立培训课程体系，亦可以根据员工职级的高低，建立培训课程体系。此外，每一个课程体系下的每一课程模块，都必须明晰培训目标、授课对象、授课时长、培训形式、内容大纲等具体内容。

四、培训师资遴选

授课教师是传递课程内容的核心人物。课程体系中的每一个课程模块都需要寻找到匹配的教师进行讲授。在授课教师的遴选上，一方面可以聘用业内的专业教师，其扎实的专业功底和丰富的授课经验，能够很好地做到"传道、授业、解惑"。另一方面可以开展内部选拔，培养一批优秀的培训师，以满足日常培训的需要。两者相比较而言，权威教师在邀请上可能存在一定的难度，同时成本相对（内训师）更高；而培养一批优秀的培训师则需要投入大量的时间和精力。

五、培训资料的准备

在开发培训课程时，需要充分考虑学员在培训期间所需要的学习资料，以提升培训效果。一般来说，学员手册是必备的资料之一，包括培训指南（含时间、地点、课程内容、注意事项等）、培训教材（成熟的茶艺教材或相应的培训课件）、延伸阅读材料等。在茶艺技能课程中，需要给学员合理配备好相应的操作器具，以保证培训期间的正常操作练习。

第三节　课程呈现与演绎

在培训课程设计科学合理、适合学员需求的前提下，课程的现场呈现与精彩演绎，则是培训成功与否的关键因素。

一、课程呈现

课程呈现重点需要做好几件事：一是做好PPT；二是设计好开场白；三是控制好时间；四是做好课堂结尾；五是营造良好的课堂氛围；六是回答好学员的提问。

1. 做好PPT

PPT制作要符合逻辑化、视觉化的原则。讲课内容按开场、正文、结尾三个模块前后逻辑化排列，每一张PPT也需按不同逻辑关系，如并列、先后、包含、递进、因果关系排列。视觉化是指通过改变文字的颜色、加大字号、加粗、反衬、改变字体等手段，引导学员重点关注。

2. 设计好开场白

一个好的开场白能在短时间内吸引学员的注意力，树立老师的威信。常用的开场白有提问法、讲故事法、引经据典法等。

① 提问法。提问法是最直接、最简单、最常见，也是最易掌握的方法。比如上茶具课，可以先让学员们回答这些茶具的名称或功能。

② 讲故事法。讲一个与主题相关、能吸引学员的故事，来引出本堂课的内容。比如以乾隆皇帝"以水洗水"的故事，引出"泡茶用水"课程的内容。

③ 引经据典法。引经据典法是引用经典的名言、名句作为开场白。

一般开场白的顺序为问候—自我介绍—开场白—过渡到主题——分钟介绍主要内容："我将从以下几个部分详细阐述今天的主题。"

3. 控制好时间

合理分配课程几个模块的时间，并提前进行反复演练。在讲课过程中及时把控，注意是否按预先设定的时间进行，及时做相应的调整。初上讲台的老师，往往由于紧张会提前讲完安排的内容。可以用提问、强调重点内容、总结等方法填满时间。

4. 做好课堂结尾

课堂结尾可以用总结提炼法、紧急结尾法、推崇法等。总结提炼法是再强调一下课程的重点，以加深记忆。紧急结尾法一般在时间不够的情况下使用。如果接下去还有课程，也可以用推崇法，引出下一堂课的老师或主题。

5. 营造良好的课堂氛围

良好的课堂氛围能保障课程呈现。我们可以用直接赞美和间接赞美法，让学员增强自信心；用"我们""同伴们""习茶路上同路人"等关联说法，让学员感觉老师和学员是一个团体，不让学员产生居高临下的压抑感，轻松地去接受老师讲的内容。引用法即引用学员讲的一句话或一件事，拉近老师和学员的距离。"让学员快乐与让学员学习到知识同样重要"，任何课程都可以找到带给学员快乐的方法。

6. 回答上课提问

回答学员提问的原则：① 专注主题；② 保持形象；③ 照顾大多数学员。

回答问题的流程：① 仔细聆听；② 赞美提问者；③ 确认问题；④ 提供答案。

二、精彩演绎

课程能否精彩演绎由老师的综合水平和现场的发挥决定。高水平的培训教师能做到以下三点：一是理论架构清晰，课程高度与深度交替推进；二是课程技巧设计完善；三是个人特点与课程知识完美交融。

三大要素让课程更精彩：一是课程理论获得学员尊重；二是课程内容对学员的工作、生活以及人生观、价值观等具有指导意义，知识与技能能直接在工作中运用，并能解决工作中碰到的实际问题；三是课堂氛围让学员喜欢。

如何让课程更精彩？有三大关键词：感性、理性、互动。感性吸引注意力，气场来调动学员的积极性。学员注意力集中的时间有限，因此要及时用感性的素材，如讲故事、说笑话、讲案例、唱歌和感性的语言等把学员的注意力吸引到课堂中来。把理性的课程核心内容有效地罗列和排序，思路清楚、条理清晰，一条一款地展现出来，体现培训老师的专业功底。互动能活跃课程气氛，5分钟的课程应该有小互动，30分钟的课程必须有大面积的互动，让大家的注意力持续集中在课堂上。课程理性内容信息量大；课程感性素材、资源量大；课程互动时间长、频率高，这三点，是课程精彩演绎的保障。感性是抓住学员注意力的有效方法；理性是课程中学员学习到知识的保障；互动是课程中调动学员积极性，营造课程氛围的保障。半小时内，理性、感性、互动都要出现。

此外，语言表达、声音语言、身体语言等也是课程精彩呈现的关键要素。① 语言表达的要求：清楚、易懂、有吸引力。② 声音语言的要求：清晰、有力、热情，声音悦耳，有轻重、快慢、高低、停顿等。③ 身体语言包括表情、眼神、站姿、手势、走姿等，要求自然、得体、大方、稳重，不要有太多的小动作。

第四节 培训质量的控制与效果评估

培训质量的控制是茶艺培训实施过程中的一个重要环节。只有控制好培训质量，才能够有效地将知识传授给学员，使得茶艺培训的目标得以实现。

一、培训质量的控制

课程实施的质量最终是以学员的发展为判断标准的。所谓"授之以鱼，不如授之以渔"，好的课堂培训，不仅是简单地将理论知识和茶艺技能有效地传授给学员，更重要的是要教会学员举一反三，深刻领会中华茶文化的内在精神，建立积极正确的价值观。而这终极目标的实现，则与本章在前面提到的培训目标的设定、培训计划和培训大纲的设置、培训过程的控制等内容密切相关。

二、培训效果的评估

培训效果评估是指对学员在茶艺培训过程中的收获情况进行调查与分析。

1. 培训效果评估的内容

一般包括学员的学习成果评估、组织管理评估、教师授课评估等内容。

① 学习成果评估，包括培训后，学员对茶艺相关知识和技能是否掌握，对茶文化的理解是否透彻等。

② 组织管理评估是对培训项目实施情况的评估，包括培训时间安排、场地和设施准备、培训现场督导、后勤服务情况等。

③ 教师授课评估，主要考量的是教师培训内容的组织、授课的方式方法、语言表达以及课程需要改进的地方等。

2. 培训效果评估的方法

对培训效果进行评估有多种方法，包括观察评估法、目标评估法、问卷调查法、效果测验法、关键人物评价法等，在不同的场合可以进行不同的选择。以下主要介绍问卷调查法和效果测验法。

（1）问卷调查法

问卷调查法是日常培训中较为常用的一种方法，预先设计好问卷内容，在培训结束后的第一时间向培训学员了解培训效果。问卷的合理设计是得到有效调研结果的前提。在设计问卷时，需遵从以下三个原则：一是区分问题类型，所有问题分门别类，重点突出；二是符合逻辑顺序，问题的排列要符合调查对象的阅读顺序，先简后繁、先封闭式后开放式；三是用词通俗易懂，符合调查对象的理解和认知能力。

（2）效果测验法

效果测验是对学员在培训过后知识的掌握情况以及技能的熟练程度的一种评估方法，可以采取笔试、现场操作、提交项目作业等多种形式。

3. 培训效果评估报告的撰写

培训效果评估报告既是对茶艺培训开展情况的全面总结，也是为后续更好地开展其他茶艺培训奠定基础。

培训效果评估报告的主要内容如表15-4所示。

表15-4　培训效果评估报告的主要内容及要求

内容	具体说明
提要	对培训效果的评估要点进行概述，语言简明扼要
前言	说明评估实施的背景、培训项目的情况，明确评估的目的和性质
实施过程	主要包括评估内容、评估方法及评估程序等
评估结果	包括培训课程评估结果、培训教师评估结果、培训组织管理评估结果等 尽量以图表等较为直观的形式对评估结果做说明 根据评估结果，提出可以改进和参考的建议或意见
附录	主要包括收集和分析使用的调查问卷及部分原始数据资料等

第五节　培训招生与服务

招生是培训工作中的重要环节，有充足的生源才能顺利开展培训工作。培训服务与培训质量同样重要，培训机构是为学员服务的，只有学员满意了、切切实实学到知识、技能，才会产生良好的口碑。通过口碑效应带来生源，对于培训机构而言，这是低成本的招生方式。提高服务质量，提升学员的满意度，有助于培训机构树立良好的品牌形象。

一、培训招生

培训招生一般通过多渠道来实施。由于生源分布广泛，培训机构必要时可进行营销推广，主要可以分为线上招生与线下招生。

1. 线上招生

一是运用网络平台推广。可以将机构简介、课程、培训计划、师资、课程短视频等资料融为一体，建立内容充实的培训机构网站；可以与专业的职业培训机构的招生代理网站合作；可在茶行业相关资讯网站推广宣传；还可以进行搜索引擎关键词竞价排名和推广；另外，运用论坛、微博、微信、抖音等新媒体平台发布招生信息，进行推广。二是建立往期学员信息档案数据库，根据招生条件要求，做到精准招生。

2. 线下招生

一是通过传统大众媒体进行宣传，如传统报纸的分类广告、公交车流动广告、广告牌、墙体广告和电视、电台广播等；二是招生人员做好日常微信、电话、邮件咨询及报名信息登记及学员关系维护；三是与行业外培训机构合作，不定期开展免费科普讲座，增加行业外人士对茶的兴趣；四是不定期组织举办免费茶会、茶叶品鉴等公益活动，扩大培训机构的影响力；五是对社会各企事业单位开展个性化订制培训。

二、培训服务

培训服务可分为培训开班前、培训期间、培训结束后三部分（详见表15-5），旨在为学员提供高质量服务，做到耐心、细心、热心，做好每个细节，生活上让学员满意，学习上形成良好的班风、学风。

表15-5　培训服务明细表

	工作内容	完成情况			备注
		好	一般	差	
培训开班前	1. 学员资格审核，录取，通知缴费；建立班级微信群等				
	2. 学员酒店住宿、用餐联系安排				
	3. 上课教室布置：横幅悬挂、老师桌签打印，音响、话筒、电脑、投影仪等设备检查，室内卫生、茶水等后勤工作落实				
	4. 报到前一天，培训资料、餐券、学员证等材料准备				
	5. 报到时学员签到、信息核对，相关材料收集和其他协调事项				
培训期间	6. 每天做好学员考勤登记，健康状况监测				
	7. 提前一天与任课老师联系，做好用车、用餐安排				
	8. 理论课前：音响、话筒、电脑、投影仪、激光笔、音频线等连接、调试；技能课前：分组名单张贴，茶叶样品、器具等分组摆放				
	9. 理论课后：关闭电源，电脑等设备收纳、整理；技能课后茶叶样品封口、保管，茶器具清点等				
	10. 遴选合适的班干部，课后增加人文关怀（比如组织给近期生日的学员集体过生日）、组织班会活动、拍合影等				
	11. 问卷调查、通信录等材料及时发放				
	12. 结业考核准备，结业证书制作等工作				
	13. 突发情况应及时反馈给相关负责人，并积极妥善处理				
培训结束后	14. 举行结业仪式：举办毕业茶会，颁发结业证书和评选优秀班干部、优秀学员等活动				
	15. 收集、整理学员反馈的建议和意见，及时总结改进				
	16. 相关费用结算，培训材料整理归档				

管理篇

第十六章
中国茶馆文化

茶馆是一个古老而又时尚的行业，泡茶馆是中国人的一种生活方式，茶馆融汇并积淀了丰富的文化。

第一节　茶馆的千年历程

茶馆的出现和普及，历经千年嬗变，虽有跌宕起伏，却是多姿多彩。东晋老姥，一早上街卖茶粥；唐人封演，记下了"城市多开店铺，煎茶卖之"；宋代茶肆，陈设雅致，奇茶异汤，光辉满座；明清两代，茶馆推及市井，世相百态，尽在其中。

一、唐代——邹、齐、沧、棣开店卖茶

中国茶馆最早出现于茶业、茶文化空前兴盛的唐代。"开元（713—741）中，泰山灵岩寺有降魔师，大兴禅教。学禅，务于不寐，又不夕食，皆许其饮茶，人自怀挟，到处煮饮。从此，转相仿效，遂成风俗。自邹、齐、沧、棣，渐至京邑城市，多开店铺，煎茶卖之，不问道俗，投钱取饮。"

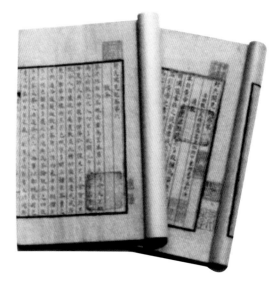

图16-1　《封氏闻见记》

这是《封氏闻见记》（图16-1）中的一段记述。自从泰山灵岩寺降魔禅师在北方大兴禅教，兴起饮茶之风后，本来只局限在南方的饮茶习俗，很快也在北方传播开。僧人云游四方，常备茶饮，相沿成习，茶便成为沿途邑镇店铺的必备之物。以至在山东邹县、淄博一带，还有河北沧县，一直到京城（今陕西西安），已有专卖茶水的茶馆了，过往行人，无论贵贱，只要付钱，都可饮用。这是中国茶馆的最早历史记载。当时的情况大约是专业经营茶水的店铺尚不是很多，而旅舍、饮食店兼营茶水的当属多数，或者是卖茶水兼营旅舍等。

唐时茶馆称"茶坊""茶肆"。牛僧孺在《玄怪录》中有这样的记载："长庆（821—824）初，长安开远门十里处有茶坊，内有大小房间，供商旅饮茶。"《旧唐书·王涯传》中也提及茶肆："李训事败……涯等仓惶步出，至永昌里茶肆，为禁兵所擒，并其家属奴婢，皆系于狱。"王涯曾当过茶官，任江南榷茶使，尝试把民间茶园收归国有，遭到了茶农和茶商的激烈反对。后来王涯被擒也是在茶肆里。

《新唐书·陆羽传》中记载了当时茶坊的一个习俗："时鬻茶者，至陶羽形置炀突间，祀为茶神。"这些将陆羽陶像供奉于茶水灶"炀突间"的"鬻茶者"，如遇生意不好，便以沸水浇灌陶像，以祈茶神保佑相助。

以卖茶水为业的茶馆，其实在晋代已有雏形。陆羽《茶经·七之事》中有《广陵耆老传》一则，说晋元帝（317—322）时，在今扬州有一名老妇每天早晨独自提着一个盛茶的罐，到市上卖茶，市上的人争着买来喝饮。奇怪的是，从早到晚，老妇茶罐里的茶始终不见减少，而她却把卖茶所得的钱散给了路旁孤苦贫穷的求乞者。州里执法的官吏把老妇抓进监狱囚禁起来。可到了夜晚，卖茶老妇竟带着茶罐，从监狱的窗口飞越而去。这虽是一则带有神异性的传说，但并非全是虚构的，在一定程度上反映了当时的实际生活。

陆羽还辑录了另一则西晋（265—317）时的茶事：有一个四川老妇，在洛阳的南市做茶粥出卖，管司法的"廉事"禁止她卖，还打破了器具，后来老妇只好在市上卖茶饼。此事被当时在京城主管治安的"司隶校尉"傅咸（239—294）知道了，便在一份"教示"中批道："闻南方有蜀妪作茶粥卖，为廉事打破其器具，嗣又卖茶饼于市，而禁茶粥以蜀姥，何哉？"茶粥与茶饼都是茶制品，难怪傅咸要发问：为什么要为难四川老妇，禁止她卖茶粥呢？

以上两则茶事说明，在两晋时代，西至河南洛阳，东至江苏扬州，茶已制成一种零售饮品在市上出现了。这些虽只是流动的小买卖，没有固定的场所，当然不能称茶肆或茶坊，但其雏形已具。

二、宋代——汴京、临安茶坊集聚

如果说唐时的茶肆、茶坊还只是为行人和过往商贾歇脚解渴用的，那么到了宋代，茶馆在市井兴盛起来，它也借饮茶而演化出了众多功能。尤其是在北宋首都汴京（今河南开封）、南宋首都临安（今浙江杭州）两地，茶馆林立，丰富多样。

那时到京师参加科举考试的考生在去吏部投送名帖时，为时太早，省门未开，路上行人尚稀，就去茶肆稍憩。有些大茶坊成为市民娱乐的场所。在著名的樊楼（酒楼）一侧，有一家小茶肆，规模不大，却甚精致，"潇洒清洁，皆一品器皿。椅桌皆济楚，故实卖茶极盛"（王明清《摭青杂说》）。《宣和遗事》中徽宗微服私访李师师时，有一家"周秀茶坊"。张择端的《清明上河图》生动反映了汴京的繁盛景象，汴河两岸，城门内外，街道纵横交错，店铺鳞次栉比。其中也描绘了赶集人饮茶歇息的情景，在洁净简朴的店堂内，饮茶者或席间闲谈，或凭栏远眺。

汴京的这些茶肆、茶坊，除了供应茶饮外，还逐步扩展其经营活动，或为其他行业提供场地和服务，或随时令季节兼带其他经营。如潘楼东街的茶坊，每天早晨五更天就点灯开市了。人们一边吃茶，一边"博易买卖衣服、图画、花环、领抹之类，至晓即散，谓之'鬼市子'"。汴京的茶肆、茶坊还一直受到朝廷的关注。陈师道《后山丛谈》中记述了这样一件事：宋初灭后蜀时，后蜀宫中金银、玉器、书画全部被宋军收缴，"太祖闻蜀宫画图，问其所用，曰：以奉人主尔。太祖曰：独览孰若使众观耶？于是以赐东门外茶肆。"太祖赐蜀宫画给茶肆，表明茶肆在当时的社会生活中已具有相当的影响力。

临安的茶肆、茶坊在南宋年间可谓盛极一时。据吴自牧《梦粱录》所记，其时杭城"处处各有茶肆"：市西南的潘节干、俞七郎茶坊，保佑坊北有朱骷髅茶坊，太平坊有郭四郎茶坊，太平坊北首是张七相干茶坊，中瓦内有王妈妈家茶肆（又名一窟鬼茶坊），大街上有车儿茶肆、蒋检阅茶肆，还有黄尖嘴蹴球茶坊。周密《武林旧事》也记述了诸处茶肆：清乐茶坊、八仙茶坊、珠子茶坊、潘家茶坊、连三茶坊、连二茶坊等。

临安的这些茶肆、茶坊，经营更加灵活多样，满足不同档次茶客的不同需求，各具特色。从《梦粱录》《都城纪胜》《武林旧事》所记看，这些茶肆、茶坊，一是装饰考究，文化氛围渐浓。"插四时花，挂名人画，装点店面"，或"列花架，安顿奇松异桧等物于其上"，使茶肆、茶坊更具艺术性和观赏性，以"勾引观者""消遣久待"。二是说唱玩耍，娱乐内容丰富。"多有富家子弟、诸司下直等人会聚，习学乐器，上教曲赚之类。"也有艺人在茶肆拉奏乐器，或说唱曲牌，供茶客欣赏。在夜市中，会有戴着花朵的点茶婆婆，坐铺中瓦前，"敲响盏，掇头儿拍板，大街游玩人看了，无不哂笑"。茶肆还引入市民喜闻乐见的"小说讲史"，为谈话讲史者提供场所，在茶肆内辟书场。三是出现结合不同行业各有聚会的茶肆，因而茶肆成为寻觅、雇佣专业人力之地，这类茶肆、茶坊被称为"市头"。四是奇茶异汤，兼营范围扩大。茶肆除固定供应茶饮外，还依四时节气添卖奇茶异汤，冬月添卖七宝擂茶、散子、葱茶，或卖盐豉汤；暑天添卖雪泡梅花酒。有的兼卖酒食（不卖酒食的称素茶坊），有的与旅店结合成一体，有的兼营澡堂。

茶肆、茶坊的服务人员称"茶博士"，这一称谓其实在唐时已有。临安的茶肆还有一些行业术语，如每日所收茶钱，不直接说出实数，而是说到了什么地方，是以临安至某地的路程远近来隐喻茶钱数。比如说"今日至余杭"，就是一日赚得四十五钱，因临安至余杭是四十五里；若说"走到平江府"（平江府即苏州），就是赚足了三百六十钱，因临安至苏州是三百六十里。

三、明清两代——茶馆再起遍及城镇

元代茶业发展的最大特点在于其"承宋启明"的过渡性。其时茶叶生产处于由饼茶向散茶转型的过程中，饮茶方法处于由点茶法向煎茶法和撮泡法的变革中。元初，全国陷入金戈铁马之中，中原传统文化体系受到一次大冲击。忽必烈建元大都后，开始学习中原文化，但由于秉性质朴，不好繁文缛节，所以虽仍保留团饼茶进贡，但大多数蒙古人爱以散茶直接冲泡，于是散茶生产大增，散茶工艺受到重视，出现了一批用散茶工艺制作的名茶。元代的茶馆，从一些文学作品中都能见到描述，如马致远《岳阳楼》第二折有云："我且在这阁子里歇歇，若有茶客时，着我知道。"元代茶馆又称"茶房"。李寿卿在《度翠柳》第二折中云："师父长街市上不是说话去处，我和你茶房里说话去来。"但元代茶馆远不如宋代繁华，有些城市渐趋衰退，至元末明初近乎销声匿迹。

明代后期，茶馆再度兴盛起来。明田汝成《西湖浏览志余》第二十卷记述："杭州先年有酒馆而无茶坊，然富家燕会，犹有专供茶事之人，谓之茶博士……嘉靖二十六年（1547）三月，有李氏者，忽开茶坊，饮客云集，获利甚厚，远近仿之。旬日之间，开茶坊者五十余所，然特以茶为名耳，沈湎酗歌，无殊酒馆也。"田汝成这段关于茶馆的记述应该是可靠的。他是钱塘（今杭州）人，嘉靖五年（1526）进士，做过多年官，罢官归家后，游览湖山，探访名胜，记录了亲身所见所闻，内容比较翔实。由此看来，杭州茶馆一度曾"断了香火"。明后期才获再度发展，据明《杭州府志》载："今则全市大小茶坊八百余所。"

明清间，南北各地茶馆遍布。南京作为"太祖皇帝建都的所在"，盛时茶馆达千余家。吴敬梓《儒林外史》第二十四回说道："大街小巷，合共起来，大小酒楼有六七百座，茶社有一千余处，不论你走到一个僻巷里面，总有一个地方悬着灯笼卖茶，插着时鲜花朵，烹着上好的雨水，茶社里坐满了吃茶的人。"著名的鸿福园、春和园，皆在文星阁东首，各据一河之胜，日色亭午，座客常满。或凭栏而观水，或促膝以品泉。茶叶则上自云雾、龙井，下逮珠兰、梅片、毛尖，随客所欲，亦间佐以酱干、瓜子、小果碟、酥烧饼、春卷、水晶糕等。

在北京，清军入关后，许多八旗子弟倚仗权势，饱食终日，无所事事。他们手提鸟笼，一脚跨进茶馆，可以长坐半日。八旗子弟的清闲之心，无疑给皇城根儿下的茶馆带来发展机遇："击筑悲歌燕市空，争如丰乐谱人风；太平父老清闲惯，多在酒楼茶社中。"（郝懿行《都门竹枝词》）清末北京流行大茶馆，既可饮茶品茗，又有点心菜肴，别有一番热闹景象："人海喧阗午市声，茶寮酒社斗鲜明。"（蒋云《燕台杂咏》）

李斗在《扬州画舫录》夸耀"吾乡茶肆甲天下，多有以此为业者"。扬州人好饮茶，有人清晨即赴茶肆，在茶肆喝茶早餐，日将午，始归就午餐。除了在热闹街市多设茶肆外，在风景园林地也引入茶肆。合欣园本是亢家花园旧址，后改为茶肆，并以酥儿烧饼见称于市；崔园在旧址旁将转角桥西口之冶春茶社围入园中；江园内开竹径，临水筑曲尺洞房，额曰"银塘春晓"，园林于此为茶肆。这些茶肆"饮者往来不绝，人声喧闹，杂以笼养鸟声，隔席相语，恒以眼为耳"。扬州还有一种称"茶桌子"的，类似露天茶座，"乔姥于长堤卖茶，置大茶具，以锡为之，少颈修腹，旁列茶盒，矮竹几杌数十。每茶一碗二钱，称为'乔姥茶桌子'。"

上海茶馆始于清同治（1862—1874）初，最早的是三茅阁桥沿河之丽水台。据徐珂《清稗类钞》记载："其屋前临洋泾浜，杰阁三层，楼宇轩敞。南京路有一洞天，与之相若。其后有江海、朝宗等数家……福州路之青莲阁，亦数十年矣，初为华众会。"光绪二年（1876）在广东路棋盘街北又开了装饰华丽、金碧辉煌的同芳茶楼，兼售精点粮果。茶楼早晨有鱼生粥，晌午有蒸熟粉面等各色点心。夜有莲子羹、杏仁酪。之后又有怡珍茶居接踵而起，更有东洋茶社三盛楼（在大白桥北），当垆煮茗者为妙龄女郎，取资银币一二角。其实，老城隍庙湖心亭更早于清咸丰五年（1855）开设茶楼。除湖心亭外，这里还有春风得意楼、松风阁、船舫厅、绿波浪等。这些茶楼多供应龙井、雨前绿茶，或一人一杯，或两人一壶。上等绿茶每杯26文（铜钱），中等者20文，次等者14文。除付茶资外，每茶尚须付小费3文。

广州饮茶风气也很盛。清同治、光绪年间（1862—1908），较多的是平民大众化的"二厘馆"（图16-2）。所谓"二厘"，即每位茶价二厘，言其价廉也。晚清时在小北门外下塘的村道旁，有一家宝汉茶寮，曾吸引了不少茶客，颇具声名。创设宝汉茶寮的晚清人李承宗是广东学者曾钊的外孙。他读过许多书而以农为业，在城郊躬耕为作。偶因掘地发现一方碣，是南汉马氏二十四娘买地券，南汉古刻，十分可贵。李承宗将石刻摆设在茶寮，供客人鉴赏。同治十二年（1873），广东布政使杨翰观赏了石刻之后，为茶寮题名"宝汉"。茶寮虽是棚寮草舍，然傍着菜田篱落，有竹木和泉石野趣。每当清明扫墓、重九登高，过往的人趾踵相接。丘逢甲《岭云海日楼诗钞》中《宝汉茶寮歌》有："茶寮杂坐半伧父，谁吊扶风廿四娘。"

一盅两件（广东）

晨起一盅茶，是我国许多地区都有的习俗，广东早茶算得上是最有特色的一种。丁聪先生笔下的"一盅两件"是旧时广东早茶真实写照。昔日，广东早茶似乎较为简单，茶楼陈设亦简陋为多。随着时代发展，广东早茶已今非昔比了。茶类日渐丰富，除了菊香茶，还有绿茶、红茶、乌龙茶；茶点不仅有甜、咸之分，更有大件、中件、小件之别，茶楼装饰日趋讲究。近年来，广东早茶还渐次由南向北推进，北京、上海、杭州等大都市也开始流行"广式早茶"。不过，要品尝正宗的，还是得去广东。

图16-2 旧时广东茶楼

由明至清，茶馆发展较快，成为人们日常生活中不可或缺的公共场所，是社交活动的中心，是休闲娱乐的福地。一些茶馆或在交通便捷、人群集聚之处，或在环境优美、有景可赏之地，并以周到服务吸引茶客。

第二节　茶馆的社会功能

小茶馆是个大世界。茶馆宽松的环境，与社会各个阶层都有着千丝万缕的联系，可以为各方人士所利用、为其服务。爱国者利用茶馆作为宣传阵地；文化人在这里作"茗叙""雅集"；有闲人拎着鸟笼，在此地品茗谈鸟经；各行各业的经营者则可以做生意，洽谈贸易；戏剧曲艺爱好者可以在此听书赏曲；而风景园林地的茶馆，则是品茗赏景的好地方……茶馆是一个五方杂处、信息灵通、文化气息浓郁、民情民俗汇聚的地方，可直射或折射出社会各个层面和不同时代的"阴晴圆缺"。近百年来，中国茶馆在丰富社会生活方面发挥了重要作用。

一、消闲涤虑，调节生活

中国人喝茶的悠闲是很叫人"眼馋"的。杯茶在握，可以闲坐上大半天，故人们习惯把"坐茶馆"叫作"泡茶馆"。在苏、沪、杭一带，还有"孵茶馆"一说，形容喝茶闲坐时间之悠长，可以孵出一窝小鸡来。而对广东饮茶者而言，这是一种生活享受。一天辛勤劳作，或经一周生活奔忙后，身无事牵，邀一二挚友，去茶馆泡一壶清茶，安闲地坐几个小时，随意啜茗谈天，是紧张生活的一种缓冲，也是翛然尘外的一种行乐方式。

茶馆之所以吸引人，给人以轻松享受，在于一个"趣"。作家秦绿枝有《孵茶馆》一文，他说："从前我的老宅附近上海的复兴公园，里面有家茶馆，天天高朋满座。其中有不少老朋友，还有些是我当年颇为景仰、渴想一见而见不到的人，他们垂老之年，都到这里来消磨生涯了。有的还是从老远的地方赶来的，风雨无阻。他们有时候带信叫我去坐坐。但我平时没有空，星期日则怕挤，难得去一两次，也发觉了一点，公园茶室的茶叶也并非上乘。要喝好茶尽可以在家里泡来吃，坐在沙发上，舒舒服服，不比茶室里的椅子强？却偏偏要来忍受这吞云吐雾的气氛。原来老人最怕的是一种孤独感。家里不是有老伴、有儿孙，好算孤独吗？是的，不孤独。但有些言不及义的话却是不好同老伴、同儿孙讲的，只有在茶馆的那种环境里才能尽情宣泄。所以，吃茶亦如饮酒，如果不仅仅是为了解渴，而要享受一种人生稍稍放纵之乐，须要有两三个谈得来的朋友共同沉湎其中。"可见，如果说"有茶""有座"属物的范畴，在家里也不难办到，那么"有趣"，则是非茶馆不可了。因为一旦离开茶馆内形形色色的人间众生相，这"趣"便无从谈起了。在茶馆里，各式人等都云集于此，可以随意谈山海经，摆龙门阵，话尽舌倦，便沉默下来，倾听邻座老顾客的社会新闻、小道消息，或者近观远眺街景。到这样的茶馆去，对茶水本身如何似乎已不甚考究了，目标在茶客，包括老友和新朋。

对于一些老茶客来说，茶馆仿佛是他们特有生活的延续。在江苏常熟等地，有的茶馆不但老茶客有固定座位，更有待老茶客去后将他的椅子用丫叉叉到高处的钉上、次日老茶客来时再将椅子叉下来的做法。有的茶馆，泡上一壶茶可以喝一天，中午时把茶碗扣上，跟堂倌打个招呼，下午继续再来喝。有的茶馆还摆着躺椅，客人可以在上面舒舒服服地睡上一觉，不会有人来打扰。

茶馆中有以闹趣胜者，也有以静趣优者。汪曾祺先生在回忆当年西南联大学生生活的《泡茶馆》一文中说到，昆明文林街上有一家老式茶馆，"大学二年级那一年，我和两个外文系的同学经常一早就坐到这家茶馆靠窗的一张桌边，各自看自己的书，有时整整坐上一上午，彼此不交语。我这时才开始写作，我的最初几篇小说，即是在这家茶馆里写的。茶馆离翠湖很近，从翠湖吹来的风里，时时带浮莲的气味。"

二、品茗赏景，景长日远

山水风光胜地或郊野有景之所，常常亦是茶馆、茶楼之所在。游客与茶人置身景中，品茗玩赏，以景佐茶，这是情趣完全不同的另一种茶馆。

风景茶馆由来已久，我们从宋人的吟咏中就可以读到。林逋《黄家庄》诗云："黄家庄畔一维舟，总是沿流好宿头。野兴几多寻竹径，风情些小上茶楼。"黄家庄虽是村野之地，然因有水流、竹径，也就有了小茶楼。明清以来，茶馆进入园林。李斗《扬州画舫录》里记述的崔园，"三面临水，水局乃大"，有致佳楼、桂花书屋，"并转角桥西口之冶春茶社围入园中……令游者惝悦弗知所之"。品茶与赏景，在艺术鉴赏和精神追求这一层面上有着共同点，而且两者相互交融，相得益彰，显示出它们内在的和谐。苏州拙政园十八景曼陀罗花馆中有一副对联："小径四时花，随分逍遥，真闲却香车风马；一池千古月，称情欢笑，好商量酒政茶经。"有山水、明月、小径、花草之地，最宜"商量茶经"。此一联，写尽了赏景与品茶的联系与和谐。在风景之地开辟茶室，为品茶营构最佳时空，品茶也给赏景以最佳心境。

散落在漫碧茶山中的茶室，是品茗赏景的绝佳之地。名茶产地大多在名山秀水间，如西湖群山有龙井，武夷山有岩茶，黄山有毛峰，庐山有云雾，君山有银针等。而且名山、名茶又总与名泉相伴，龙井茶伴虎跑泉，庐山云雾茶伴谷帘泉，碧螺春伴惠山泉等。茶、水、景三者皆绝，犹如中国画中诗、书、画的相映。

三、以茶会友，翰墨情深

文化人对茶馆历来很亲近，对其有着特殊的感情。在那里会友茗叙，论学衡文，或读书写作，确实别有一番风味。

漫画家方成曾在四川长居八年。他在那里上学时，正是抗日战争时期，物质生活很困难，夜间灯火不明，40瓦的灯泡，其亮度只比萤火略强。方成原已近视，不敢再过度用眼，晚上无法学习，闲来无事，天黑便结伴出去泡茶馆，如此三年。因泡茶馆聚义创办了一份文艺性壁报。从学校出来参加工作后，他仍然经常去茶馆，又泡了四年。他说："茶翁之意不在茶，而在同气相投作神仙会，川语谓之摆龙门阵。"那些年，他因为泡茶交心而交了几个朋友，以后几十年来天南地北，仍音书未断，因此对四川的茶馆一直心向往焉。

柳亚子20世纪30年代在上海办过文艺茶话会。据当时的参加者回忆，茶话会不定期在茶馆举行，在南京路的新亚酒店，每人要一盅茶，几碟点心，自己付钱，三三两两，自由交谈，不拘形式，也没有固定话题。这种聚会既简洁实惠，又便于交谈讨论，看若清谈，却给人留下深刻印象。

鲁迅也最喜欢与朋友上茶馆喝茶，他的日记中记述很多。20世纪20年代他居住在北京时，常与刘半农、孙伏园、钱玄同等好友去青云阁，或与徐悲鸿等去中兴茶楼，啜茶畅谈，尽欢而散。又曾在中山公园的柏树荫下拣一处幽静的座位，与齐寿山合译《小彼得》。

文化名人郑逸梅回忆，20世纪50至60年代，上海沪西的襄阳公园，闹中取静，设茶座于芦帘丛篁间，一批翰墨朋友，每逢星期日下午，辄就之作茗叙，谈文论艺，乐趣无穷。

四、看戏听曲，艺术享受

有人说："戏曲是用茶叶浇灌起来的一门艺术。"京剧大师梅兰芳先生也说过："最早的戏馆统称茶园，是朋友聚会喝茶谈话的地方，看戏不过是附带性质的。"并说："当年的戏馆不卖门票，只收茶钱。听戏的刚进馆子，看座的就忙着过来招呼了，先替他找好座儿，再顺手给他铺上一个蓝布垫子，很快地沏来一壶香片茶，最后才递给他一张不过两只火柴盒这么大的薄黄纸片，这就是那里的戏单。"

早先北京的广和楼、天乐园和吉祥、丹桂茶园，池座的木凳是与舞台垂直排列的，凳与凳之间有长木桌，以放置茶壶、茶碗以及各种吃食、手巾。20世纪30年代后木凳才改成横向放置，茶客由听戏改成了看戏，以后又改成长椅子。营业情况好时，茶房还要卖许多"加凳"。

当时许多大城市如南京等地都有这种戏茶厅。戏茶厅的好位子一般为大老板、小开、小政客、地痞流氓所占，平民百姓来看戏时有不少人坐在后排特高的椅子上。因当时戏茶厅的地面是平的，没有坡度，后排只好借助加高凳脚来升高座位。演出是清一色的女子清唱，即使有男角戏也由女艺人反串。清唱的琴师为女艺人的父亲、师傅或丈夫。在戏茶厅里，观众一边听戏，一边饮茶、嗑瓜子，茶房还经常给观众续茶水、递毛巾、点烟。

清末，山东有一种以茶园为名的戏园。烟台的丹桂茶园较为著名，它创建于光绪年间，初名"德桂茶园"，后转于烟台"八大家"（八大商号）后改名"丹桂"（图16-3）。丹桂茶园规模相当大，为砖木结构的二层楼，楼下池中设40余张八仙桌，旁为边座，楼上为包厢，共可容纳观众千余人。济南有"大舞台""富贵园""明湖居""鹊华居"等茶园，淄博有"翠仙""升平"茶园等。

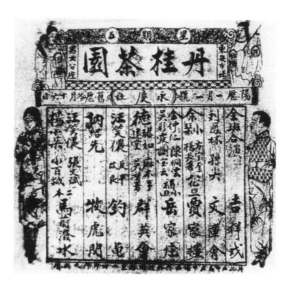

图16-3　丹桂茶园戏班演出券

说书艺人在新式专业书场出现之前，也多借茶馆演出。20世纪20年代，相声曲艺从露天空地搬进了茶园。有《竹枝词》说："萧条市进上初灯，取次亭门顾客疏。生意数他茶馆好，满堂人听说评书。"随后即有说书听书的专场。在杭州的茶馆，多数是晚上开场，以说评话为主，杭州人称"说大书"。辛亥革命后，杭州湖滨的旗下营开辟为新市场，商业更趋繁荣，茶馆书场得到很大发展，有"一市秋茶说岳王"之说。抗日战争前夕，杭州全市茶馆书场多至200余家，其中著名的有喜雨台、雅园、望湖楼、得意楼、宝泉居、碧雅轩、松声阁等。首推湖滨的喜雨台，煌煌十三间门面，可容400余人，经常同时有评话、评弹及杭滩、杭曲等演出，似若一座综合性曲艺游乐场。小孩子或一些出不起茶钱的人可以不占座位，立在壁角听，杭州人叫作听"踮壁大书"。

上海城隍庙周围是当年说书艺人最集中的地方。清末民初，《杨乃武与小白菜》等剧目最流行。20世纪20年代有一个说评话的女子，叫也是娥，在大世界说《金台传》，曾风靡上海滩。

厦门人把说书场叫作"讲古场"。这些书场大都设在茶馆中。厦门的"讲古"形式不同于杭州、扬州、苏州的评书，讲古者不借助任何道具，手拿一把折扇，但是一把茶壶不能少，泡一壶香茶，讲渴时抿口茶。

香港早先有一种凉茶铺，曾经是粤曲的传媒。凉茶铺店堂内放置一台留声机，播放粤曲唱片。那些没钱到剧院花销的下层市民，都乐于到凉茶铺去听粤曲，一边啜茶，或可再加一碟茶点，亦堪以为乐。

五、行帮集会，洽谈交易

其实，孵茶馆的茶客并不都是去消闲享受的，也有不少是专门来做生意的。因此，茶馆又是一个交易场所。有许多茶馆专门作为各行各业的交易场所，一家茶馆就是一个或几个行业的市场。大家边饮茶边谈行情，互通信息，洽谈交易，时称"茶会市场"。

1949年前，上海27家茶馆内有70多个行业的茶会市场。四马路上的老青莲阁茶楼，早在清末就已有了棉纱业茶会。1918年，在这个茶会市场的基础上，成立了棉纱交易所。后来青莲阁成为多种行业的茶会市场，二楼上午有麻袋业和服装业茶会市场活动，下午有砂石、砖瓦和油毛毡等业茶会市场活动；三楼上午有颜料和印染业、缝纫机业茶会市场活动，下午有飞花业、旧花布和建材、营造业茶会市场活动。南京路上的仝羽春茶社，主要是五金、化工原料、纸张、印刷、棉织品等行业茶会市场活动，每天到仝羽春来吃茶谈生意的有四五百人之多。九江路上的乐园茶楼，上午参加茶会市场活动的有花色布和钟表业，下午是地产业和钢丝表带业。长乐茶园主要有缝纫机业茶会市场活动，有200多人在茶楼上设摊，经营缝纫机零件。在豫园的春风得意楼，每天下午也有化工原料业的茶会。

那时在茶馆谈生意，还有不少约定俗成的方式和行话。如常有人把手伸到对方的袖子里，捏着对方手，以各种手势讨价还价。说价格不直接说出数字，而是说隐语："老有"代表10文，"旺色"即为30文，"拳浪"表示60文，"阳春"是指100文等。

对于一些手艺工匠来说，茶馆则是他们求职的地方。如杭州的泥木工，旧时有宁绍和东阳两大帮，前者以营建西式建筑和炉灶见长，后者以营建五木落地的老式房子为主，然不管哪一帮，常常活计衔接不牢，时有歇工，加上建筑业受天时地利影响较大，忙闲悬殊，于是就有了建筑业茶馆，闲着的泥木工来茶馆求职，营造厂接上大生意欲招临时工就来茶馆物色。当时宁绍帮多在城北，即今中山北路一带，北桥的三元居、贯桥的阿华茶店、清远桥的阿三茶店等。东阳帮则集中在城西南，以西牌楼、四宜路的茶馆为多。这些茶馆接待的皆是流大汗的泥木工，格局就多几分粗犷。当街的胖铜壶永远冒着热气，八仙桌木条凳脚粗面厚，茶具也是粗大的蓝边青花大碗和厚壁瓷壶。到茶馆吃茶求职也有规矩，倘外地来杭打工的，初来乍到人生地疏，只需把泥刀铁板或凿刨交叠搁在茶桌上，就表示出工种与处境，自有人前来联系。这种茶馆在20世纪50年代仍有，后来各行各业有了劳动调配处，泥木工纷纷加入工会，就有了工会开办的福利茶馆，慢慢取代了老茶馆的功能。

在成都，寒暑假时，学校方和待聘教师集会于茶馆，在茶桌上议定致聘。成都周围的十几个县的中小学教师，在茶馆展开求聘的争夺战，竞争激烈，称"六腊大战"，好似现今的人才市场。

六、传播新闻，打探消息

"茶馆一壶茶，胜访千家屋"，喝茶的人看似"孵"着不动，实能耳听八方，通过互相交流信息，了解到许多新闻。早先信息获取手段远不如现在先进，茶馆很像是个信息交流中心。茶客来自四乡八镇，那些消息灵通人士，把各种小道消息，诸如"官场内幕""闺秀逸闻""侠道传奇""豪门隐私"等一一发布，当然也少不了流言蜚语和以讹传讹的谣言。连报社的新闻记者，也到茶馆去采集新闻。浙江海宁硖石镇上有一家同福茶馆，当时《硖石时报》《硖石晨报》《硖石商报》等多家报社的访事员每日必到。他们边喝茶，边议论新闻，待到茶淡墨浓时，再各自回报社撰文编稿。

茶客在茶馆传播新闻的同时，还可以各抒己见，评头论足，传递某种社会心态。民国时期，在时局动荡时，茶馆里就贴出了"莫谈国事"的告示。

在上海，衙门捕快、密探便衣，常常混迹于茶馆中，如猎犬般四下打探消息。租界巡捕房的"包打听"是茶馆的常客。他们有事无事，都会到茶楼去吃茶，打探消息。当然，这些"包打听"来吃茶，老板绝不会让他们自掏腰包、惠钞茶钱的。反过来，茶楼常有吆五喝六的蛮汉前来闹事，有了这班巡捕房的人常来坐坐，茶楼也可仰仗他们维持秩序。

七、宣传教化，倡导文明

1907年，北京珠市口天和园旧址上重修了一家茶馆，名曰文明园。其时，知识分子想在政体上学习西方资本主义之举失败了，但在文化上的学习未辍。1910年前，北京已经有了人力车、自来水、电灯、电话、银行、警察、西式旅馆（如六国饭店）、番菜馆（如一品香），凡此皆被视为"文明行为"，文明茶园也以"文明"之名加入"文明行为"行列。文明茶园戏台前的柱子上有一联，写得颇有维新气味：

<blockquote>
强弱本依顷，愿同胞爱国正宗，此日漫谈天下事；

古今无常理，藉团结文明进步，他年都是戏中人。
</blockquote>

文明茶园是第一个把爱国主义和社会进步内容写在柱联中的戏园。文明茶园的另外一项重大改革是实行女子可以进茶园看戏，这在北京也是首例。

热心于社会公益的人常利用茶馆这个大众化的休闲娱乐场所开展宣传活动。抗日战争时期，就读于西南联大的汪曾祺经常去茶馆。在凤翥街口的一家茶馆里，他见每天下午有一个盲人到这家茶馆来卖唱，打着扬琴，说唱着。照现在的说法，这应是一种曲艺，但这种曲艺该叫什么名称，他一直没有打听着。问过人，说是唱扬琴的，但似乎不是。有一次，他特意站下来听了一会，唱的是："……良田美地卖了，高楼大厦拆了，娇妻美妾跑了，狐皮袍子当了。"原来是一首劝戒鸦片的歌，唱的是鸦片烟的危害。到了天黑，盲人背着扬琴，点着马杆，踽踽地走回家去。

作家黄裳早年在四川乡间见到过这样一个老茶馆："经过剑阁时，在那一条山间狭隘的古道中，古老的茶楼里看见一人在讲演，茶客也并不去注意地听。后来知道这算是慈善事业的一种，由当地的善士出钱雇来讲给一班人听，以正风俗的。"讲演的内容则主要是格言。

八、民间法庭，调解纠纷

茶馆还是个社会的"道德法庭"，谁不孝敬父母、谁虐待妻儿、谁品行不端，法律不能干预，而茶馆却自可评论。

民间一般纠纷常在茶馆内解决，请有威望的长者或在地方上有权威的头面人物为"中人"，双方都请能说会道的人申述理由。在旁的老茶客就像陪审团人员，也可按社会公德标准参与意见，边喝茶，边评理规劝。若调解成功，把持茶壶的"中人"便向双方当事人的茶杯中斟满红、绿混合茶，双方一饮而尽，表示认可谈判结果。然后由理亏方出茶资，俗话称"吃讲茶"。不过，茶馆到底不是法院，缺少威严，吃讲茶中，常有调解不成，大打出手的，打得茶壶茶杯乱飞，板凳桌子断腿。这时候，茶馆老板站在旁边不动声色，反正一切损失都有人赔，由认理亏方承担一切费用，包括那些老茶客们的茶钱。

后来，地痞流氓、帮派团伙也参与了"吃讲茶"，市井间有纠纷争执，请各帮派流氓出面调停，出现了一批吃讲茶的"英雄"。老舍《茶馆》里的那个黄胖子便属于此类。沙汀的《在其香居茶馆里》讲述的就是发生在四川某县回龙镇上的一台"讲茶"。

茶馆是社会各阶层人都能各适其所，且人与人之间发生较密切关系的公共场所。茶馆的功能趋于多样化、复杂化，是茶馆兴旺和成熟的主要标志。

第三节　品读不尽的茶馆文化

茶馆，营造文化空间，构筑文化心境，形成中华民族独特的文化传统。中国茶馆史是一部社会史，一部风俗史，又是一部文化史，让人品读不尽。

一、茶馆文化，积淀丰富

戏剧家把茶馆搬上舞台，小说家以茶馆为背景展开故事，摄影家把镜头对准茶馆，诗人、音乐家在茶馆的氛围里很容易萌发创作的灵感……茶馆已从其一般的物质功能发展成为一种文化形态，茶馆不只是解渴憩歇的地方，还给人以文化熏陶。茶与各种文化活动通过茶馆结合起来，两者的关系又如此密切相融，所以人们将其称为"茶馆文化"。

历经漫长岁月繁衍变化的茶馆，总是笼罩着一层历史奇光。安徽滁县琅琊山醉翁亭茶馆，设在那株被誉为"花中巢许"的古梅背面的厅堂内，在此品茶，你会想起欧阳修当年偕宾客游山的盛况。在安庆迎江寺茶室，茶客可把椅子拖到颇有一把年纪的木结构阳台上就座，远眺隔江池州的芳草嘉树，仰观悬在檐下的红木宫灯，心头会油然升起一种历史感。在这些地方喝茶，同时也"喝下"了历史，茶味因历史的积淀分外醇厚。

植根于民众的茶馆，是民间文化的培育者与传播者。中国的戏院原脱胎于茶馆。戏剧从宫廷和富豪园宅走向社会，茶馆曾起着重要的媒介作用（图16-4）。中国古代的小说在民众中植根很深，茶馆作出过特殊的贡献。《三国演义》《西游记》《水浒传》等名著并不是完全由作者的书斋里诞生，而是来自民间艺人的"话本"，是从城市茶肆、茶坊，从说唱艺人口头文学转变而来。这些名著的广泛流传，南北各地的说书茶馆功不可没。

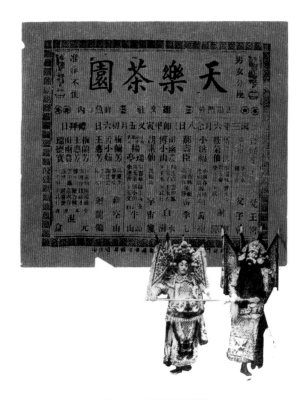

图16-4　天乐茶园海报

图16-5　有评弹表演的茶馆

　　充满人间温情的茶馆，有着许多良风美俗。无论哪一个档次的茶馆，都有一个传统的惯例，那就是花费不多，却可以较长时间地占用茶桌，可以休息、闲谈、看书、写作、打牌、下棋；有的茶馆还备有躺椅，可以睡觉。坐上半天，不断地有人给你续水。有的甚至可以中午把茶碗扣上，打个招呼，下午再来喝。

　　茶馆在传统节日有向茶客贺节的风俗，如江南地区就有春节喝元宝茶的。所谓元宝茶，就是在茶中放金橘、鲜橄榄，金橘象征元宝，意为恭喜发财，橄榄苦中有甘，喻示吉祥如意。

　　茶馆除供应茶外，还提供许多文化和生活上的服务。文化方面，如何满子在《茶馆冠天下》中说道：旧日成都茶馆中还有一良风美俗，是坐茶馆可以租报纸看。也是小贩子，拿着本市当天的日报，《新新新闻》《华西日报》等，一应俱全，茶客只消出几分钱，就可以接过一份报来看，看了这份换那份。

　　茶馆在生活上的服务更是多种多样。旧时，有的茶馆还备有烟袋，招待客人吸烟，堂倌一见有茶客到，便先装好一锅烟，当着茶客的面将烟嘴用手一抹，然后点燃根纸捻递过去，很讲究礼貌。烟是不算钱的，但小账是不会少的。后来时兴吸香烟了，茶馆便根据老茶客吸烟的牌子而备香烟。四川茶馆还有掏耳朵的，这也算是一门手艺，能让人有一种飘飘欲仙的感觉，这掏耳朵也只有在茶馆最恰当。

　　茶馆和谐地融传统文化于一堂，最具地域文化特色。苏州茶馆将品碧螺春茶，观赏木雕和听评弹交融一堂，茶客置身于木雕窗棂、门楣的室内，品味着碧螺春，聆听苏州评弹，这不是生硬的凑合，而是内在的和谐融合。品茶、听书、赏木雕，都需要从容安详地凝神细品（图16-5）。

二、馆名联语，可以佐饮

茶馆的馆名和联语，是茶馆文化中很重要的部分。在两宋年间，茶馆的馆名似乎还不甚讲究，如《梦粱录》中所谈到的茶坊：南潘节干、张七相干、俞七郎、郭四郎、蒋检阅、朱骷髅、一窟鬼等，以及《武林旧事》中记的清乐、珠子、八仙、潘家、连二、连三茶坊等，多数是以茶坊主人名或所在街巷名命之，十分通俗。明清以来，茶馆名都取得比较雅，如李斗在《扬州画舫录》中所记的有双虹楼、二梅轩、惠芳轩、江园水亭、腕腋生香、文兰天香、勺园、冶春、雨莲、合欣园、小方壶、七贤居、且停车等，富有诗情画意。

许多馆名是化用古典诗文而来的。如成都的鹤鸣茶馆，出自《易经》的"鹤鸣在阴，其子和之。我有旨爵，吾与尔靡之"，这是借酒谈茶；上海的湖心亭茶楼，原名"宛在轩"，取自《诗经》"宛在水中央"句；杭州的玉壶春茶馆出自唐诗"洛阳亲友如相同，一片冰心在玉壶"；海宁有"来青茶馆"是借王安石"一水护田将绿绕，两山排闼送青来"的诗句。

有的馆名来自典故。如成都有一家茶馆名曰"枕流"，事见《世说新语》。晋时有个孙楚，他把"枕石漱流"错说成"枕流漱石"了。王济问他："流能枕吗？石能漱吗？"他回答说："想洗耳朵，所以枕流。想砺牙齿，所以漱石头。"茶馆名便借用了这个典故。

无锡惠山的天下第二泉，瞎子阿炳的一曲《二泉映月》，用琴声来描摹泉石和月色，那浸泡了月露的名泉烹茶当然称绝。泉畔有一"景徽堂"，倘落座此堂内品茶，又多一绝。"景徽堂"的匾额是清代书法家何子贞的手笔，端庄蕴藉，有人说可用以佐饮。喝淡了一壶茶，食指蘸着茶水在桌面上摹写点画无数遍，似乎若有所悟，齿颊留着的是茶香并翰墨香。许多茶馆馆名请名家题写，这些馆名及书法，当是茶馆一景。

茶馆楹联又是一景。重庆嘉陵江茶楼有一联："楼外是五百里嘉陵，非道子一枝笔画不出；胸中有几千年历史，凭卢仝七碗茶引起来。"联语从空间、时间两个方面道出茶馆的特色，从茶馆可观如画的五百里嘉陵风光，指点几千年史事人物。许多茶馆以楹联说出自己的特色所在。如江苏南通万宜楼茶社有联曰："十亩稻花三径竹，半潭秋水一房山。"浙江嘉兴品芳茶园的联语是："楼上一层，看塔院朝暾，湖天夜月；客来两地，话武林山水，泸渎莺花。"此两联都描绘了茶社、茶园的景观特色。

"集粹天桥民间艺术，综览故都风土人情。"北京天桥乐茶园门前悬挂的这副楹联，明白道出了茶园的"京味"特色。老舍茶馆则以"振兴古国茶文化，扶植民族艺术花"一联，言明茶馆的宗旨。

"四大皆空，坐片刻，无分你我；两头是路，吃一碗，各奔东西。"这副被许多茶馆选用的楹联，说出了喝茶者的心境。广东珠海南山山径的茶亭里，有一副含义类似的联："山好好，水好好，入亭一笑无烦恼；来匆匆，去匆匆，饮茶几杯各西东。"茶馆是一个宣泄内心情绪的场所，倾诉也罢，发牢骚也罢，最后尽在一壶茶里泡软了、泡和气了，茶客因而悟出了"四大皆空""两头是路"的道理。

上海的平民茶室"老虎灶"也有一联："灶行原类虎，水势宛喷龙。"据说是八仙桥的一家老虎灶老板请一位秀才所撰。"老虎灶"的美名于是流传更广（图16-6）。

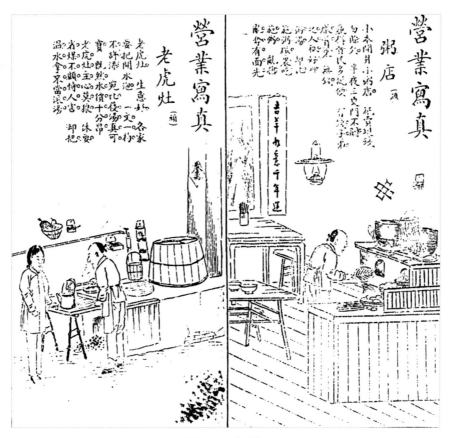

图16-6　老虎灶

三、品味茶馆，享受生活

茶馆是耐品味的。茶馆的魅力，不仅在于以有形的茶、茶具、茶座满足茶客饮茶的物质需求，更在于以其无形的市井文化氛围，满足茶客在精神、文化层面的需求。在实际经营中，茶馆文化的表现形式、个性气质常常是千差万别、丰富多彩的，但构成茶馆人文特质的基本因素是稳定的。

一是人本精神。茶馆处处体现了对人的尊重与关切。所谓"垒起七星灶，摆开八仙桌，来的都是客"，进茶馆，让人有随意、居家的感觉。不少人会朋访友、家庭聚会常选择在茶馆，就是因为在茶馆有许多方面比在家里更称心舒适。在成都街巷的那些茶馆里，有许多吃茶的婆婆们，总是结队而来，她们有来织毛线活的，有抱孙儿来耍的，也有一身轻松专门来闲聊的，不少人还随身提个兜儿，里面装有哄孙儿吃的和自己消遣的瓜子、核桃。冲好茶水，便家长里短、针头线脑地摆龙门阵。茶馆的这种温馨惬意的氛围，显示出"人本"的亲和力量。

二是审美情趣。无论是传统的老式茶馆还是时尚的茶艺馆，都各具文化欣赏价值。时尚茶艺馆，从择茶选水、茶具茶食，到座位陈设、环境装潢，以及音乐、服饰等，都会根据"美的规律"去设计安排，以激起茶客在品茶过程中的审美快感。老式茶馆，尤其是水乡小镇的茶馆，是一幅水乡风情图中的徽记，可以说没有其他东西可代替。对于从小镇走出去的人们，小镇茶馆成了他们的思乡情结。尽管茶馆门面不大，门板桌椅陈旧了，茶具也很简陋，但依然会让游子魂牵梦绕，他们每每回乡少不了要去看一看、坐一坐。

三是社会价值。茶馆这个古老而又时兴的行业，具有商品市场和精神文化双重属性，是大众休闲的文化产业。历来茶馆经营者都能兼顾社会效益和经济效益。营业性的茶馆，当然有趋利的动机，但茶馆经营者不应是"拜金主义"者。茶馆所趋之"利"，是茶客与茶馆之间的互利而非自利，是在文化认同基础上实现各自的利益。这种社会价值和经济利益的均衡，是茶馆人文特质的基础。

茶馆的生命力，就在于她的文化底蕴。

第四节　当代都市茶艺馆

"忽如一夜春风来，千树万树梨花开。"20世纪90年代后半期，全国众多大中城市的茶艺馆迅速涌现。都市茶艺馆带着深厚的文化底蕴和历史积淀，顺应了现代人期盼悠闲的趋势，本着求新求变、提升品位的原则，赢得了人们的喜爱。

一、茶艺馆应时代需要而兴起

传统茶馆在抗日战争时期受到重创，抗日战争胜利后有所恢复。中华人民共和国成立后，旧式茶馆的诸多陋习制约了本身的发展，茶馆在20世纪50至80年代呈逐渐萎缩的状态。

20世纪80年代以后，随着经济社会的发展和生活的改善，人们对休闲茶馆有了新的需求。另一方面，茶叶生产经历30年的恢复发展，供不应求的状况得以改善，还一度出现"卖茶难"的局面，于是有了"多办茶馆，办好茶馆"的呼声。1984年5月9日，《经济日报》报道："中央领导同志批示解决城乡人民喝茶问题，要放手让个体经营茶馆。商业部制订措施大力扩展城乡茶叶、茶水经营"，并发表短评说："多开茶馆，既是扩大经营，促进茶叶生产的有效途径，更是活跃市场，方便群众的迫切需要。"

都市茶艺馆不断涌现，杭州是走在前列的城市之一。1985年4月，第一个茶人之家庭院落成，有了对外开放的茶室。杭州茶厂创办红楼茶社，在天津、杭州先后开业。1991年，中国茶叶博物馆开放，6个不同风格的茶室同时迎客。1993年，浙江第一出口茶厂创办"福士达茶艺"。1994—1995年，四家个体经营茶馆：墅园茶艺馆、太极茶道苑、悦纳红茶馆和丰达茶馆先后开业。1996年后，杭州茶艺馆如雨后春笋般破土而出。21世纪第一个10年，全国茶艺馆的数量激增，茶艺馆的硬件与软件都更上档次。茶艺馆从业人员逐步得到专业培训。这期间各茶区名优茶生产红火，开发出许多富有传统特色或创新的茶品，茶具品类丰富，茶艺馆的装饰也升级。喝茶品茶越来越讲究，茶越来越深入人们的日常生活，进茶艺馆的人群也变得年轻了。

二、茶艺馆的创新赋能升级发展

进入21世纪的第二个10年，茶艺馆行业同质化、经营服务单一，不能适应顾客尤其是年轻、高知顾客需求的问题突显，许多茶艺馆经营惨淡而不得不退出市场。同时期恰有一批新人入行，兴办起茶书院、茶文化馆、茶舍、山房等。这些新型茶艺馆的共同特点是延伸拓展茶馆功能，一是全面延伸茶叶产业链，既有茶叶产业链上游的生产加工，又有中端的贸易和终端的消费。有以办茶艺馆舍为起点，打造成一个产业链的闭环的，也有以原来种茶初制为起点，打造成集种茶、制茶、卖茶、喝茶、茶宴、民宿等为一体的茶庄园的。二是融合更多文化元素，依靠创意创新，实现茶艺馆文化升值。新茶艺馆舍经营范围大多有三类：

① 品茶服务及各类名优茶叶供应等；

② 与茶相关的器物用具，包括香艺、花艺、布艺、服饰等；

③ 茶艺、评茶职业技能培训，包括古琴、香艺、花艺等培训。

各地都有一批在20世纪90年代后期兴办的茶艺馆，如今已经走过了20多年。这些茶艺馆也在不断创新变革、调整经营策略中前进发展，如北京老舍茶馆，上海湖心亭茶楼，杭州青藤茶馆、湖畔居茶楼、紫艺阁、你我茶燕、和茶馆等。

从传统的茶肆、茶坊、茶楼，到近20多年间的茶艺馆，再到当今时尚的茶艺馆舍，都是不同历史时期茶叶需求的创造，是茶产业与茶文化演进的证明。当下的茶艺馆舍，经营服务功能的延伸，文化活动统合的拓展，已经不是单一茶水冲泡服务，也不仅是茶与餐饮的复合经营，而成为一种多元跨界的文化生活平台。

第十七章
茶艺馆的经营管理与品牌建设

茶艺馆的经营是利用场地、设备和一定消费性物质资料，通过人的服务活动来满足顾客的需求，从而实现经济效益和社会效益。随着我国经济社会的发展，茶艺馆也逐步进入了品牌化建设阶段。

第一节　茶艺馆的经营理念与经营模式

茶艺馆是为顾客提供品茗、休闲、交流、娱乐、艺术观赏等服务的场所。作为营利性的商业组织，茶艺馆要适应社会发展的需要，不断提高经营管理水平和优化经营模式，在促进自身持续发展的同时，承担起弘扬中华传统文化的责任。

一、茶艺馆的经营理念

茶艺馆的经营者应具有向群众传授品茶技艺和传播茶文化知识的经营理念。茶艺馆除了进行茶水、茶叶和茶具等的商业经营之外，还可以举办茶艺讲座，开展茶文化活动。茶艺馆可以说是茶文化事业的前哨阵地，对中华茶文化的传播起着积极作用。具体来看，茶艺馆的经营理念还应明确如下几点：其一，茶艺馆是倡导茶为国饮、弘扬中华茶道的宣传窗口；其二，茶艺馆是普及茶学知识的文化教室；其三，茶艺馆是国际茶文化交流的常设会场。

二、茶艺馆的经营特点

自进入新时代以来，我国茶艺馆不断发展，诸多新的茶艺馆经营模式不断涌现。茶艺馆经营模式的创新，进一步发挥了茶文化的美好。对比传统茶馆，新型茶艺馆的经营模式具有以下特点：

一是以传播茶文化为宗旨。茶艺馆强调茶文化的传播与发扬，具有清晰的市场定位，强化茶文化载体的功能等，表现出鲜明的运营宗旨，从而体现出与传统茶馆鲜明的差异性。

二是以风雅休闲供给为功能定位。随着人们生活水平的提高，高品质的休闲活动成为普遍民众的追求。茶艺馆提供宁静清幽的空间环境，供客人享受风雅的品茶活动，从氛围营造、产品内容到服务方式等方面迎合市场需求。

三是以精致而富有品位为运营特色。茶艺馆以仿古、园林造景或搭建乡野古朴亭舍等多种方式进行装饰，并选配精致考究的器皿，配以一对一的茶艺冲泡服务与讲解，下棋、听琴、吟诗、作画相伴等多种形式，丰富服务内容。

四是以研新品、创新技、办茶会为运营亮点。茶艺馆的目标市场主要是注重茶饮质量、享受饮茶乐趣的茶客和借幽静雅致之地进行业务洽谈的公务客人，前者对茶饮品质要求高，后者则往往是茶艺馆的常客，不能忍受一成不变的茶馆产品和服务，需要新鲜的刺激。因此不断地创新是茶艺馆经营的第一亮点。新型茶艺馆要以研新品、创新技、办茶会等方式为运营亮点，稳住顾客、获得市场。

三、茶艺馆的经营模式与创新

茶艺馆的创新指的是对现有茶艺馆的功能、定位、产品及营销等方面的创新。茶艺馆的业务拓展指的是将茶艺馆向关联业务模块等外延模块拓展，实现创新发展的商业模式。通过茶艺馆的创新与业务拓展，为茶艺馆的发展注入新的活力。通过对功能及产品的定位分析，我国茶艺馆呈现出丰富多彩的经营模式，其中以新式茶饮模式、综合型茶艺馆模式、培训型茶艺馆模式及休闲型茶艺馆模式等为代表。

（一）新式茶饮模式

随着年轻人健康意识不断增强，越来越多的年轻人对于新式茶饮产生了较大的消费需求。现今的新式茶饮提升了原叶茶的口感，同时也保证了茶味，成为年轻人喜欢的饮品。现有新式茶饮店主要拥有以下几种类型的产品：第一种是原叶茶（可以简单理解为茶叶+水），针对喜爱传统中国茶的人；第二种是用半自动煮茶机制作的风味煮茶，体现了特色制作工艺；第三种是以茶作为基底、再加其他食材调制的饮料，例如奶盖茶、水果茶等。新式茶饮作为茶艺馆的新模式，吸引着年轻人爱上中国茶。

（二）综合型茶艺馆模式

综合型茶艺馆通过跨界融合，让茶友们走近茶、认识茶、接受茶、爱上茶。综合型茶艺馆通过专业的视角、丰富的内容和轻松的氛围吸引消费者。目前很多综合型茶艺馆结合游学，让消费者在山水田园间感受茶的魅力。还有部分茶艺馆融合其他文化领域的元素，例如茶艺与古琴、沉香、京剧及国画结合，让消费者在感悟茶文化的同时，感受古琴艺术的美好、香道的曼妙、国画的美好及国粹京剧的韵味，体会中国传统文化的诗意美。

（三）培训型茶艺馆模式

现今有结合培训打造的茶艺馆。茶艺馆可建设强大而专业的课程研发团队和讲师团队，由热爱茶文化和传统文化的数名资深茶人构成，独创性且建设性地将茶文化、传统国学融汇。培训项目包括茶艺师培训、评茶员培训、茶道精品班、亲子茶艺班、岗前就业指导班、茶企经管指导班和茶文化讲座等，让更多人走进茶生活。

（四）休闲型茶艺馆模式

休闲型茶艺馆通常选取依山傍水的美好环境，不设藩篱，靠山而建。部分茶艺馆周边具有配套的民宿、茶境餐厅、茶文化博物馆等丰富的茶文化休闲体验项目。通过举办主题茶会、茶市赶集、文化交流等茶事活动，打造集度假、研修、品茶、雅聚、小憩于一体的中国文人茶道空间，给文人雅士营造一片放逐身心的天地。同时设有茶文化艺术街，除定期举办茶市赶集，还有各类茶商品、艺术品、器乐、太极、瑜伽等，成为文人雅士聚集的平台。

第二节 茶艺馆的品牌建设与传播维护

品牌是一种无形资产，品牌就是知名度，有了知名度就具有凝聚力、扩散力及发展动力。因此，品牌建设对于茶艺馆的创建与发展至关重要。品牌传播，指企业告知消费者品牌信息、劝说购买品牌产品以及维持品牌记忆所使用的各种直接及间接的方法。品牌形象的传播与维护是一个长远的系统性工程，需要茶艺馆全体员工的共同努力。

一、树立品牌观念

一个优秀的茶艺馆品牌，集中反映了一个茶艺馆的综合素质和文化底蕴，是当代茶艺馆核心竞争力的重要组成部分。品牌建设是一个系统工程，品牌拥有知名度只是品牌建设的开始，必须树立正确的品牌观念，弘扬传统茶文化，引导正确的茶饮消费观，从而实现品牌的知名度、美誉度和忠诚度三者的统一。

二、茶艺馆品牌建设

随着市场竞争日益激烈，茶艺馆不断进行创新，实施差异化和个性化竞争策略。在此发展背景下，品牌具有越来越重要的地位，茶艺馆应做好品牌建设工作。在将品牌定位之前，首先，要研究城市的历史文化、功能定位、居民构成、发展目标等背景资料；其次，要进一步研究周边区域的地理环境、人群结构、年龄结构和收入结构等因素。品牌定位之后，要打造与之相匹配的产品和服务模式，并使之盈利。只有深入挖掘城市的历史文化积淀，精准定位，才能因地制宜，打造出一个有文化底蕴、有生命力的品牌茶艺馆。

三、茶艺馆品牌传播

品牌传播的最终目的就是要发挥创意的力量，利用各种有效发声点在市场上形成品牌声浪。传播是品牌力塑造的主要途径。品牌传播是企业满足消费者需要、培养消费者忠诚度的有效手段。

（一）不断提升产品质量

质量是构成品牌形象的首要因素，也是决定品牌形象生命力的首要因素。对茶艺馆而言，对顾客负责任，是从茶饮的质量开始的。质量才是赢得顾客、占领市场的敲门砖。没有一流的质量，就不可能获得消费者的信任，更谈不上品牌形象的塑造。

（二）增加产品附加值

茶艺馆可以通过高价来反映茶饮的高价值。具体有三种选择：第一，可以在改进服务的同时提高价格（多对多），例如聘请具有高级茶艺师、高级评茶员及以上技能水平的专业人员；第二，可以改进服务但保持产品价格不变（多对同）；第三，可以改进服务同时降低价格（多对少）。通过这些战略，公司可以增加产品附加值。

（三）多元化传播渠道

随着互联网时代的到来，茶艺馆应该改变传统的以媒体广告和新闻公关为主的单一品牌推广渠道，而更多地转向网络、手机甚至口碑营销，采用平面媒体、网络推广和终端推广三面结合的多元化传播渠道。这样品牌推广的覆盖面会大大扩展，并且通过互动式的新媒介，可以让公众参与到品牌营销之中，而不是简单地作为旁观者。

第三节　案例分析

老舍茶馆的前身可追溯到1979年的前门大碗茶。20世纪80年代末，中国优秀传统文化饱受西方文化的冲击，大碗茶公司以"振兴古国茶文化、扶植民族艺术化"为经营宗旨，于1988年创办了老舍茶馆。

一、老舍茶馆的品牌打造

老舍茶馆通过精准的品牌定位、丰富的品牌内涵及创新的品牌营销成为我国茶馆的代表之一。

（一）精准的品牌定位

成功打造一个品牌的前提是精准的品牌定位，只有找准精确的品牌定位，茶艺馆经营者才能制定明确的市场目标，并向目标客户提供针对性服务。在1988年到2000年这十余年间，老舍茶馆在《世界日报》《香港文汇报》《香港商报》《大公报》上长年进行广告宣传，精准抓住了海外华人寻根、思乡的情感诉求。每年春节前夕，老舍茶馆都会邀请各大使馆大使来体验茶文化和京味文化，宣传和展示中华传统文化的魅力。

（二）丰富的品牌内涵

品牌内涵是企业文化的浓缩和精华，能够直观地向公众传达企业的经营理念与企业文化，为企业塑造良好的影响力，并增加客户黏性，从而增加企业的竞争力。老舍茶馆始终植根京味儿文化，依托优秀传统文化资源，不断丰富服务产品，提升品牌价值。借助二十四节气漫画、百幅老北京民俗画、京味儿演出民俗画的版权实施自主知识产权产品开发，产品涵盖茶叶礼盒、茶具、工艺品、玩偶、茶食品等，形成了品类齐全、供销通畅的茶衍生产品体系。老舍茶馆还先后推出了京味儿驻场综艺演出剧目《四季北京·茶》（图片17-1）、全国首部沉浸式亲子互动全息舞台剧《亲亲咖啡豆之茶馆的故事》等，举办了汇聚京城六大相声社团的青年汇相声擂台，将丰富的京味儿文化与茶文化创新融合，丰富了企业的品牌内涵。

图17-1　京味驻场综艺演出剧目《四季北京·茶》

（三）创新的品牌营销

广告营销、品牌宣传对企业的经营销售至关重要，良好的品牌宣传有利于提升企业影响力及企业品牌价值。老舍茶馆通过各类民俗文化活动，吸引各大报纸、电台、电视台宣传报道，开展创新的品牌营销。老舍茶馆开业至今，相声表演艺术家马季、琴书泰斗关学曾、京韵大鼓表演艺术家骆玉笙等众多名人都在这里留下足迹，让老舍茶馆舞台成为文化名人的聚集地。同时，老舍茶馆先后精心设计了"品茶、听戏、看曲艺，老舍茶馆欢迎您""拉大锯，扯大锯，老舍茶馆唱大戏""不到长城非好汉，不到老舍茶馆更遗憾"等朗朗上口的广告语，对于茶馆的宣传与传播起到了良好的作用。

二、老舍茶馆的经营模式创新

老舍茶馆通过服务形式创新、流通渠道创新及发展业态创新，让传统的茶馆逐步走进更多人的生活，显现出新的发展活力。

（一）服务形式创新

随着人们生活水平的不断提升，消费者服务需求日益多元化，传统茶艺馆需要提供更丰富的服务及承载更多元的功能。应时而生，老舍茶馆通过与北京市中小学合作，开办了中小学社会大课堂，面向青少年大力推广中国茶文化，先后举办了亲子茶会、敬师茶会、感恩茶会等特色活动。通过一杯茶、一堂课、一台综艺演出、一种文化体验拓展了茶艺馆的服务形式与服务内容，赢得了良好的企业经营效益与社会文化效益。

图17-2　老舍茶馆老北京六大茶馆微缩景观（茶馆提供）

（二）流通渠道创新

在"互联网+"的背景下，大数据所带来的社会经济变革已延伸、触及各个行业与各个领域，这其中也包括传统的老字号茶艺馆。老舍茶馆开通茶艺馆官方微博、微信，与美团、大众点评和携程等知名团购网站合作，打造餐饮与演出、茶礼品的联动销售，多渠道推广、传播京味儿的传统美食文化，形成网络经济与实体经济协调发展的经营新格局。

（三）合作创新

在创新服务方式与流通渠道的基础上，更重要的是实现业态创新，只有不断创新经营方式、经营手段，以此创造出不同形式、不同风格、不同商品组合的茶艺馆形态去面向消费者，才能顺应经济发展的潮流。在跨界合作方兴未艾之际，老舍茶馆与各大社交平台合作，获得了较显著的品牌宣传效果，并基于自身平台优势和品牌价值创办"国茶汇"项目，先后与多个品牌结成战略合作伙伴关系，共同打造体验国茶精品和展示国茶文化的交流互动平台。同时，老舍茶馆依托"青年茶人计划"平台和老舍茶馆的聚合效应，借助O2O模式，实现了发展业态的创新。

第十八章
茶艺馆人力资源开发

茶艺馆人力资源开发是培养造就茶艺馆优秀服务和经营管理人才的重要手段。

第一节 茶艺馆人力资源概述

把劳动力作为人力资源看待是积极的，它强调把劳动力与物力资源一样看待，在茶艺馆的经营过程中具有增值能力。

一、人力资源的概念

茶艺馆的人力资源可简单地归结为：茶艺馆经营活动范围内人员总量所蕴藏的劳动能力的总和，或是推动整个茶艺馆经营发展的劳动者的能力的总和。

二、人力资源的特征

人力资源对茶艺馆来说是一种既特殊又重要的资源。人力资源与其他资源相比有其鲜明的特征：

① 人力资源以人的劳动力为载体，任何时候它都属于劳动者自身所有，所以，必须以劳动者个人自愿为前提，人力资源的不可剥夺性是其区别于其他任何资源的最重要特征。

② 人力资源存在于人体，生命生存的规律给人力资源的功能带来有限性、周期性、不稳定和不确定性。

③ 由于人生活在不同的社会环境中，社会经济发展的总体水平影响人的认识能力、创造能力，这种影响力通过人力资源作用于现实社会。

④ 由于人力资源中起关键作用的是人，人的主观能动性还会给资源带来时效性、知识性和智力性，带来开发的持续性和资源的再生性等。

总之，人力资源是现代企业中重要的资源，它有着自己特定的内涵和特有的活动规律。与物力资源管理相比，茶艺馆的人力资源管理对茶艺馆的生存与发展显得更为重要，更有决定意义。

三、茶艺馆资源的分析

物力资源是指茶艺馆在一定时期内以实物形态或价值形态反映的物资来源。

财力资源指的是茶艺馆在一定时期内所能掌握和使用的，在一定形式和程度上能转化为资金形态的所有有形和无形的茶艺馆资源的总和。

资源一般可分为经济资源和非经济资源两大类。茶艺馆的人力、物力、财力三大类相同的是都是茶艺馆经营过程中的各种物质要素，不同的是经济类与非经济类的区别，"人力"是运用"物力""财力"以及其他"人力"的先决条件，因此在人、物、财三大资源中，人力资源位居第一。

第二节　茶艺馆人力资源的开发原则

茶艺馆人力资源的使用原则是以人为本、和谐发展。在人力资源的使用过程中，必须十分清楚地认识人力资源的本质，认识人力资源要素的价值、作用和地位。

一、人力资源开发的基本原则

人力资源开发应充分认识人力资源的主要特征，坚持以人为本，充分发挥人的主观能动性，主要遵循以下几个原则。

（一）同素异构、能位匹配、因事设人

同素异构，就是人力资源使用通过最佳搭配取得最高的劳动效率。能位匹配，就是根据人的不同特性、安排其最能发挥其特长的岗位，实现位得其人、人适其位，让个人的才能在岗位上得到最大的发挥，让这个岗位由于个人特长的发挥带来最大的效益。因事设人，或者说因事择人，从人力资源利用的角度，就是通过人力资源组织设计、岗位研究，最大限度地利用人力资源。

（二）协调优化、动态优势、各尽所能、扬长避短

协调优化，就是充分发挥每个员工的特长。采用协调与优化的方法，扬长避短，聚集个体的优势。人作为个体，不可能十全十美，而作为群体可以通过互相取长补短，形成最佳组合，更好地发挥集体的力量，实现个体不能达到的目标，通过协调来保证群体结构与工作任务的协调，部门与全局的协调，劳动力与生产技术设备、劳动条件、生产环境的协调；优化就是对人力资源进行比较分析，选择最优结合方案，个性互补、体力互补、年龄互补、知识技能互补、组织才干互补，以达到人力资源的协调优化，实现最大积极性的发挥，以最佳组合带来最佳效率。

（三）动态优势、一技多能

动态优势就是在动态中最大限度地发挥人的积极性，既有明确的职责岗位，又给予发挥的空间，在实际工作的动态中充分利用和开发人员的潜能和聪明才智，让人力资源在企业运行复杂的变动中，不断调整，合理流动，充分发挥每个员工的潜能、优势和长处，使企业和个人都受益。

（四）合理竞争、奖惩分明

合理竞争，就是通过竞争的手段，调动、发挥员工的积极性、主动性和创造性。倡导竞赛，克服惰性，激励竞争，使人力资源得以充分的开发利用。奖惩分明，就是通过奖惩手段，对员工的劳动行为实现有效的激励，让员工明辨是非，通过奖惩规范员工的行为，使其遵守纪律，严守岗位，各尽其力。通过奖惩，鼓励先进，鞭策落后，带动中间，为人力资源的开发提供有效保证。

以上人力资源开发的原则，就是最大限度地利用人力资源中最关键的要素——人的积极因素，为茶艺馆创造出更大的价值。

二、人力资源开发重点

人力资源开发的重点一是需要明确的分工，职责明晰；二是要培养一技多能、一岗多职的复合型人才。

（一）明确分工

茶艺馆通过岗位的设置，进行合理分工，明确责任，为茶艺馆的经营发展服务。从茶艺馆经营的实际看，各项专业岗位之间虽然工作有区别，但更多的是相互联系，有分工却不能分家。

（二）培养一技多能、一岗多职的复合型人才

茶艺馆应结合经营管理的实际，培养一技多能、一岗多职的复合型人才，以适应激烈的市场竞争。如果在人才使用过程中，坚持固定的、一成不变的观点，会让员工的思维变得僵化，比如茶艺师的主要工作是各种茶的冲泡，在冲泡过程中利用环境、茶和器具、背景音乐等来展示茶的文化。但在茶艺馆，茶艺师只在营业厅里面泡茶或者进行茶艺演示是不够的。茶艺师应该进一步了解不同茶类的保存方法、器具的使用方法、泡茶的用水事项等知识。只有培育复合型人才，才能推动企业进一步向前发展。

第三节　茶艺馆人才的培养

茶艺馆的人才培养是茶艺馆可持续经营的重要法宝。通过提升茶艺馆人才的综合素养和业务水平，让优秀的传统茶文化得以传承与弘扬，让茶艺馆的经营呈现新的发展活力。

一、茶艺馆人才培养的对象

茶艺馆在经营过程中，应把有茶艺特长，平日又能特别注意学习茶文化、注重茶文化修养的人作为重点培养对象。重视用掌握茶文化知识的多少、茶文化修养的深浅作为标尺来衡量员工。把真正热爱茶文化、懂得茶文化、有良好的茶文化修养，又掌握茶艺、茶技的人才作为茶艺馆的人才来培养，并将这一认识作为经营茶艺馆的理念，在实践中去物色、发现这类人才、用好这类人才。

二、茶艺馆人才培养的方法

在人才的培养中，要不拘一格、大胆使用。一是提拔品行兼优的人才，不墨守成规、论资排辈。二是营造激励性成长氛围，让他们勇于创新，激发发展潜力。

茶艺馆在经营管理过程中，应勇于提拔、使用品行兼优的员工，把那些热爱茶文化、钻研茶文化，又埋头苦干的一线员工，推举到茶艺馆经营的重要岗位上去。在日常的茶艺馆经营服务中，应重点去发现、去培养、去使用那些了解茶文化知识、热爱茶文化、热爱工作的员工，并大胆提拔品行兼优的员工，让更多品行兼优的人才发挥个人的聪明才智，为振兴茶产业发挥积极作用。

为适应市场，只有不断地打破传统的观念、打破论资排辈的惯例，才能让人才脱颖而出。新人创新，干劲足，一往无前，但难免会顾此失彼、出现过失，应允许他们有改正、分析过失的机会。同时要鼓励更多的新人工作大胆创新。

第四节　调研报告及专题论文的撰写

调研报告和专题论文是人们对调查研究或科学研究结果进行分析总结后，以书面文字记录下来，以提供建议、对策，或将交流、讨论的文字撰写成论文在学术期刊上发表。调研报告和专题论文分属于两种不同的文体，有各自鲜明的特点，其写作的方法和文体结构也有一定的区别。

一、调研报告

调研报告一般是指根据需要，通过搜集材料、实地走访、问卷调查、谈话询问、试验勘测等方法，对产业、市场、产品或科学活动等进行有目的、有计划的调查和探索，并对搜集到的大量调查材料和试验结果进行整理、系统分析研究之后，以文字形式反映调研结果的书面材料，属于报告类文体。

1. 调研报告的特点及分类

调研报告是对调查活动研究成果的记载和提炼，具有反映主题集中明确、收集的材料真实可靠、调研对象鲜明典型、研究过程和方法科学可靠、研究结果客观适用等特点。

根据不同的调研范围、调研对象、服务对象等，调研报告可以分成若干类。按不同的调研范围，调研报告可以分为国际性调研、全国性调研、地区性调研等；按不同的调研对象，可以分为产业调研、市场调研、产品调研等；按不同的服务对象，可以分为供应者调研（如产品生产者调研）、需求者调研（如消费者调研）等。

2. 调研报告的基本结构及写作要点

一份完整的调研报告一般需包括标题、前言、正文、结论几个部分。

（1）标题

标题通常以"调研内容或事由+文体"的格式呈现，如《××茶叶消费情况调研报告》《××茶产业融合实践调研报告》等。

（2）前言

前言部分简要介绍调研的背景、目的、时间、对象、范围，以及调研者、调研使用的方法、调研对象的基本情况等。写作时需开门见山，简明扼要，使读者能对调研报告的目的及调查研究概况有一个大致的了解，以便于进一步全面、深入地理解整体内容。

（3）正文

正文部分是调研报告的主体，重点介绍调查的主要内容，并对调查所获材料的研究结果进行阐述，在此基础上概述和总结调研对象先进的成果、好的做法和经验。论述时需条理清楚、层次分明。表述方法主要以叙述为主，也可叙议结合。

（4）结论

结论部分根据不同的调研内容有不同的写法，可以是总结主要观点，深化主题；可以提出问题和不足，以待今后改进；大多数结论是在分析调研结果的基础上归纳意见、建议或对策，供借鉴和参考。这部分内容具有结论性、启示性和参谋性，是整个调研报告的点睛之笔，是对主题的深化和升华。

二、专题论文

专题论文是指对某一科学问题进行科学实验、理论分析，并对获得的研究结果进行总结探索，或结合前人研究结果、数据资料等进行比较、归纳、论证，从而发现新规律、新问题，形成新的学术观点，并以文字的形式记录下来的书面文件。专题论文大多数用于在学术期刊上发表，也有的作会议交流、讨论用，是学术论文的一种，属于论文类文体。

1. 专题论文的特点及分类

专题论文既是记录某一领域或方向的科学技术研究结果的载体，又是进行学术交流的一种工具。它首先具有原创性，可由一位作者独立完成或多位作者共同完成。其次，专题论文的内容和研究方法都必须坚持科学性，不能记录任何伪科学、反科学的内容；不论是采用试验研究还是资料分析研究、定性研究还是定量研究方法，其方法均需科学合理，不能弄虚作假、主观臆断。再者，表述的研究结果应具有创新性，专题论文通过对研究结果的系统化和理论化，主要阐述作者对某一科学问题的新见解、新观点，甚至形成的新理论。创新性是专题论文区别于一般研究报告最突出的特点。

专题论文一般根据研究领域或学科方向划分，如茶学专题论文可以分为：育种、栽培、生理、加工、植保、经济、文化等方向。

2. 专题论文的基本结构及写作要求

专题论文的基本结构包括前置内容、正文、参考文献和附件4个部分。

（1）前置内容

前置内容部分主要包括标题、作者姓名和单位、摘要、关键词，有时还需有上述内容的英文部分。

标题是文章内容的高度概括，要简明扼要、一目了然，反映文章的主题。摘要是对论文内容不加评论的简单、客观的陈述。关键词一般3~5个，要能反映主题信息。

（2）正文

正文部分包括前言、研究材料与方法、研究结果、讨论。

前言一般介绍本研究的目的、意义、历史背景和最新进展，也可以介绍研究的创新点以吸引读者。讨论是对研究结果的引申、提炼和升华，或结合前人研究结果进行比较、分析，使结果理论化、系统化，进而形成新的观点和见解，它不是对研究结果的重复阐述。

（3）参考文献

参考文献是专题论文的一个重要组成部分，也是衡量论文学术水平的一个重要参考依据。凡论文中直接或间接引用了他人研究结果或观点的，均需注明出处。参考文献的具体著录格式需符合国家标准GB/T 7714—2015《信息与文献 参考文献著录规则》的要求。

（4）附件部分

附件部分包括论文基金项目信息、作者简介、联系方式、著作权授权情况及其他一些需说明的问题。

第十九章
茶艺馆服务标准

茶艺馆的服务标准是茶艺馆生存与发展的基础。建立茶艺馆的服务标准，才能更好地满足客人的需求。

第一节 服务标准制订的原则

服务标准制订的原则应围绕茶艺馆经营目标，使客人满意，使经营目标得以实现。

一、可操作性原则

从服务标准的基本点看，茶艺服务是按茶的自然属性、社会属性及自身内在规律去服务顾客。首先，服务标准制订，必须遵循茶自身的规律。其次，服务标准需遵循人力资源内在规律。标准必须具可操作性。如果制定的服务标准，只一味满足客人要求，违背情理，也是不合理的。比如客人喝茶喝到兴头上，会忘了时间要求茶艺师继续陪下去，虽说客人是"上帝"应满足客人需求，但茶艺员不能无限止超时工作，如果出现这种情况，一定要征得茶艺员的同意。

二、经营目标得以实现原则

制订服务标准，提供优质服务，让客人满意，这是茶艺馆经营服务的基本点。应处理好服务标准与经济效益之间的关系，不计成本肯定不现实。

第二节 服务标准制订与实施

服务标准制订要充分考虑人的可操作性和经营目标的可实施性。服务标准的实施，就是在经营服务的环节中使规范的服务产品、服务言行得以执行与落实。

一、服务标准涵盖范围

服务标准的范围应该是茶艺馆经营服务的全部过程和每一个环节，涵盖茶艺馆日常与长远的工作。

二、服务标准制订

（一）服务标准内容

服务标准的内容为茶艺馆所有部门、所有岗位人员的工作职责，从管理者（经理、副经理）到办公室、财务部、公关迎宾部、茶点部、水果房，以及茶艺师、各类服务员等均应遵守。服务标准内容应尽量细化，如配套服务标准中，包含：① 高档器具管理办法；② 水果器具管理办法；③ 茶点部餐具管理细则；④ 器具破损登记管理办法；⑤ 精品茶宴原料管理实施细则等。

（二）服务标准文本

以《茶艺师岗位职责》为例。

《茶艺师岗位职责》

① 了解和掌握有关茶叶、茶艺及茶文化方面的专业知识，及时了解世界茶文化的最新动态和成果。

② 按营业规定认真演示茶艺，注意演示时的动作、言语等规范，在演示茶艺的同时结合茶叶相关介绍或本地风景名胜、风俗民情介绍。

③ 对茶艺馆使用、经销的茶叶质量负责，发现质量问题及时向上级部门汇报。

④ 组织和安排新员工茶文化知识培训，按季制订培训计划。

⑤ 积极加强与国内外茶业界人士的交流，加强学习，做到交流总结，以不断提高自身各项知识技能。

⑥ 合理组织和协调好茶艺馆重要接待任务的茶艺演示，做到事前准备好、期间无差错。

⑦ 负责保管茶艺演示所需要的茶具、服装等，每半年提出一次计划与建议。

⑧ 认真解答宾客提出的有关茶叶、茶艺等方面问题，注意言谈举止。

⑨ 制订茶艺演示的细则，并对茶艺演示不断进行改革和创新。

⑩ 完成部门主管和经理布置的其他事项。

三、服务标准实施

服务标准的必要性和合理性是相对的，实施服务标准的过程本身就是一个完善标准、发展标准的过程。所以我们在组织实施服务标准的同时，应注意认真观察，及时总结，在实施标准的过程中发现不足，不断地完善服务标准，让服务标准具有生命力，真正地为企业经营发展服务。

如某家茶艺馆接到一位顾客投诉，说茶艺师给他泡茶，他要茶叶少一点，茶艺师说茶艺馆的泡茶标准用茶量为3～5克，茶艺师给他用了2.5克，顾客要求再少一点，但茶艺师说已经比最低标准还少、不能再少了，因而造成了顾客投诉。茶艺师因顾客投诉，受了罚很委屈。3～5克只反映大部分顾客的需求，对特殊人群，应用特殊服务标准满足客人需求。通过这个投诉，茶艺馆对用茶服务标准做了修改，在原来3～5克用茶标准中，增加了对有特殊要求的顾客，按顾客要求办的规定。所以，茶艺馆真正优秀的管理者，应该在标准实施中求发展，不断完善企业的规章制度。

第三节　服务标准的规范性与灵活性

规范与灵活是管理的生命所在。灵活性要在标准规范的前提下实行，是针对个别特殊情况而定的。

一、服务标准实施的意义

1. 茶艺馆经营的需要

茶艺馆的经营过程是诸多经营要素结合形成新的经营要素，最终来实现茶艺馆经营的目的。众多要素之间的组合主要是通过服务标准的规范来实现的，有的是物与物结合，有的是人与物结合，有的则要通过人与人或者人与物比较复杂的结合。这些组合、搭配之间服务标准的规范显得尤为重要，没有规范性，服务标准的实施会打折扣。比如茶艺馆一道十分精致的茶食小点心，从原材料选择到点心师的精心制作、原材料与佐料的搭配，再到炉台的火候、成品的完成，以及器具配置摆放、服务员端送、客人品尝，是一系列的环节与过程的组合。在这些经营要素组合的过程中，如果没有服务标准、没有规范，那么茶点茶食很有可能今天太甜了，明天又咸了，今天太硬了，明天又糊了，今天是用大碗满了，明天则是小碗少了。所以，服务标准和规范是茶艺馆经营必不可少的。

2. 人力资源利用最大化的需要

现代茶艺馆的经营能否取得成功，其中一点就是看对人力资源的利用能否最大化。而服务标准的规范性对人力资源的利用最大化是十分重要的。

3. 规范员工行为的需要

茶艺馆经营需要各种各样的人力资源，有服务员、茶艺师，有领班、主管，也有后勤清卫服务员，有迎宾礼仪员，也有制作茶食的点心师、水果师等。茶艺馆的工作人员来自五湖四海，有工种与工种、岗位与岗位的差别，更有同岗位、同工种人与人之间的差异，而我们的服务标准不能因为人的差异而不规范，如服务语言，不管是来自江西还是湖南，服务语言标准都应是普通话，语调、语音都有相应要求，词语使用都要规范。大家认识统一了，执行起来有标准、有规范，又能发挥人的主观能动性，就会起到事半功倍的效果。如果没有标准，或者有了标准却按自己的习惯去操作，肯定会出乱子。服务标准、规范，人的工作劲头就足，人力资源利用得以最大化。这仅仅是一个小小的例子，用这个观点去看人与服务标准规范化的关系。服务标准规范化，在茶艺馆经营中对人力资源利用最大化不仅需要而且十分重要。

二、服务标准的规范性与灵活性

服务标准的规范性是基础，灵活性是发展。规范性是灵活变化的度，而灵活性是在规范性限制内的变化，灵活性又反作用于规范性。

1. 规范性与灵活性的对立统一

灵活性是指具有灵活的能力，它与规范性存在着一种辩证关系。规范性往往指处事的基本规律，灵活性相对规范性多指处理事物的方法、艺术性。两者看似矛盾，却也可以完美结合。

标准的规范性中的灵活性，符合事物矛盾的普遍性与特殊性。服务标准的规范性，就事物而言，反映了茶艺馆经营过程中服务保障的普遍性；而就灵活性本身而言，其反映的是服务标准执行过程中的特殊性。

2. 服务标准的规范性与灵活性相辅相成

服务标准的规范性是针对服务的普遍性，而灵活性是针对服务的特殊性。茶艺馆的服务标准当然也不例外。比如服务标准中，红、绿茶的投放标准一般为3克，但在实施这一服务标准的过程中，茶客有性别、年龄的差异，有饮茶习惯的不同，如果服务的10个茶客一个要求少一点，一个要求多一点，其余8个愿意接受标准，这说明制订3克茶投放量的标准基本是科学的、合理的，一个少一点、一个多一点反映了人的差异性造成的不同需求，在执行投放3克茶标准的同时，根据茶客的不同需求少一点或多一点来体现执行标准的灵活。多一点或少一点，不能说标准制订得不科学、不合理，恰恰说明在执行标准的过程中的特殊性，针对服务的特殊性，我们采用服务的灵活性符合事物的本质、符合执行标准的规范的实际。

休闲产业篇

第二十章
当代茶文化发展

中华人民共和国成立后，社会经济和茶叶产业都得到迅速发展，20世纪80年代后，传统茶文化得以觉醒、回归和复兴。进入21世纪以来，茶文化迈入创意发展的新阶段，喝茶品茗日益成为一种生活艺术。

第一节　回望：百年屈辱，茶境凄凉

茶文化是我国优秀传统文化的组成部分，有着深厚璀璨的历史，但在近代硝烟与贫困中，遭受百般摧折而沦落凄凉。

一、茶业畸形

在我们记述当代茶文化的兴起发展之前，不得不首先将目光投向鸦片战争后的年代。从1840—1949年这百余年，我们的民族和人民承受了山河破碎、丧权辱国的巨大痛楚和磨难。那个年代，由于遭帝国主义列强入侵，中国逐步沦为半殖民地半封建社会。中国茶业被洋商操纵，茶叶产销主要是适应列强诸国的需要。英国企图通过大量进口茶叶来提高中国进口鸦片的购买力，并扩大英国棉布对华输出。鸦片战争后中国茶业曾出现过出口兴盛期，1886年出口13.4万吨。这个历史纪录几乎保持了百年，一直到1984年，全国茶叶出口14.5万吨（1983年出口12.5万吨），才超过此前的纪录。但这是旧中国处于半殖民地经济下的畸形发展。进入20世纪后，中国茶叶出口量盘旋下降，茶叶产销急剧衰落。中国茶叶出口曾经占世界茶叶贸易量的90%，1890年降至50.9%，1900年再降至31.3%，1913年又降至21.3%，1919年只有10.8%。1931年"九一八"事变后，日本茶商控制东北茶市，之后在持续十五年的全面抗战中，中国茶农饱受屈辱和苦难，中国茶业深陷谷底。

二、茶境凄凉

在政治动乱、经济凋敝、人民生活跌入苦难深渊、茶产业濒临崩溃的境况下，纵然茶叶早已成为人民生活的必需品，但是对广大百姓来说，喝茶已是一种"奢侈"的生活。茶艺对于知识阶层也只能是一种回忆和向往。

梁实秋在《雅舍小品·喝茶》（图20-1）中说："喝茶，喝好茶，往事如烟。提起喝茶的艺术，现在好像说不到了，不提也罢。"1933年9月，鲁迅在一篇同名为《喝茶》的文章末尾慨叹："不识好茶，没有秋思，倒也罢了。"

曹禺于1940年创作的话剧《北京人》，讲的是曾家这个封建家庭走向衰落和崩溃的故事。曾家长子曾文清对喝茶是颇为精通的："他喝起茶来要洗手，漱口，焚香，静坐。他的舌头不但会尝得出这茶叶的性情，年龄，出身，他还分得出这杯茶用的是山水、江水、井水、雪水还是自来水，烧的是炭火、煤火，或者柴火。茶对我们只是解渴生津，利小便，可一到他口里，他有一万八千个雅啦、俗啦的道理。"然而面对曾家坐吃山空、债务临门的困境，这位不会种茶，不会开茶叶公司，不会做出口生意，只会喝茶品茗的大少爷，无法维持曾家昔日的荣华和体面。曾家女婿江泰不屑地说："喝茶喝得再怎么精，怎么好，还是喝茶，有什么用？请问，有什么用？"曾文清生不逢时，空怀一身茶艺绝技，却无用武之处。

　　显然，鲁迅、梁实秋、曹禺等文学大师们并不是真的不识好茶、不喜欢喝茶，也不是不懂茶艺、不知茶以载道。他们也曾经有过如丰子恺所描绘的，1924年在上虞白马湖畔小杨柳屋喝茶品茗的时光，只是眼下的日子，国难深重，不是论茶谈艺的年代。到了抗日战争时期，物价飞涨，老百姓生活极度贫困，连老舍（图20-2）这样的知识阶层人士也几乎连最廉价的茶叶也买不起了。他在一篇《戒茶》短文的最后，痛心疾首地说："必不得已，只好戒茶。""我不知道戒了茶还怎样活着，和干吗活着。""恐怕呀，茶也得戒！我想，在戒了茶以后，我大概就有资格到西方极乐世界去了！"在中国这样一个早已是茶为国饮的国家，一旦到了连知识阶层也得"戒茶"的时候，社会已病入膏肓、危若累卵了。阿英在1934年写的《吃茶文学论》一文中说："吃茶究竟也有先决的条件，就是生活安定。""喝茶也并不是人人能享到的'清福'。"那个时代，享受喝茶品茗的"清福"，的确只能是一种向往而已。

　　1933年1月，胡愈之在他主编的《东方杂志》（图20-3）上，以新年的梦想为题，发表了140余位文化精英的"梦想的中国"和"梦想的个人生活"。美术家钱君匋（图20-4）在他的征文中说："未来的中国是一团糟……因为照目前的情形而看，而推测，要他不一团糟，无论如何也做不到的。我们的生存的苦，将跟着加浓。""我曾梦想得些清福，每日幽闲地喝一杯茶，看一点书，或者和女人们谈谈，画几笔画，高兴时出门散散步，几年来这个小而又小的梦想竟无法实现。"当然，近代以来这百年，喝茶并没有在中国人生活中完全消失，只是不再有多的讲究，更平民化了。作家李劼人在《从吃茶漫谈重庆的忙》一文中说到："记得民国三十年大轰炸之后，重庆的瓦砾堆中，也曾在如火毒日之下，蓬蓬勃勃兴起过许多新式的矮桌子、矮靠椅的茶馆，使一般逃不了难的居民，尤其一般必须勾留在那里的旅人，深深感觉舒服了一下。"饮茶及其文化毕竟已经融入了世代中国人血脉之中，活在了世俗化的茶馆里。

图20-1　梁实秋《雅舍小品选》　　　　　　　　图20-2　老舍

图20-3　丰子恺为《东方杂志》画的封面　　　　图20-4　画家钱君匋

第二节　奋进：70年苦干，又成第一产茶大国

　　1949年中华人民共和国成立，结束了旧中国百年屈辱的历史，中华民族走上了伟大的复兴之路。中国茶业经济和茶文化从此进入了恢复重建时期。已经走过的70余年可分为两个阶段，前30年是茶业经济走出"短缺"和当代茶文化自觉萌发的时期，后40年是茶业经济和茶文化并肩快速发展的时期。

一、起出"短缺"

　　中华人民共和国成立之初，我国茶叶产量十分低下。1950年，全国茶叶产量仅6.52万吨，出口茶叶1.96万吨。国家为争取外汇，将茶叶列为主要出口商品，提出"内销服从外销"。农业部和贸易部都把茶叶生产和保证出口、安排国内供应列入重要议事日程，举办技术培训，发放茶叶贷款，签订预购合同，预付定金，激发、鼓励茶农的生产积极性。到1956年，全国茶叶产量达到12.05万吨，比1950年翻了接近一番，但茶叶仍然严重"短缺"，供不应求。

　　20世纪60年代，国家采取"保证供应出口，保证边销，保证外事礼茶及特殊需要，剩余安排内销"的方针。全国茶叶出口量占总产量的35%。其中1961年产量7.93万吨，出口3.5万吨，出口量占总产量的44%以上。全国许多城市茶叶供应紧缺，杭州等市县自1961年第四季度开始，相继对茶叶实行凭购货证或副食品券限量供应，每季度大户200克、小户100克。以后供应办法根据货源情况不断调整。

　　20世纪70年代，全国茶叶产量快速增长，1970年13.6万吨，1976年达23.35万吨，中国茶产量首次超过斯里兰卡，仅次于印度，居世界第二位。1979年产量增至27.7万吨。茶叶出口同步增长，1970年茶叶出口4.09万吨，1979年增至10.68万吨。全国茶叶出口量仍占总产量31%多。中华人民共和国成立后，从20世纪50年代到70年代这30年里，中国茶叶产业得到快速恢复和发展，走出了茶叶供不应求的"短缺"时期，这是一个历史性的跨越。

二、快速发展

进入改革开放后的20世纪80年代，全国茶叶产量持续快速增长。1982年全国茶叶产量达39.72万吨，比1979年的27.7万吨增长12万吨。1982年，国内茶叶相继敞开供应，如杭州市从1982年8月11日起所有茶类全面敞开供应。茶叶出口逐年递增，1984年出口14.5万吨，超过历史最高纪录——1886年的13.4万吨。但这期间，茶叶生产水平仍然不高，全国人均茶叶消费量十分有限。以1980年为例，全国产茶30.37万吨，出口10.8万吨，内销19.57万吨，全国人口数量按全国第三次人口普查10.32亿人口计算，人均年茶叶消费量仅189克。那时全国茶庄、茶号不多，茶馆更少，喝茶也不讲究，大多喝的是"马虎茶"。

进入21世纪这20年来，茶叶产量快速增长，2000年，我国产茶70.37万吨，仅次于肯尼亚（82.6万吨），居世界第二位。2005年，我国产茶95.37万吨，超过印度（83.08万吨），再次跃居世界第一，成为世界第一产茶大国，我国茶叶生产进入优质高产期。2010年，我国产量增至146.75万吨，2020年，我国茶叶产量达298.6万吨，按我国第七次人口普查全国人口数14.1178亿计算，人均达2.11公斤。

第三节　唤醒：自觉呼唤，文化复兴

20世纪80年代是一个时代精神大转折的时代，在改革开放追逐现代化的建设过程中，人们对传统与现代化、东方文化与西方文化的矛盾关系展开思考与讨论。茶业界人士在"文化热"的大背景下，为扩大茶叶消费，促进茶产业发展，提出要挖掘、吸纳和弘扬传统文化中大量积极的、有价值的因素，倡导多喝茶、喝好茶。

20世纪80年代初，茶产业告别"短缺"，市场呈现由资源约束转变为消费约束和需求约束。部分茶类出现"卖茶难"，茶价下跌，茶农毁茶抛荒，产区茶场、茶厂、公司库存增大，经营亏损。昔日"皇帝女儿不愁嫁"的风光不再。当时从表面看，茶叶生产似乎已经"过剩"了，但实际上生产水平、消费量都还不高。如何突破这新的"瓶颈"？时任中国社会科学院副院长于光远1983年撰文《茶叶经济和茶叶文化》，提出"一是要提高我国茶叶在世界上的地位；一是要提高茶叶在人民生活中的地位"。为此，"提倡宣传茶叶文化同发展茶业经济是不可分的，在今天更需要发挥茶叶文化的作用，来为发展茶业经济服务"。同年，于光远还在杭州邀请茶叶界人士座谈，建议召开一次研究我国饮料战略问题的讨论会，以提高茶在人们生活中的地位，并提议建一个茶叶博物馆。于光远提倡宣传"茶叶文化"是极具前瞻性的，对当代茶文化的复兴具有开创性的意义。

一、"茶文化"一词出现

茶文化在我国虽源远流长，但"茶文化"这个词却是新出的。著名漫画家、书法家、作家黄苗子在《"茶酒闲聊"小记》一文中说：说到文化，在20世纪80年代以前，"也没听说过什么'食文化''茶文化''酒文化''旅游文化'等唬人的新名词。那时候老头们聊天，饮茶只是饮茶，喝酒也只是喝酒，没有文明到把这些日常生活小玩意儿升华到文化上面去。青年一代给老汉开了眼界，也就大胆承认这些饮茶、喝酒，原来都是文化了。"

在《辞源》《汉语大辞典》中，以及1999年版《辞海》中，都没有收入"茶文化"这个词条。1980年9月，庄晚芳等编著的《饮茶漫话》（中国财经出版社出版，图20-5）后记中说："茶叶源于我国。饮茶文化是我国整个民族文化精华的一部分，也是我国人民对人类做出的贡献的一部分。"同年10月，

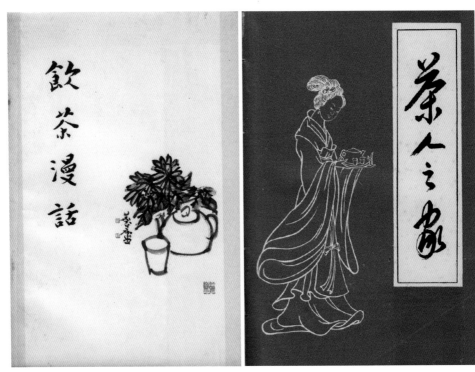

图20-5 《饮茶漫话》　　　　图20-6 《茶人之家》

王泽农、庄晚芳在为陈彬藩《茶经新篇》（香港镜报文化企业有限公司出版）所作的《序言》中说："国际友人和海外侨胞，特别是茶叶爱好者在品尝中国香茶的时候，对历史悠久的中国茶叶文化无限向往，渴望有一本新作，详细介绍中国茶叶的历史和现状。"庄晚芳、王泽农先生首先提出"饮茶文化"和"茶叶文化"。

庄晚芳先生还在1982年倡议组建"茶人之家"。1982年9月，一个以普及茶叶科学技术、宣传茶叶文化、开展国内外茶叶学术交流、促进茶叶生产和贸易发展、有利于物质文明和精神文明建设为宗旨的社团组织——茶人之家在杭州成立，并编辑出版《茶人之家》杂志（图20-6）。庄晚芳、王泽农和于光远先生的文章以及第一个茶文化社团杭州茶人之家的成立，为当代茶文化的重构做了舆论和组织的引导。

二、重要茶事活动

20世纪80年代有四次重要的茶事活动。

（一）茶叶与健康、文化学术研讨会

这次会议是按照于光远（图20-7）的提议，由浙江省茶叶学会、中华医学会浙江省分会、中华全国中医学会浙江省分会联合，于1983年10月5日至10日在杭州举行的，会议由浙江省科协主持。与会代表有：茶叶界吴觉农、王泽农、张天福、钱梁、庄晚芳、李联标、阮宇成、张堂恒、胡坪等，医学界何任、潘澄濂、杨继荪、楼福庆、林乾良等，贸易

图20-7 于光远

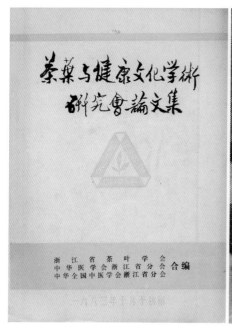

图20-8　茶叶与健康、文化学术研讨会论文集

图20-9　吴觉农

界张大为、陈观沧、唐力新等，文化新闻界戴盟、唐云、晋保华、伊友梅等。这是首次茶叶与其他学科联合并相互渗透交流的学术会议，正如会议纪要中所记："从各个方面为振兴中华茶叶事业，提高我国茶叶文化的声誉和地位，为茶叶饮用、药用、食用、综合利用开创了新局面，这是一个有重要战略意义的学术研讨会。"（图20-8）

（二）茶事咨询会

1983年10月11日至14日，由茶人之家举办的"茶事咨询会"是这一时期具有标志性意义的一次茶事活动。1983年，全国茶叶产销发展到了一个"瓶颈期"。正如吴觉农（图20-9）在会议上说的："现在茶叶生产多了，生产形势很好，但结果是少收了，这个问题怎么办？""另外有一件事，现在全国有陈茶几百万担，怎么办？"当时，一方面茶叶出现了产大于销的"卖茶难"局面；另一方面完全靠计划经济单一的模式已经不能适应发展需求了。这次咨询会提出，在生产方面要完善生产责任制，推行承包经营，做到以销定产；在经营方面要实行"多条腿走路，国营、集体、个人共同竞争"。这一提法在现在看来，完全是顺理成章的事情，但在当时计划经济一统天下的时代，却是振聋发聩的。到次年6月9日，国务院批转商业部《关于调整茶叶购销政策和改革流通体制意见的报告》。商业部在报告中说："茶叶长期供不应求的状况已得到解决。"提出"内销茶和出口茶彻底放开，实行议购议销，按经济区划组织多渠道流通和开放式市场，把经营搞活"。在这次茶事咨询会上，许多专家指出，我国对茶文化的研究还远远落后于实际，大力呼吁有关机构加强茶文化的研究推广。

图20-10 台湾陆羽茶艺文化访问团在北京人民大会堂举行茶艺交流

（三）台湾陆羽茶艺文化访问团来访

台湾陆羽茶艺文化访问团于1989年5月来大陆访问。这是两岸茶人隔绝40年之久的首次较大规模的文化交流活动。陆羽茶艺文化访问团与此前的学术访问活动不同，是开展以茶艺、香道、书画艺术为主体内容的文化交流（图20-10）。

（四）茶与中国文化展示周

1989年9月10日至16日，"茶与中国文化展示周"在北京民族文化宫举行。展示周由商业部土特产品管理司、中国茶叶进出口公司、新华社北京分社等联合主办。其间有茶文化图片、书画及名优茶展示，有广东、云南、福建、四川、浙江、湖南、安徽7省和台湾中华茶文化学会的茶艺演示，日本里千家茶道也做了茶道茶艺交流。这是20世纪80年代规模最大、最有影响力的一次茶事活动，吹响了当代弘扬茶文化的号角，为推动群众性茶事活动和开展海内外茶文化交流做出了示范。

第四节　复兴：传承文脉，服务产业

1990年10月举行的"杭州国际茶文化研讨会"是茶文化复兴的一个坐标。研讨会有来自日本、韩国、斯里兰卡、美国、中国的代表187人。这次研讨会是对前10年茶文化成就的总结和检阅，同时开启了一个茶文化研究交流与实践创新的新时期。这次研讨会不仅是规模空前的国际性会议，而且比之此前茶事活动多由企业和民间组织发起主办，转而由政府有关部门参与发起并主办。浙江省国际文化交流协会、浙江省人民对外友好协会是这次盛会的主要参办单位（图20-11）。

杭州国际茶文化研讨会后，"茶文化"这个词得到广泛认可而普遍使用。经历20世纪90年代这10年的践行，人们认识到数千年底蕴深厚的茶文化是宝贵的"软实力"，与产业经济发展紧密相连。10年间与茶文化相关的关键词有五个：茶博会（茶文化节）、茶艺馆、茶艺师、茶文化书刊、茶文化社团。

图20-11　1990年10月，杭州国际茶文化研讨会在杭州举行

一、创办茶文化节会活动

1991年4月，浙江省人民政府和国家旅游局举办"中国杭州国际茶文化节"（图20-12）。这次茶文化节集旅游、文化、贸易于一体，把茶文化历史展览、茶文化专题讲座、茶艺演示、名茶评比、茶叶茶具展销和贸易洽谈等整合为一个茶事节庆活动。这种文化与经贸相融互动的节会，后来被广泛采用。1994年，上海市闸北区文化局创办上海国际茶文化节（2011年起易名为上海国际茶文化旅游节）。

图20-12　1991年4月24日，中国杭州国际茶文化节暨中国茶叶博物馆开馆仪式举行，时任浙江省长葛洪升（前排中）在会上致欢迎词

其后河南创办信阳茶文化节、云南思茅创办普洱茶叶节、武夷山市创办武夷岩茶节等。"文化搭台，经济唱戏"的另一种形式是"茶博览会"。杭州较早创办"茶博会"。由杭州市人民政府、中国国际茶文化研究会和浙江世贸中心主办的"中国国际茶博览交易会"，于1998年10月在杭州举行。

1993年4月4—11日，中国茶叶学会和中华茶人联谊会联合在云南思茅市举办"中国古茶树保护研讨会"，来自日、韩、美、英、法、新加坡、马来西亚等国和中国香港地区及14个省（区、市）的187人出席会议。会议通过了《中国古茶树遗产保护倡议书》。

二、茶艺馆业走热

茶艺馆的发展与社会经济和文化生活的大环境发展是同步的。人民生活水平的逐步提高，国家制定政策放手让个体经营茶馆，1995年起实行每周双休制，1999年出台"黄金周"假日制度，名优茶生产发展，以及社会大众文化的繁荣，所有这些"天时地利"，使得全国茶艺馆真有"忽如一夜春风来，千树万树梨花开"的繁荣景象。

图20-13　2013年2月中国茶叶学会中级茶艺师培训班授课

三、开展职业技能人才培训

1999年5月，茶艺师职业列入国家职业大典，茶艺师职业技能培训和考核鉴定在全国有条件的地区展开，一批新时代的"茶博士"进入茶艺馆，大大提升了茶艺馆的文化技艺品位。（图20-13）

1994年4月13—17日，中国茶叶学会和中国农业科学院茶叶研究所在杭州举办首届"中国茶叶研究考察培训班"，15名来自新加坡、日本和中国香港地区的学员接受培训。

四、茶事艺文作品涌现

茶文化书籍出版有《中国地方志茶叶历史资料选辑》（吴觉农主编，农业出版社1990年出版），《中国茶与健康》（中国茶叶学会、中国茶叶进出口公司主编，中国对外经济贸易出版社1990年出版）《中国茶叶历史资料续辑》（朱自振主编，东南大学出版社1991年出版），《中国茶经》（陈宗懋主编，上海文化出版社1992年出版），《中国古代茶叶全书》（阮浩耕、沈冬梅、于良子释注校点，浙江摄影出版社1999年出版），《中国茶文化经典》（陈彬藩主编，光明日报出版社1999年出版），《中国茶叶大辞典》（陈宗懋主编，中国轻工业出版社2000年出版）等。茶文化期刊有江西社科院主办的《农业考古——中国茶文化专号》（1991年创刊），浙江省茶叶公司、浙江国际茶人之家基金会的《茶博览》（1993年创刊）等。影视和文学方面主要有中央电视台摄制的18集大型电视系列片《话说茶文化》、王旭烽创作的长篇小说《茶人三部曲》等。

五、茶文化社团创建

继1964年8月首个国家级茶叶社会团体——中国茶叶学会在杭州成立之后，这一时期创建的茶文化社团有：1990年8月，中华茶人联谊会在北京成立；同年10月，浙江国际茶人之家基金会在杭州成立；1993年11月，中国国际茶文化研究会在杭州成立。湖北天门陆羽茶文化研究会等也相继成立。

20世纪90年代，茶文化在研究探讨、宣传弘扬、组织建设，特别在贸易融合互动等方面建树颇丰，为促进茶业经济增长发挥了十分重要的作用。

第五节　开新：迈入新境，文化创业

"迈向茶文化的黄金世纪"，这是2002年在马来西亚召开的第七届国际茶文化研讨会的主题词。21世纪初20年，是中国茶文化自觉、自信建构发展的好时期。

一、茶文化研究

（一）茶文化研究队伍扩容

纵然茶文化专业研究学者仍有限，但史学、哲学、文学、艺术、新闻、出版、经济、医药、饮食、旅游等各界，越来越多的专业人士加盟茶文化研究，突破了茶文化研究的行业界限，拓展了茶文化的研究领域。

（二）茶文化研究成果显著

挖掘整理出一大批传统茶文化资源，如《中国茶文献集成》，包括古代茶书、域外茶书、民国茶书、民国期刊共50册。《茶经》等古代经典茶书得到注疏与阐释，并有多个较好版本。历代茶诗、茶画、茶事散文已收集并编辑出版一批选本。茶文化史研究、分门类研究和个案研究都涌现出一大批成果。

（三）茶文化学科建设有较快进展

21世纪初，高等院校在原有茶学专业的基础上，成立了茶文化专业和茶文化研究所，标志着茶文化学科建设的起步。目前，全国多家高等院校开设茶文化专业。这些院校和研究所在教学的同时，对茶文化定义、研究对象、研究范畴、研究方法等不断进行探讨。一些大学的博士、硕士研究生把"中国茶文化的美学精神"作为研究选题，推动茶文化研究向纵深发展。

二、茶文化产业

茶文化产业，20世纪90年代在"文化搭台，经济唱戏"的茶事节会活动中就有所显露。

进入21世纪，随着茶艺悄然深入人们的日常生活，茶文化的价值凸显，并朝着创意、经营的方向发展，即通过创意设计，使茶文化成为一种可以经营的、走向市场的时尚生活方式，一种消费文化。茶文化不但是一项文化事业，又是一项文化产业。茶文化除了能为"经济唱戏"搭台，与经济相融，让经济文化化，茶文化自身同样"能唱戏"，即打造出文化商品（或文化服务），直接进入市场，让文化经济化。茶叶产业经济与文化的边界正在消融。

茶文化产业是一个新兴产业，最大的特点就是没有行业边界，跨界融合，多元多彩。当前已呈现出如下产业形态：

① 从传统茶馆、茶楼到茶书院、茶舍、山房等，茶艺馆已拓展出一片文化经营的新天地。

② 从茶具组合——茶席布置——茶空间设计，茶艺器物的创作、制作成为文化消费的热点。

③ 茶艺培训走出职业技能考核的行业局限，广泛走向社会，成为生活美学的修习和少儿才艺素质的培育。

④ 西湖龙井、黄山毛峰等一大批名茶制作技艺列入非物质文化遗产名录，名茶的文化价值得到提升。

⑤ 茶园、茶山、茶厂等成为旅行、游学目的地，带动了茶区胜迹景观、习俗风物的文化消费。

⑥ 文史哲学者以及艺文、传媒等各界爱茶人士，创作了一批茶事文学艺术作品，出版了一批茶书茶刊。

⑦ 从茶叶博览会到茶文化博览会，全面反映了茶叶产业的扩容升级和创意创新，既展示产业上游的内容创意，又展示中游的设计制作，以及下游的营销服务。

第二十一章
茶文化休闲与产业

从类型划分，休闲产业包括文化休闲、运动休闲、旅游休闲等诸多业态。而以茶文化弘扬和传承为主的茶文化休闲是文化休闲的重要组成部分。

第一节　茶文化休闲

茶文化休闲，是以茶为主要载体的休闲方式，具有修身养性、美育、社交、文化承载与传播等多种功能。

一、茶文化休闲的含义

文化休闲的发达程度体现一个国家或地区的文化消费水平，是文化产业发展水平的重要标志。茶文化休闲，是指人们的休闲生活、休闲需求、休闲产品中有茶及茶文化相关的元素，包括品茗、茶园观光、茶艺研习、茶空间休憩、茶艺术作品鉴赏、采茶与制茶、茶民俗体验等（图21-1）。

图21-1　茶空间

图21-2 调饮茶

二、茶文化休闲的功能

具体来说，茶文化休闲的功能主要包括以下几个方面。

1. 茶文化休闲是修身养性的重要载体

茶的品饮是茶文化休闲的重要内容。根据不同个体需求和身体状况、季节、场合，因人选茶，因茶备具，因茶择水，涉及丰富的茶相关内容，是茶文化休闲的魅力所在。品茶休闲已成为中国人日常生活的一部分。茶文化将茶的物质属性与精神属性融为一体，将人们崇尚的道德情操、追求的高尚品质及人格赋予具体的茶及各种茶事活动中。茶文化休闲可以修身怡情，以茶雅志，陶冶情操，引导人们养成良好的生活习惯，增添生活情趣。

2. 茶文化休闲是社交的重要方式

以茶会友，在茶香中叙谈，促进人与人之间的和谐关系。茶文化空间常给人们带来灵感和创意。

3. 茶文化休闲具有美育功能

在人与茶、人与人交流的过程中，以茶育人，以茶化育美好，茶之美、水之美、器之美、礼仪之美、茶艺之美、艺文之美、茶空间之美、茶道精神之美……因人与茶的交集，幻化出无限美妙的构思和作品。茶文化休闲，提升人们的生活品质，是美育的重要方式。

4. 茶文化休闲具有文化承载与传播功能

秉承人文、创意、艺术、生活的理念，茶与休闲结合。人们在茶空间休闲时，获得心灵洗涤、内省和自我观照。茶文化休闲将茶引入日常生活中，让人们在惯常的生活中，传承与弘扬茶文化。

第二节　茶文化休闲产业

茶文化休闲产业，是茶文化与休闲深度融合的新兴产业。中国茶文化资源丰富，茶文化休闲产业的发展具有广阔的空间。

一、业态特色

茶文化休闲产业关注健康养生、美学体验、跨界融合。

1. 健康养生

科学研究证明，饮茶具有调理身体、增进健康等作用，与人们向往美好生活、健康养生的诉求一致。所以，健康养生是茶文化休闲产业的重要特色。

2. 美好的体验

茶给人美的陶冶，给人愉悦的体验。陆羽《茶经·五之煮》在描述煮茶产生的汤花之美时用了一连串形象的比喻："如枣花漂漂然于环池之上，又如回潭曲渚青萍之始生，又如晴天爽朗有浮云鳞然。其沫者，若绿钱浮于水渭，又如菊英堕于樽俎之中。"描绘的都是拟物于自然的美。范仲淹《和章岷从事斗茶歌》诗中"黄金碾畔绿尘飞，碧玉瓯中翠涛起"、苏轼《试院煎茶》诗中"蒙茸出磨细珠落，眩转绕瓯飞雪轻"，都是对茶之美的深情赞誉。在茶文化休闲体验中，可以深入领会和感受茶的淳朴自然、韵高致静，领略茶文化独特的韵味与风采。

3. "茶＋"创新

茶＋茶、茶＋花、茶＋酒、茶＋画、茶＋书……创新融合，延展、延伸茶产业链（图21-2）。

二、茶文化休闲项目策划

茶文化休闲项目包括茶育、茶旅、茶会（图21-3）等。

图21-3　2016年杭州国际旅游日茶文化体验

1. 茶育项目开发

以茶育人，是传承、创新和传播茶文化的重要路径。茶育项目的开发实施，既可以在中小学校开展，与素质教育结合成茶文化课堂，将其打造成特色校园文化；又可以与研学旅游结合，开发设计以茶文化休闲为主要内容的研学精品。

第一，茶文化游学，在旅游的过程中学习茶的知识。可以采取茶学培训＋自然风光＋人文景观的设计，在休闲旅游的过程中，让游客既领略到旅游目的地的自然风光、人文风情，又可学习茶文化专业知识。针对茶专业人士或茶文化爱好者，开展专题问山访茶之旅。可以与涉茶高校或茶企、培训机构合作，由茶界专家带领学员深入茶区，访茶、访茶人、访茶企，开展培训和旅游活动，既能增长茶文化专业知识，又能饱览茶产地美丽风光。

第二，充分发挥茶博物馆的平台作用。我国各地茶博物馆众多，有综合性的博物馆，也有地方性的博物馆，将其作为第二课堂和研学旅游的重要基地，茶文化传播、交流和集聚的基地，更好地发挥茶育功能。

2. 生态旅游产品设计

文化是旅游的灵魂，茶文化旅游是以文化资源为依托开发的旅游项目和产品。集地方茶叶品种、观光茶园、地方民俗、自然风光于一体，以茶园为基本依托，形成具有当地文化特色的茶文化休闲旅游线路，将茶业和地域文化资源进行合理的资源整合，该项目的开发涉及文化资源挖掘、茶园彩化、生态园建设、茶区旅游配套建设、市场培育等多方面。

第二十二章
茶文化创意产业

茶承载着中华数千年的文化。文化的创意化、消费的文化化、文化消费的全民化正以前所未有的广度和深度向前发展，中国和世界正迈入文化创意产业的新时代。

第一节　茶文化创意产业的历史与未来

文化创意是在经济全球化背景下产生的、以创造力为核心的新兴产业，强调主体文化或文化因素，依靠个人或团队，通过技术、创意和产业化的方式，开发、营销知识产权。文化创意产业的概念兴起于英国。英国1998年出台的《英国创意产业路径文件》，首次提到文化创意产业，开启了世界文化创意产业的先河。

一、文化创意产业与文化产业

广义的文化创意产业，也就是传统意义上的文化创意产业，是一个与文化产业相当的概念，涵盖行业包括广播影视、动漫、音像、传媒、视觉艺术、表演艺术、工艺与设计、雕塑、环境艺术、广告装潢、服装设计、软件和计算机服务等方面的创意群体。狭义的文化创意产业，是指国家统计局对文化创意产业的分类。2018年，国家统计局在《文化及相关产业分类》(2018) 中，将文化创意产业归属于创意设计服务业，主要包含广告服务业和设计服务业两大板块。

我国文化产业概念的提出经历了一个逐步发展的过程。1992年，国务院办公厅综合司编著《重大战略决策——加快发展第三产业》，首次在政府文件中明确使用"文化产业"概念。2000年10月，在党的十五届五中全会通过的《中共中央关于制定国民经济和社会发展第十个五年计划的建议》中，"文化产业"一词第一次在中共中央文件里出现。2002年11月，党的十六大报告更加明确地提出发展文化产业和改革文化体制的方针、任务和要求。2009年7月22日，我国第一部文化产业专项规划——《文化产业振兴规划》由国务院常务会议审议通过。这是继钢铁、汽车、纺织等十大产业振兴规划后出台的又一个重要的产业振兴规划，标志着文化产业已经上升为国家的战略性产业。文化产业作为一种新兴产业迅速崛起，以其强大的生命力展示了自己作为"朝阳产业"的无穷魅力。文化产业的迅猛发展，使得文化产业在学术研究和学科成为一门"显学"，目前全国已经有上百所高校开设了文化产业管理专业。

二、茶文化创意产业与文化产业

茶文化创意产业与文化产业的发展，在当今实现了共生共融、交叉发展。茶文化创意产业作为一种新兴业态诞生，有的以独立业态出现，有的作为一种概念融入文化产业或文化创意产业中。茶文化创意产业概念主要是学术界和产业界提出的，然后成为一个非常热门的词汇。茶文化创意产业是以茶文化为载体，在其基础之上发展起来的与之相关的文化创意产业。茶文化创意产业是文化产业的一个重要分支，是文化产业发展的一个具体表现。

茶文化创意产业将为茶文化与茶业经济研究带来新视野，给茶产业提供新的经济增长点，有助于扩大就业，促进消费，推动茶文化消费的转型与升级。

第二节　茶文化创意产业的业态

茶文化创意产业是一种新兴业态，涉及很多行业，是茶业、文化创意业、文化产业三者交叉的新业态。茶创意设计产业、茶广播影视产业和茶文化旅游产业等是茶文化创意产业的重要内容。

一、茶创意设计产业

创意设计是文化创意的核心内容。创意设计服务业主要包含广告服务业和设计服务业两大板块。广告服务业主要指互联网广告和非互联网的广告。设计服务业是指建筑设计、工业设计和专业设计，其中专业设计是指时装、包装装潢、多媒体、动漫及衍生产品、饰物装饰、美术图案、展台、模型和其他专业设计服务。将茶融入创意设计，就衍生出众多新兴子行业和业态。

（一）茶广告

现代人对于外界事物的很多认识来源于媒体，其中广告宣传作用较大。知名度的打响往往会对销售产生诸多有利影响。茶本身是中国的一种传统的饮料，但借助视觉媒体，茶广告将茶传播到了世界的每一个角落。茶广告，从企业角度而言，是指茶叶生产或经营企业，利用媒体以各种说服方式，向公众传播关于茶叶商品的信息，以实现宣传茶产品、引导消费和需求、促进销售的公共宣传活动。目前茶广告种类繁多，其表现形式也是多种多样。按照茶广告的媒体或者载体来分，包含印刷媒体茶广告、电子媒体茶广告、户外茶广告、包装茶广告等。

创意水平的高低，直接决定一个茶广告的成败。茶广告应力求以较少的费用投入、最大的创意，获取最大的广告效果。特色、创意，是一个茶企业在竞争中取胜的重要法宝。茶叶广告不管是设计风格、表现形式，还是信息内容，都要人无我有、人有我奇，要新颖独特、具有个性，要富有创造力、吸引力、感染力，力求宣传效果、艺术效果、经济效果的有机统一，以诱导和激发消费者对茶叶的关心和兴趣。

（二）茶设计

生活中几乎所有的事物均可与茶发生关系，茶具、茶包装、茶人服装、茶空间等均是目前较为热门的茶专业设计。

1. 茶具设计

茶具的创意体现在以下方面：一是材料和工艺的创新。以陶、瓷茶具为例，除了传统的白瓷、青瓷、黑瓷等之外，各种新材质、新工艺的创新也给人以视觉的冲击。二是款式创意。除茶具款式创新之外，还包括一些辅助器具的创意，如茶台、桌布、茶漏、茶则、茶荷、茶巾、奉茶盘等器具的创意。

2. 茶叶包装

茶叶包装的创意主要体现在材质、形状、图文表述、色彩等方面。材质从木、竹、金属、陶瓷再到现代的各种纸、塑料等，茶包装形成了一个非常大的产业。

3. 茶人服装

茶人服装是一个新兴的概念，尚未有一个明确的定义。目前茶人服装多为棉麻制品。茶人服装的创意、文化内涵与生活需求有机结合，直接影响茶人服装产业的规模与发展前景。

4. 茶空间设计

茶空间是近几年才出现的一个新兴概念。茶空间是传统茶馆概念的延伸，包括传统的老茶馆、茶艺馆、茶店、茶铺，茶主题酒店、饭店大堂饮茶处、茶吧台，企业单位的茶水间、茶室，学校的茶教学实验室，家庭茶室、饮茶角等。茶空间是围绕茶、器、花、艺、琴、书、画等茶文化元素，人与自然、空间设计、传统文化融合统一的整体的生活美学空间。创意是一个茶空间设计成功与否的关键。营利性茶空间的装修风格与当地风俗民情、个体自身的审美水平等相关。茶空间的创意，体现在装潢、家居摆设与装修风格等诸多方面，有古典、中式、新中式、西式或中西结合式、民族风、园林式、全新创意等。茶空间经营模式的创意尤为重要，这是茶空间的生命线，是持续发展的动力与基础。茶空间的创意与多元化给中小茶空间提供了发展契机，一方面是茶叶销售的延续，另一方面也为服务增值提供了全新的平台。新型茶空间的商业模式更需要创意，这是一种文化创意的呈现与销售，让中国茶文化得以更好地传播。

二、茶广播影视产业

广播影视是文化产业中最具影响力、最有活力的产业之一，也是发展最为迅速、与人们日常生活关系更为密切的一个文化产业领域。茶广播影视产业是近些年随着广播影视业的发展而发展的，是以茶为主题的广播影视产业，其中茶电影和茶电视产业是主要产业。

（一）茶电影业

在中国的文化产业领域里，电影产业是发展最快、最有亮点的产业。茶文化和电影似乎是两条平行线，但茶文化属于大众文化，电影也属于大众文化，充分利用电影大众文化的特性，按照电影的语言要求，把茶文化元素融入镜头之中，去开拓新型的表达方式，茶文化与电影的结合会给茶文化的发展带来新的契机。电影将成为传播茶文化的良好媒介。

中国茶电影处于刚刚起步的阶段，以茶为主题的茶电影相对较少，但是也不乏精品，如《茶色生香》《茶恋》《绿茶》《斗茶》《龙顶》《红茶镇》《茶亦有道》等。

电影制作成本相当高，一部优秀的电影制作成本动辄上千万，甚至十几亿，高昂的成本制约着茶电影产业的发展。茶这个领域面向特定受众，茶电影的观众面较窄，导演拍摄一部茶主题的影视大片首先考虑的是成本和经济效益。茶电影业的起步与可持续性发展，要以内容为王，以文化创意作为吸引观众的重要手段。茶文化雅俗共赏的特殊性，以及电影业的娱乐性、趣味性特点，决定了茶电影的发展趋势。

（二）茶电视业

电视产业是与人们日常生活密切相关的产业，也是社会关注度较高的产业之一。在电视剧中植入茶文化的内容，对茶文化的宣传效果不可小觑。有意识地通过电视剧向社会传播茶文化，这对弘扬中国优秀的传统文化来说很有裨益，其影响是潜移默化的。目前，中国茶电视剧处于刚刚起步的阶段，以茶为主题的电视剧有《茶马古道》《茶馆》《第一茶庄》《紫玉金砂》和《茶旅天下》等。

茶电视剧的创意具有特殊性。一方面，茶电视剧应该原汁原味地通过荧屏将茶文化展示给观众，而不能为了哗众取宠或者某些经济利益而胡编乱造。另一方面，茶文化是民俗文化，雅俗并赏，茶文化电视剧也要雅俗并赏，这就要求茶电视剧应该兼具创意性、真实性、趣味性和可观性等多种特点。

第三节　茶文化创意产业管理

茶文化创意产业的核心竞争力是创意或者创新能力。创意产品所具有的价值是由市场需求所决定的，合理保护创造者创造新的想法，准确把握市场要求，将艺术和茶文化创新性地融合，才能开发具有市场价值的茶文化创意产品。

一、茶文化创意元素与产品设计

茶文化创意产品最重要的元素是文化，以及经过时间沉淀而形成的独特价值。梳理茶文化资源，将其作为创意元素运用到产品中去。茶文化元素主要是与茶相关的历史元素和现代元素。内容包括茶叶、茶的传说、茶的历史、茶人、茶事、茶遗址遗迹、茶的习俗、茶的艺文等。激活优秀茶文化资源，创新产品，以促进传统文化的创造性转化与创新性发展。

二、茶文化创意的方法与路径

茶文化创意有一些规律可循。按照创意思路，我们可以分为两个层次，也是两种方法与路径。第一个层次是旧元素的重新组合，即我们所说的"拼盘"，也就是把很多相关的茶元素组合在一起。或者将那些风马牛不相及的茶元素组合在一起，起到耳目一新的效果。第二个层次是按照茶文化元素的内在规律，如因果关系、相反关系等重新组合，吸引受众，达到惊艳之效。

创意是茶文化产业可持续发展的根本保障。如果仅局限于传统资源而没有创意、创新，茶文化创意产业发展就没有了活力与可持续发展的动力。但文化创意不是天马行空，而是脚踏实地，创新文化内容、形式、手段、方式。面对新技术、新事物、新媒体不断涌现的新时代，要打破媒介、行业和地区壁垒，促进多媒体融合、多业态整合，促进文化资源与现代化消费需求对接，促进茶文化创意产业与其他相关产业融合，激发文化创意创新，培育新型文化业态，激发茶文化创意产业发展的内生动力。

三、茶文化创意产业管理

茶文化创意产业有自身的特殊性。从文化产业的产生模式上来讲，它属于创新型产业，重点是创新和创造力的开发应用。创新需要高科技的支持，高科技是文化产业的基础平台，文化活动的创新消费成为文化产业的主要推动力。

茶文化创意产业还需要人才的开发。一是要挖掘专业的人才，组织各种创意设计比赛，挖掘民间潜在的创意人才，使他们脱颖而出，也可以建立人才中介组织，主要专注于创意人才的挖掘和培养；二是要培养人才。人才开发同时，建构和完善文化创意产业管理体制，制定茶文化创意产业发展的长期规划。健全对创意产业融资配套服务，加强政策的引领与指导。

参考文献

陈彬藩，余悦，关博文，1999．中国茶文化经典[M]．北京：光明日报出版社．

陈慈玉，2013．近代中国茶业之发展[M]．北京：中国人民大学出版社．

陈富桥，胡林英，姜爱芹，2019．我国茶产业发展40年[J]．中国茶叶，41（10）：1-5．

陈富桥，杜佩，姜仁华，等，2018．城市居民茶叶购买渠道选择及其影响因素实证研究[J]．茶叶，44（1）：25-29．

陈刚，2018．美学导论[M]．北京：高等教育出版社．

陈亮，马建强，2020．茶树非主要农作物品种登记要求及进展[J]．中国茶叶，42（3）：8-12．

陈宗懋，2009．茶与健康专题（五）饮茶与心血管疾病[J]．中国茶叶，31（8）：4-7．

陈宗懋，2000．中国茶叶大辞典[M]．北京：中国轻工业出版社．

陈宗懋，杨亚军，2011．中国茶经[M]．上海：上海文化出版社．

陈祖槼，朱自振，1981．中国茶叶历史资料选辑[M]．北京：中国农业出版社．

大益文学院，1999．中国式茶会[M]．南京：江苏凤凰文艺出版社．

丁以寿，2019．茶艺与茶道[M]．北京：中国轻工业出版社．

封演，2001．封氏闻见记[M]．北京：学苑出版社．

关剑平，2014．唐代饮茶生活的文化身份—隐逸[J]．茶叶科学，34（1）：105-110．

关剑平，2014．禅茶：清规与茶礼[M]．北京：人民出版社年．

关剑平，2017．禅茶礼仪与思想[M]．北京：中国农业出版社．

灌圃耐得翁，1983．都城纪胜[M]．杭州：浙江人民出版社．

姜含春，2010．茶叶市场营销学[M]．北京：中国农业出版社．

江用文，童启庆，2008．茶艺师培训教材[M]．北京：金盾出版社．

江用文，童启庆，2008．茶艺技师培训教材[M]．北京：金盾出版社．

金基强，周晨阳，马春雷，等，2014．我国代表性茶树种质嘌呤生物碱含量的鉴定[J]．植物遗传资源学报，15（2）：279-285．

康保苓，温燕，张春丽，等，2019．茶文化[M]．杭州：浙江大学出版社．

寇丹，2004．茶中的美与禅—应韩国《茶的世界》杂志特约而作[J]．农业考古，（4）：209-210，218．

课思课程中心，2018．培训运营体系设计全案[M]．北京：人民邮电出版社．

李斗，1984．扬州画舫录[M]．扬州：江苏广陵古籍刻印社．

李哲明，何嘉娜，刘琼，等，2016．安吉白茶茶多酚对D-半乳糖致衰老模型小鼠的抗氧化作用研究[J]．贵阳中医学院院报，38（2）：21-24．

刘伟华，2011．且品诗文将饮茶[M]．昆明：云南人民出版社．

林雪玲，程朝辉，黄才欢，等，2005．茶氨酸对小鼠学习记忆能力的影响[J]．中国茶叶，（3）：50．

潘城，2018．茶席艺术[M]．北京：中国农业出版社．

彭彬，刘仲华，林勇，等，2014．L-茶氨酸改善慢性应激大鼠抑郁行为作用研究[J]．茶叶科学，（4）：355-363．

彭定求，等，2013.全唐诗[M]．北京：中华书局．

钱时霖，1989．中国古代茶诗选[M]．杭州：浙江古籍出版社．

钱时霖，2016．历代茶诗集成[M]．上海：上海文化出版社．

荣西禅师著，施袁喜译注，2015．吃茶记[M]．北京：作家出版社．

阮浩耕，沈冬梅，于良子，1999．中国古代茶叶全书[M]．杭州：浙江摄影出版社．

阮浩耕，2003．茶馆风景[M]．杭州：浙江摄影出版社．

屠幼英，2011．茶与健康[M]．北京：世界图书出版公司．

宛晓春，2006．茶叶生物化学[M]．北京：中国农业出版社．

王新超，马春雷，姚明哲，等，2011．影响绿茶季节间品质差异的生化因子探析[J]．西北植物学报，31（6）：1229-1237．

王岳飞，周继红，徐平，2021．茶文化与茶健康——品茗通识[M]．杭州：浙江大学出版社．

王振富，钟灵，杨付明，2014.恩施硒茶多酚的抗衰老作用[J]．中国老年学杂志，34：1557-1559．

王镇恒，王广智，2000．中国名茶志[M]．北京：中国农业出版社．

魏然，徐平，王岳飞，等，2016．茶多酚对阿尔茨海默病的防治功能与机理研究进展[J]．茶叶科学，36（1）：1-10．

吴自牧，1980．梦粱录[M]．杭州：浙江人民出版社．

肖力争，2017.茶叶市场营销学[M]．西安：世界图书出版西安有限公司．

徐建融，1992.中国美术史标准教程[M]．上海：上海书画出版社．

徐珂，1986．清稗类钞[M]．北京：中华书局．

杨秋生，徐平湘，李宇航，等，2007．茶氨酸和厚朴提取物对7日龄小鸡分离应激过程的影响[J]．中国中药杂志，32（19）：2040．

杨兴荣，田易萍，黄玫，等，2013．国家植物保护品种紫娟茶树的选育与应用[J]．湖南农业科学，（11）：1-3．

杨亚军，梁月荣，2014．中国无性系茶树品种志[M]．上海：上海科学技术出版社．

杨亚军，2014．评茶员培训教材[M]．北京：金盾出版社．

于丽艳，2016．茶旅游过程中影响文化体验的因素研究[J]．福建茶叶，（4）：163-164．

姚国坤，王存礼，程启坤，1991．中国茶文化[M]．上海：上海文化出版社．

于良子，2011．茶经（注释）[M]．杭州：浙江古籍出版社．

于良子，2006．谈艺[M]．杭州：浙江摄影出版社．

于良子，2003．翰墨茗香[M]．杭州：浙江摄影出版社．

宗白华，1987．美学与意境[M]．北京：人民出版社．

张国营，何丽娜，李彦勇，等，1993．红茶、青茶、黑茶抗人轮状病毒的实验研究[J]．中国病毒学，（2）：151-153，205．

张姝萍，王岳飞，徐平，2019．茶多酚对动脉粥样硬化的预防作用与机理研究进展[J]．茶叶科学，39（3）：231-246．

周密，1981．武林旧事[M]．杭州：西湖书社．

周智修，2018．彩版图解 习茶精要详解上册 习茶基础教程[M]．北京：中国农业出版社．

郑培凯，朱自振，2007．中国历代茶书汇编校注本[M]．香港：商务印书馆．

朱红缨，2013．中国式日常生活：茶艺文化[M]．香港：中国社会科学出版社．

朱红缨，2014．雅集茶会的沿革及现代性[J]．茶叶，（2）：104-108．

GB/T 23776-2018 茶叶感官审评方法．

GB/T 14487-2017 茶叶感官审评术语．

山冈浚明，1905—1907．《类聚名物考》(卷214《饮食部三·茶》)[M]．近藤活版所．

Afshari K.，N. S. Haddadi, A. Haj-Mirzaian, et al.，2019. Natural flavonoids for the prevention of colon cancer: A comprehensive review of preclinical and clinical studies [J]. Journal of Cellular Physiology, 234（12）:21519-21546.

Bray F. , J. Ferlay, I. Soerjomataram, et al. , 2018. Global cancer statistics 2018: GLOBOCAN estimates of incidence and mortality worldwide for 36 cancers in 185 countries [J], Ca-a Cancer Journal for Clinicians. 68（6）:394-424.

Chen L, Yao MZ, Zhao LP, et al. , 2006. Recent Research Progresses on Molecular Biology of Tea Plant (*Camellia sinensis*) [J]. Floriculture, Ornamental and Plant Biotechnology, （4）:425-436.

Chen L, Zhou ZX,2005. Variations of main quality components of tea genetic resources [*Camellia sinensis* (L.) O. Kuntze] preserved in the China National Germplasm Tea Repository [J]. Plant Foods for Human Nutrition, 60 (1) :31-35.

Fang ZT, Song CJ, Xu HR, et al. , 2019. Dynamic changes in flavonol glycosides during production of green, yellow, white, oolong and black teas from *Camellia sinensis* L. (cv. Fudingdabaicha) [J] . International Journal of Food Science and Technology, 54 (2) 490-498.

Jin JQ, Ma JQ, Ma CL , et al. , 2014. Determination of catechin content in representative Chinese tea germplasms [J]. Journal of Agricultural and Food Chemistry, （62）:9436-9441.

Juneja L. R. , D. C. Chu, T. Okubo, et al. , 1999. L-theanine - a unique amino acid of green tea and its relaxation effect in humans（vol 10, pg 199, 1999）[J]. Trends in Food Science & Technology 10（12）:425.

Li JL, Zeng LT, Liao YY, et al. , 2020. Evaluation of the contribution of trichomes to metabolite compositions of tea (*Camellia sinensis*) leaves and their products [J]. LWT-Food Science and Technology, 122, 109023.

Lin Y. H. , Z. R. Chen, C. H. Lai, et al. , 2015. Active Targeted Nanoparticles for Oral Administration of Gastric Cancer Therapy [J]. Biomacromolecules 16（9）:3021-3032.

Liu S. M. , S. Y. Ou, and H. H. Huang, 2017. Green tea polyphenols induce cell death in breast cancer MCF-7 cells through induction of cell cycle arrest and mitochondrial-mediated apoptosis [J]. Journal of Zhejiang University-Science B 18（2）:89-98.

Miyata Y. , Y. Shida, T. Hakariya, et al. , 2019. Anti-Cancer Effects of Green Tea Polyphenols Against Prostate Cancer [J]. Molecules 24（1）:193.

Pan Y. N. , X. Y. Long, R. K. Yi, et al. , 2018. Polyphenols in Liubao Tea Can Prevent CCl4-Induced Hepatic Damage in Mice through Its Antioxidant Capacities [J]. Nutrients 10（9）:1280.

Wang XC, Chen L, Ma CL, et al. , 2010, Genotypic variation of beta-carotene and lutein contents in tea germplasms, *Camellia sinensis* (L.) O. Kuntze [J]. Journal of Food Composition and Analysis, 23（1）:9-14.

Wang R. R. , Z. Q. Yang, J. Zhang, 2019. Liver Injury Induced by Carbon Tetrachloride in Mice Is Prevented by the Antioxidant Capacity of Anji White Tea Polyphenols [J]. Antioxidants 8（3）:64.

Willson KC ,1999. Coffee, Cocoa and Tea [M]. New York: CABI Publishing.

Yamamoto T, Juneja LR, Chu DC Kim M ,1997. Chemistry and Applications of Green Tea [M]. New York: CRC Press LLC.

Zhou Q. Y. , H. Pan, and J. Li, 2019. Molecular Insights into Potential Contributions of Natural Polyphenols to Lung Cancer Treatment [J]. Cancers 11（10）:1565.

Afterword

后记

经过近四年的筹备，由中国茶叶学会、中国农业科学院茶叶研究所联合组织编写的新版"茶艺培训教材"（Ⅰ～Ⅴ册）终于与大家见面了。本书从2018年开始策划、组织编写人员，到确定写作提纲，落实编写任务，历经专家百余次修改完善，终于在2021—2022年顺利出版。

我们十分荣幸能够将诸多专家学者的智慧结晶凝结、汇聚于本套教材中。在越来越快的社会节奏里，完成一套真正"有价值、有分量"的书并非易事，而我们很高兴，这一路上有这么多"大家"的指导、支持与陪伴。在此，特别感谢浙江省政协原主席、中国国际茶文化研究会会长周国富先生，陈宗懋院士、刘仲华院士对本书的指导与帮助，并为本书撰写珍贵的序言；同时，我们郑重感谢台北故宫博物院廖宝秀研究员，远在海峡对岸不辞辛苦地为我们收集资料、撰写稿件、选配图片；感谢浙江农林大学关剑平教授，在受疫情影响无法回国的情况下仍然克服重重困难，按时将珍贵的书稿交予我们；感谢知名茶文化学者阮浩耕先生，他的书稿是一字一句手写完成的，在初稿完成后，又承担了全书的编审任务；感谢中国社会科学院古代史研究所沈冬梅首席研究员、西泠印社社员于良子副研究员，他们为本书查阅了大量的文献古籍，伏案着墨整理出一手的宝贵资料，为本套教材增添了厚重的文化底蕴；感谢俞永明研究员、鲁成银研究员、陈亮研究员、朱家骥编审、周星娣副编审、李溪副教授、梁国彪研究员等老师非常严谨、细致的审稿和统校工作，帮助我们查漏修正，保障了本书的出版质量。

本书从组织策划到出版问世，还要特别感谢中国茶叶学会秘书处、中国农业科学院茶叶研究所培训中心团队薛晨、潘蓉、陈钰、李菊萍、段文华、马秀芬、刘畅、梁超杰、司智敏、袁碧枫、邓林华、刘栩等同仁的倾力付出与支持。他们先后承担了大量的具体工作，包括丛书的策划与组织、提纲的拟定、作者的联络、材料的收集、书稿的校对、出版社的对接等。同样要感谢中国农业出版社李梅老师对本书的组编给予了热心的指导，帮助解决了众多编辑中的实际问题。此外，还要特别感谢为本书提供图片作品的专家学者，由于图片量大，若有作者姓名疏漏，请与我们联系，将予酬谢。

"一词片语皆细琢，不辞艰辛为精品。"值此"茶艺培训教材"（Ⅰ～Ⅴ册）出版之际，我们向所有参与文字编写、提供翔实图片的单位和个人表示衷心感谢！

中国茶叶学会、中国农业科学院茶叶研究所在过去陆续编写出版了《中国茶叶大辞典》《中国茶经》《中国茶树品种志》《品茶图鉴》《一杯茶中的科学》《大家说茶艺》《习茶精要详解》《茶席美学探索》《中国茶产业发展40年》等书籍，坚持以科学性、权威性、实用性为原则，促进茶叶科学与茶文化的普及和推广。"日夜四年终合页，愿以此记承育人。"我们希望，"茶艺培训教材"（Ⅰ～Ⅴ册）的出版，能够为国内外茶叶从业人员和爱好者学习中国茶和茶文化提供良好的参考，促进茶叶技能人才的成长和提高，更好地引领茶艺事业的科学健康发展。今后，我们还会将本书翻译成英文（简版），进一步推进中国茶文化的国际传播，促进全世界茶文化的交流与融合。

茶艺培训教材编委会

2021年6月